Python による
アルゴリズム入門

酒井 和哉〈著〉

Ohmsha

アルゴリズムに取り組む方へ

　現代社会のありとあらゆるところに情報技術が浸透しました。すべての情報システムはコンピュータプログラムによって実装されており、プログラマと呼ばれる職業の重要性が日に日に増しています。そして今日では、小中高でもプログラミング言語の学習を必須とする政策が検討されています。今まさに、すべての国民がプログラミングを勉強するべき時代になりつつあります。

　これまでにそれぞれの目的に応じたさまざまなプログラミング言語が開発されました（今後も続くでしょう）。その中でも、一番最初に学ぶプログラミング言語は C 言語というのが常識でした。ところが 2009 年頃から、工学系の世界最高峰である米国マサチューセッツ工科大学のプログラミング言語の導入クラスで、Python と呼ばれるスクリプト言語が用いられました。それまでのプログラミング学習の常識が覆されたのです。そして今、最も普及しているのが Python です。

　Python が普及している理由は、学習にあたって必要とされる予備知識の低さと簡易なプログラミング作法にあります。しかしながら筆者はコンピュータサイエンスの専門家として、Python の良いところがコンピュータサイエンスの基礎を疎かにするのではないかと危惧しています。具体的には、Python を含む広く用いられている言語 (Java や C++) などでは、データ構造が予め標準ライブラリとして提供されているため、学習者が自分自身でリストやキューなどのデータ構造を実装する機会が失われています。これはコンピュータサイエンスの素養を養成するうえで大きな問題である、と筆者は考えています。

　そこで本書では、Python 時代のプログラミング学習者のためにデータ構造とアルゴリズムの実践本を執筆することになりました。本書の特徴としては、単にデータ構造とアルゴリズムを実装方法を解説するだけでなく、統治分割法や再帰構造などコンピュータサイエンスにおける重要な概念を解説します。またアルゴリズムの良し悪しを判断することを目的とした漸近的計算量についても解説します。それによって、Google や Facebook などインターネットの巨人と呼ばれる企業で必要とされるコンピュータサイエンスの素養を身につけることを目標とします。

　第 1 章では、本書で解説するプログラミングを実装するにあたって基本的なことを説明します。第 2 章では、Python の実行環境の構築を行います。第 3 章では、基礎的なデータ構造である配列や連結リスト、キュー、スタックなどを解説します。第 4 章では、データの集合を整列するためのソートアルゴリズムを学びます。第 5 章では、データの集合から欲しいデータを探し出すための探索アルゴリズムについて説明します。第 6 章以降は少し難しいテーマを扱っていきます。第 6 章では、データ構造である木構造とそのオペレーションを解説します。第 7 章では、グラフと呼ばれるデータ構造と初歩的なグラフアルゴリズムを学習します。そして、第 8 章では有用なアルゴリズムにチャレンジしています。

　本書の読者対象は、職業人や学生、趣味人などのデータ構造とアルゴリズムの初学者としています。またすでに Python を学習し、コンピュータサイエンスの基礎を学んでプログラミングについて理解を深めたい、といったオープンソースコミュニティ活動家を含むプログラマ全般も読者対象としています。スポーツでも基礎ができている人ほど大きく伸びるものです。本書が、読者のコン

ンピューティング能力の向上の礎となれば著者冥利に尽きます。

　なお、本書は多くの方々の賜物であります。本書を執事するにあたり、株式会社オーム社編集局の方々、株式会社トップスタジオ企画制作部の方々には大変お世話になりました。各位に心からの感謝の意を申し上げます。

2020 年 8 月

酒井　和哉

CONTENTS

第5章 探索アルゴリズム 107

第6章 木構造 131

第7章 グラフアルゴリズム 187

第**8**章　その他の有用なアルゴリズム　　255

ソースコードでは、下記の文字フォントを利用しています。

0123456789ABCDEFGHIJKLMNOPQRSTUVWXYZabcdefghijklmnopqrstuvwx
yz()/\+-*÷_.,:;~@

本書に掲載されている URL やスクリーンショットは、その時々のタイミングで変更になる場合
があります。

第 **1** 章

アルゴリズムを
はじめる前に

データ構造とアルゴリズムは、社会的重要性が増している コンピュータサイエンスにおけるもっとも重要な 基礎ですが、難解と感じてしまう人も大勢おります。 本書では、その難解さを払しょくできるよう、Python を使ってデータ構造やアルゴリズムの考え方や仕組み を実践的、かつ丁寧に解説していきますので、自然に 力が身に付いていきます。本章では、実際にプログラ ミングを始める前の予備知識や基本的なことから解説 していきます。

1.1　データ構造とアルゴリズム

コンピュータシステムでは、さまざまな情報を**データ**として扱います。これらのデータを効率的に扱うために、定められた形式でデータを格納する仕組みを**データ構造** (data structure) と呼びます。一方、**アルゴリズム** (algorithm) とは、問題を解く手順を定式化したものです。

1.1.1　データ構造は使いやすさが大事

コンピュータ内で扱うデータの集合は何らかの形で管理し、必要に応じてデータの取得や追加、削除を行います。また、多くの情報サービスでは、データの集合から必要なデータを探索する機能が必須となります。

たとえば、スーパーマーケットに行くと、肉売り場や野菜売り場など各商品が種類ごとに分類されています。すなわち、商品を置く場所が構造化されているのです。もし、あらゆる商品がランダムな場所に置いてあれば、牛肉を買いたいときに店舗の隅々まで商品を探さなければならなくなります。そこで、商品の場所を規則的な形式で構造化しておきます。そうすれば、まず肉売り場へ行って、その中から牛肉を探せば良いので、目的の商品に早くたどり着けます。

コンピュータシステムでも同様に、データの集合を規則的な形式で保存します。そのために、さまざまなデータ構造が定義されています。それぞれのデータ構造に特徴があり、データの操作に必要な処理時間が大きく異なります。そのため、**効率的なプログラムを開発するためには、使用用途に適したデータ構造を見分ける力が大事**です。

1.1.2　アルゴリズムはデータを上手に扱う方法

アルゴリズムとは、データの集合に対するデータの集合を入力として受け取り、何らかの処理をして、結果を出力します。何らかの処理とは、データを規則に従って並べ替える処理やデータの集合から必要なデータを探し出す、といった処理です。また、広義には課題を解決するための処理全般といえます。先達の方々がたくさんのアルゴリズムを考案されているので、1から考えなくても、その使い方を理解し実装するだけで済むシーンも数多くあるでしょう。

アルゴリズムの意味は非常に広く、データ構造に対する操作もアルゴリズムの一種です。なお、操作とはデータ構造内へ新たな要素の追加や不要な要素を削除する、といった処理のことです。また、与えられた整数値から最大公約数を求めるユークリッドの互除法など数学的な問題をコンピュータで解く手順もアルゴリズムです。また、通販サイトなどで、顧客ごとにオススメ商品が表示されます。これは過去の購買履歴や商品の閲覧履歴を解析して関連性の高い商品の情報を推薦するアルゴリズムが動いているからです。

このように、アルゴリズムは情報社会の隅々まで浸透しています。また、新たなサービスやアプ

リケーションを実現するために、効率的なアルゴリズムの研究と開発が日々なされています。

　しかし、問題を解ければ、どのようなアルゴリズムを設計しても良いわけではありません。与えられた問題をより速く解くことができる効率的なアルゴリズムを設計することが重要です。実際、インターネットの巨人と呼ばれる Google や Facebook のエンジニアの仕事は、高速なアルゴリズムを考案し、記述することです。

　次は、何をもってアルゴリズムの良し悪しを判断するかについて解説していきます。

1.2　アルゴリズムの計算量

　アルゴリズムの効率性を判断する基準として**計算量**（complexity）を用います。計算量とは、データの数に対して、アルゴリズムの処理を終えるために必要なプログラムの**ステップ数**によって定義されます。ステップとはさまざまな抽象度で解釈できます。抽象度とは、どのくらいの視野でプログラムの処理を見るかです。たとえば、銀行の ATM システムでは、現金の振り込みや引き出しなどのトランザクションを 1 つの処理単位として見ます。もちろんプログラムレベルで見ると、これらのトランザクションは複数の命令から構成されます。本書はプログラミング図書であるため、ソースコードの各々の命令を 1 ステップとして解釈します。

1.2.1　ステップ数

　プログラミングにおけるステップを具体例で示します。**ソースコード 1.1** に、配列の各要素の値を 2 倍にして、さらに整数値 10 を加算するプログラムを示します。

ソースコード 1.1　ステップ数が $3 \times n$ のソースコード

```
01  arr = [1, 2, 3, 4]
02  for i in range(0, len(arr)):
03      new_val = arr[i] * 2
04      new_val += 10
05      arr[i] = new_val
```

　1 行目と 2 行目は宣言文と制御文なので、ステップ数には含まれません。一方、3 行目と 4 行目は数値の演算、5 行目では配列へのアクセスを行っているため、実際にコンピュータがデータ処理をします。すなわち、ステップ数が 3 となります。

　for ループでは変数 i の値を 0 から 3 に変化させます。この変数 i を**ループカウンタ**と呼びます。

　また、**ループ 1 回分の処理をイテレーション (iteration) と呼びます**。また、配列内の場所を指すの**インデックス (index)** は 0 から始まります。配列 arr が含む要素の数が 4 つなので、インデックスは 0 から 3 になります。

　ループの実行回数は、配列の大きさと同じであるため、3 行目 ～ 5 行目の命令がそれぞれ 4 回実行されます。配列 arr が含む要素数を n とすると、プログラムのステップ数は $3 \times n$ という式で表すことができます。

　次は**ソースコード 1.2** にステップ数が $2 \times n^2$ の例を示します。プログラムの処理内容は気にせずに、for ループの中にもう 1 つの for ループが入っていることに注目してください。

ソースコード 1.2　ステップ数が $2 \times n^2$ のソースコード

```
01  arr = [1, 2, 3, 4]
02  for i in range(0, len(arr)):
03      for j in range(0, len(arr)):
04          new_val = arr[i] + arr[j]
05          arr[i] = new_val
06  print("arr =", arr)
```

　内側の for ループでは、4 行目と 5 行目にある 2 つの命令を実行するので、ステップ数は 2 です。内側の for ループは n 回繰り返されるので、合計で $2 \times n$ 回です。そして、外側の for ループの各イテレーションで、内側の for ループ全体を n 回繰り返します。したがって 4 行目と 5 行目にある命令の実行回数は、$n \times 2 \times n = 2 \times n^2$ となります。

　6 行目の print 関数で配列 arr の中身を表示する処理のステップ数は 1 です。そのため、プログラム全体のステップ数は、合計で $2 \times n^2 + 1$ 回となります。

　このようにプログラムを実行するのに必要なステップ数を**時間的計算量** (time complexity) と呼びます。または、省略して計算量と呼びます。メモリの使用量などの指標を用いた**領域的計算量** (space complexity) などもありますが、アルゴリズムを評価するうえで一番重要なのは時間的計算量です。

1.2.2 　漸近的計算量 (オーダー記法)

　前述のソースコードのステップ数の計算では、処理するデータ数 n を変数として計算量を数式化しました。実際のソフトウェア開発の現場では、ソフトウェアの実行速度を 10% 速くするだけでも大変です。もし n が億単位の値であれば、ソースコードのステップ数が $2 \times n$ と $3 \times n$ では大きな違いがあります。しかし、アルゴリズムの分野では、もっと大雑把な視点からアルゴリズムの良し悪しを評価します。

　データの数である n の前についた数値 ($3 \times n$ の 3 や $2 \times n^5$ の 2 など) を**係数** (coefficient) と呼びます。また、n の右上についた数字 ($2 \times n^5$ の 5 など) を**次数** (degree) と呼びます。n を変数と

する数式を**多項式** (polynomial) と呼びます。言葉は同じですが、プログラミングにおける変数とは異なりますので、注意してください。たとえば、$n^2 + n + 1$ や $n^{10} + 2^{10}$ も多項式です。

アルゴリズムの分野では、多項式内の係数を無視して、一番大きな次数をもつ項に注目して、計算量を評価します。$n^2 + n + 1$ であれば、n^2 の項が最も影響力が強いからです。このような方法を**漸近的解析** (asymptotic analysis) と呼びます。漸近的解析によって求めた**漸近的上界** (asymptotic upper bound) は以下のように定義されます。

> **■ 用語解説**
>
> ### 漸近的上界の定義
> f と g の 2 つの関数を $f, g : \mathbb{N} \to \mathbb{R}^+$ とする。すべての整数 $n \geq n_0$ に対して、正の整数 c と n_0 が存在して、$f(n) \leq cg(n)$ ならば、$f(n) = O(g(n))$ である。

漸近的上界では、ある数式を簡略化して **O**（ビッグオーと読む）を付けます。このような表記をオーダー記法 (order) と呼びます。たとえば、$2 \times n^3 + 5 \times n^2 + 3$ という数式は、$O(n^3)$ となります。数学になれていない人は、難しい定義かもしれません。多項式で一番次数が高い項から係数を除いたものと考えてください。n が 10,000 の場合、$n^3 = 10^{12}$、$n^2 = 10^8$ なので、次数が小さい項は無視することができます。

同じ数式に多項式の項と対数の項が含まれていれば、計算量が大きい多項式の項だけに注目します。たとえば、$O(n + \log n)$ は $O(n)$ と同じです。$O(n)$ からすれば、$O(\log n)$ は無視できるからです。例として、n が 10,000 の場合、10,000 >> 9.2 です。

漸近的下界やタイトな漸近的上界、タイトな漸近的下界、といった専門用語もありますが、本書はプログラミング図書なので、データ構造やアルゴリズムを評価するときは漸近的上界だけに注目します。

■ 1.2.3 計算量の分類

大きく分類すると、**表 1.1** のようになります。上ほど実行速度が速く、下に行くと実行速度が遅くなります。**定数時間** (constant) である $O(1)$ はデータ数に依存せずに一定の時間で処理が可能です。$O(\log n)$ は**対数時間**とも呼ばれ、対数時間内で動作するアルゴリズムは**良いアルゴリズム**と見なされます。たとえば、第 4 章で解説するソートアルゴリズムにおいて、計算量が $O(n^2)$ と $O(n \log n)$ とではパフォーマンスに大きな差があります。n=10,000 だとすると、

$$n^2 \text{ は } 10{,}000 \times 10{,}000 = 100{,}000{,}000$$

また、$n \times \log 10{,}000 \simeq 10{,}000 \times 9.21034 = 921.034$ ですので、計算量は 100 倍強の差にもなります。

$O(n)$ は多項式の一種ですが、データ数の増加に伴ってアルゴリズムの実行時間も同様に増加するので、特に**線形時間** (linear) と呼ばれます。k をある整数としたとき、$O(n^k)$ を**多項式時間**

(polynomial time) と呼びます。もちろん $O(n^2)$ と $O(n^3)$ では大きな違いですが、計算量による分類はこのように大雑把になります。ただし、アルゴリズムの良し悪しを決めるときは、次数は重要な指標になります。

表 1.1　計算量の分類

オーダー記法	計算量の分類
$O(1)$	**定数時間（constant）**
$O(\log n)$	**対数時間（logarithm）**
$O(n)$	**多項式時間（polynomial time）、特に線形時間（linear）と呼ぶ**
$O(n^k)$	**多項式時間（polynomial time）**
$2^{O(n)}$	指数時間（exponential）
n	べき乗時間（factorial）

$2^{O(n)}$ は**指数時間**（exponential）と呼ばれます。多項式時間までが現実的な時間内で処理できますが、n の値が十分大きい場合、指数時間になると現実的な時間内では処理しきれません。多項式時間と指数時間が 1 つの分かれ目になります。計算理論（Theory of computation）の分野では、現実的な時間内で解けない問題や、そもそもコンピュータで解けない問題すらも扱います。本書はアルゴリズムのプログラミング図書なので、多項式時間内で解ける問題を扱います（**表 1.1** の太字部分）。

1.3　Python について

　一昔前のプログラミング言語の常識では、一番最初に学ぶ言語は C 言語でした。C 言語を学習したあとにオブジェクト指向型言語の C++ や Java を学ぶケースが多く見られます。大学における情報系カリキュラムでもそのようになっています。

　しかしながら、今日では必ずしもそうではありません。一番最初に学ぶ言語として Python を選択するケースが見られます。たとえば、工学系の最高峰の **(米) マサチューセッツ工科大学コンピュータサイエンス学科のプログラミング言語の導入クラス**では **Python** を使用します。2000 年代後半までは、Scheme と呼ばれる言語が用いられていました。Scheme は学習用のプログラミング言語として開発された **LISP** の方言の 1 つにあたる言語です。時代のターニングポイントとなったわけです。

　また、Python は Google でも重要視されています。Google 社内でもっとも使用されている言語は、C++ と Java、そして Python の 3 つです。これらを称して「**Google の 3 大言語**」と呼びます。すなわち今、最も学ぶ価値がある言語の 1 つが Python なのです。

　なお、Python という言語の名前は、イギリスのテレビ番組「**空飛ぶモンティ・パイソン**」に由来すると言われています。そのため、Python という名前に機能的な意味はありません。

1.3.1 プログラミング言語とは

今日までに **C 言語**や **C++**、**Java**、**PHP**、**Rust**、**Swift**、**Unity** など、さまざまなプログラミング言語が開発されました。これほどまでに多くのプログラミング言語があるのは、用途によって使い分けるからです。たとえば、オペレーティングシステムや組み込みソフトウェア、Web 開発、ゲーム開発、スマホアプリの開発など、分野ごとに適したプログラミング言語があります。

今、最も普及していると思われるプログラミング言語は **Python** です。容易な記述ルールと学習難易度の低さから、誰でも Python を用いてプログラミングできる時代になっています。Python のように、ソースコードの記述や実行を簡単に行うことができる類の言語をスクリプト言語 (script language) と呼びます。そして、IT 業界のさまざまなところで Python が用いられています。

たとえば、動画配信サービスの YouTube や写真を介してコミュニケーションをとる Instagram などの Web サービスは、Python を用いて開発されています。また、セキュリティの分野においても、**貫入試験** (penetration testing) と呼ばれるセキュリティーホールをスキャンするフレームワークも Python を用いて構成されています。少し前までは、Python と Ruby と呼ばれるプログラミング言語がセキュリティ分野での 2 大勢力となっていましたが、今は Python が主要な言語となっています。さらに近年では、データ解析や人工知能分野においても、Python が最も主要な言語となっています。機械学習や科学計算を効率的に処理するライブラリ群が充実しているからです。

Python はオペレーティングシステムに依存しない、汎用的な言語です。セキュリティやデータ解析、人工知能に特化したライブラリが充実しているので、これらの分野に関わる方々に適しています。一方、オペレーティングシステムを記述したり、組み込み系のソフトウェアの開発などハードウェアを制御するような用途には向いていません。また、簡単なゲームであれば開発できますが、3 次元のグラフィックを扱うような厳密なリソース管理が求められるゲーム開発にも向いていません。逆に言えば、これらの特殊な用途以外には Python が有用です。

1.3.2 Python はインタプリタ型言語

Python は**インタプリタ型** (interpreter) の言語です。インタプリタ型の言語では、インタプリタ (interpreter) と呼ばれるプログラムがテキストベースのソースコードを 1 行ずつ読み込み、随時それを機械語 (machine code) に変換して実行します。なお、機械語とは、コンピュータが理解できる 0 と 1 の 2 進数からなります。

■ インタプリタ型言語がプログラムを実行する仕組み

人間が機械語を直接、理解することは極めて困難です。そこで人間にもある程度わかりやすい言葉として高級言語を用います。プログラミングでいう“高級”とは抽象度のレベルのことです。プログラマはソースコードを記述するときに、コンピュータの中央演算処理装置 (CPU) がどのような構成になっているかを気にせずに、英語に近い言葉でソースコードを記述します。すなわち、抽象度が高いのです。

　Python をはじめ、ほとんどのプログラミング言語は高級言語です。たとえば、整数値の 1 と 5 を加算した結果をパソコンの画面に表示するソースコードであれば、以下のように記述します。

```
x = 1 + 5
print("x の値 =", x)
```

　インタプリタは 1 行目と 2 行目に示す命令を 1 つずつ機械語に変換して、パソコンの画面に文字列を表示します。プログラミングの初学者でも、
　　「1 ＋ 5 ＝ 6 だから x の値は 6 になる」
　「print という英単語から x の値である 6 という整数値を表示（print）するのだろう」
と予想できると思います。
　視覚化すると**図 1.1** のようになります。プログラマが記述したソースコードをインタプリタが機械語に翻訳し、コンピュータがそれを実行します。

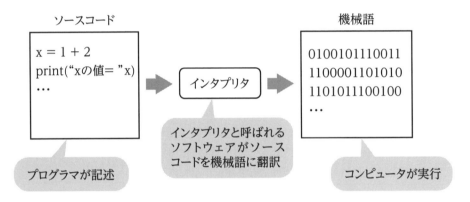

図 1.1　インタプリタ型言語がプログラムを実行する仕組み

　本書では第 3 章から本格的に Python のソースコードを記述して、データ構造とアルゴリズムを解説します。記述したソースコードは、Python コマンドを入力することによって、そのまま実行することができます。

第**2**章

準備

本章では、Python によるデータ構造とアルゴリズムを学ぶための準備として、Python 環境のインストールと動作確認を行います。本書は、macOS、Windows 10 の両方に対応しています。また、プログラムの実行結果のログは、macOS での出力結果をベースにしています。

2.1 macOS で Python 環境の構築

本節では、macOS に Python 環境を構築する方法を説明します。Windows を使用されている読者は「2.2 Windows 10 で Python 環境の構築」へ進んでください。

macOS にはデフォルトで Python 2.7 がインストールされていますが、本書の執筆時点では 3.8.1 が最新バージョンです。Python 2.x と Python 3.x では、ソースコードの書き方が変わってくるので、Python 2.x はお勧めしません。そのため、Python 3.x を利用することをお勧めします。なお、2.x や 3.x の x は任意の数値を意味します。

Python 3.x を使用するには、macOS に環境をインストールする必要があります。Python 2.x をお使いの場合、古いバージョンを上書きするというより、Python 2.x と Python 3.x が共存する環境を整えると考えてください。

■ macOS で Python 環境のインストール

macOS への Python 環境のインストール方法はいくつかありますが、本書では公式ウェブページからダウンロードしたファイルをインストールする方法を解説します。

まず、Safari や Chrome などのブラウザで Python 環境を配布している公式ウェブページを開きます。

> **公式ウェブページ** 　https://www.python.org/

図 2.1 に示すように、「Downloads」と書かれたタブを開くと、「Download for MacOS X」というテキストと Python 環境プログラムへのリンクが表示されます。**本書の執筆時点では、最新バージョンが Python 3.8.1** でした。

Python 3.8.1 と書かれたボタンをクリックすると「python-3.8.1-macosx10.9.pkg」という名前のファイルのダウンロードが開始されます。なお、ファイル名の 3.8.1 の箇所はバージョンによって異なります。

■ ターミナルを用いたインストール後の確認

アプリケーション一覧から、**ターミナル** (terminal) を開きます。ターミナルはコマンドを入力することによって、オペレーティングシステムを操作するプログラムです。専門用語では**シェル** (shell) と呼びます。

　図 2.2 に示すように、「python3 --version」と入力します。正しくインストールされていれば、「Python 3.8.1」といったバージョンが表示されます。

　次は以下の**ログ 2.1** に示すように、いくつかのコマンドを実行してみましょう。1 行目の「python3 --version」というコマンドで、Python のバージョンが表示されます。3 行目の「which python3」というコマンドで、python 3.8.1 がインストールされている場所が表示されます。

図 2.1　MacBook へ Python 環境のダウンロード

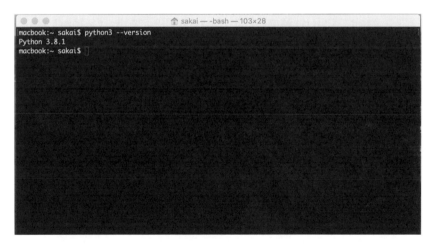

図 2.2　macOS のターミナル

ログ 2.1　Python3.x の確認

```
01  macbook:~ sakai$ python3 --version
02  Python 3.8.1
```

```
03  macbook:~ sakai$ which python3
04  /Library/Frameworks/Python.framework/Versions/3.8/bin/python3
```

上記のログで「macbook」という文字列は**コンピュータ名**、「sakai」という文字列は**ユーザ名**です。この箇所は、読者が使用しているコンピュータ名とユーザ名によって異なります。

Python を実行するときに「python3」と入力していますが、これを「python」に省略することも可能です。この段階では、おそらく Python 2.x と Python 3.x が共存している状態なので、シェルの設定を変更する必要があります。必要に応じて各自で設定を変更してください。

動作確認は本章の第 2.3 節で解説します。

2.2 Windows 10 で Python 環境の構築

Windows 10 に Python 環境をインストールする方法を説明します。macOS を使用されている読者は「2.3 動作確認」へ進んでください。

■ Windows で Python 環境のインストール

まず、ウェブブラウザで Python 環境を配布している公式ウェブページを開きます。

公式ウェブページ　https://www.python.org/

図 2.3 に示すように、「Downloads」と書かれたタブを開くと、「Download for Windows」というテキストと Python 環境プログラムへのリンクが表示されます。本書の執筆時点では、最新バージョンが Python 3.8.1 でした。

図 2.3　WindowsPC へ Python 環境のダウンロード

Python3.8.1 と書かれたボタンをクリックすると「python-3.8.1.exe」という名前のファイルのダウンロードが開始されます。なお、ファイル名の 3.8.1 の箇所はバージョンによって異なります。

ダウンロードしたファイルをクリックすると Python 環境のインストールが始まります。ここで注意して頂きたいことは、Python をインストールした場所へのパスを通すことです。本書では、コマンドプロンプト (command prompt) にコマンドを入力することによって、プログラムを実行します。どのディレクトリ（本書では、Windows の**フォルダ**も**ディレクトリ**と呼びます）からも Python を実行できるように、Python の本体がインストールされたディレクトリへパスを設定する必要があります。

Windows であれば、システムの環境変数から個別に設定することが可能ですが、インストールするときにパスを通す設定を行えば手間が省けます。インストールしたファイルを実行すると**図2.4** に示す画面が表示されます。インストールに進む前に、画面の一番下の「Add Python 3.8 to PATH」のチェックボックスをクリックします。これで環境変数が設定されます。

もし、個別に環境変数を整えたい読者は各自で設定してください。

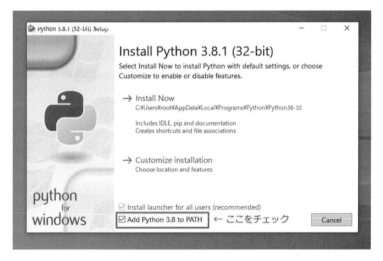

図 2.4　インストール時の注意事項

■ Windows を用いたインストール後の確認

Python 環境のインストール後、コマンドプロンプトを起動します。ディスプレイの左下の検索ボックスに「cmd」と入力します（**図 2.5**）。オペレーティングシステムをコマンドによって操作する**コマンドプロンプト**プログラムが検索されますので、クリックして起動します。

コマンドプロンプトを起動したら「**python --version**」と入力して、エンターキーを押します。インストールした Python のバージョンが表示されます。これでインストール作業は終了です。

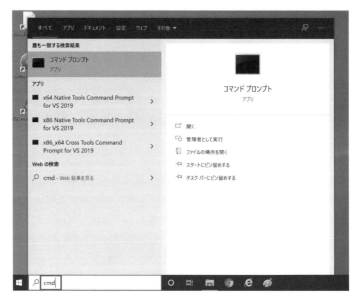

図 2.5 コマンドプロンプトを起動させる

2.3 動作確認

　本節では、macOS での動作確認を行います。Windows では、コマンドプロンプトや PowerShell を使います。

2.3.1 Python の実行方法

　python の実行方法は、macOS のように python2.x と python3.x が共存している場合は、python のバージョンを指定して「python3」と入力します。Windows のように、異なるバージョンの Python が共存していなければ、「python」と入力します。

Python で helloworld プログラム

　ソースコード 2.2 (helloworld.py) にターミナルに「Hello world.」と表示するプログラムを示します。ファイル名は「helloworld.py」とします。ファイルの保存場所は「~/Documents/ohm/ch2」です。なお、「~/」は**ホームディレクトリ**を意味します。

　ソースコード名に含まれるディレクトリ名は、配布ソースコードのディレクトリ構造を基準にしています。

ソースコード 2.2 helloworld プログラム　　　　　　`~/ohm/ch2/helloworld.py`

```
01  # Hello world プログラム
02  print("Hello world.")
```

1 行目の **#** から始まる行は**コメント**なので、プログラムの実行時には無視されます。2 行目の命令でダブルクォートで囲んだ文字列である「Hello world.」がターミナルに表示されます。

ターミナルを開いた時点では、現在作業をしているディレクトリ（**ワーキングディレクトリ**と呼ぶ）は**ホームディレクトリ**になっています。ワーキングディレクトリをソースコードが保存されているディレクトリに移動する必要があります。移動コマンドは **cd**（change directory）です。

プログラムの実行は「python3 ソースコードのファイル名」という文字列をターミナルに入力します。たとえば、ソースコードのファイル名が「helloworld.py」であれば、「python3 helloworld.py」と入力します。なお、Windows の場合や複数の Python のバージョンが共存していないのであれば、「python helloworld.py」と入力します。

ソースコード 2.2（helloworld.py）を実行した結果を**ログ 2.3** に示します。2 行目の cd コマンドがワーキングディレクトリを移動するコマンドです。2 行目でプログラムを実行します。3 行目が実行結果です。

ログ 2.3 helloworld.py プログラムの実行

```
01  macbook:~ sakai$ cd Documents/ohm/ch2
02  macbook:ch2 sakai$ python3 helloworld.py
03  Hello world.
```

ホームディレクトリからソースコードへのパスを指定して、「python3 Documents/ohm/ch2/helloworld.py」というコマンドでプログラムを実行することも可能です。しかし手間がかかるので、基本的にはファイルが保存してあるディレクトリに移動します。

以降のプログラム実行のログでは、「macbook:~ sakai$ cd Documents/ohm/ch2」の箇所は省略します。

2.4　開発環境

本章でインストールした Python 環境は、Python で記述されたソースコードを実行するための "環境" です。Python 環境のインストールが終了すれば、Python のプログラムを実行することができます。ただし、実際にプログラミングを始めるためには、ソースコードを記述する必要があります。

■ プログラミング用のエディタ

　テキストエディタでもソースコードを記述することが可能ですが、プログラミングに適したエディタを使ったほうが生産性が上がります。実際、さまざまな**エディタ**がインターネットから入手可能です。多種多様な言語のソースコード記述をサポートするエディタや、ある言語に特化した**統合開発環境**（**IDE**:integrated development environment）などがあります。なお、総合開発環境とは、プログラムの実行やデバッグ、テストといったソフトウェア開発に必要な総合的な機能を提供するソフトウェアのことです。

　筆者の環境では、Visual Studio Code と呼ばれるフリーのエディタを使用しています。Microsoft 社の以下のウェブページから入手可能です。

> **Visual Studio Code の公式ウェブページ**　https://azure.microsoft.com/ja-jp/products/visual-studio-code/

　Python 用の統合開発環境として、PyCharm などがあります。無料版と有料版の PyCharm がありますが、本書を学習するだけなら無料版で十分です。規模の大きなソフトウェア開発などでは、統合開発環境を使用します。

> **PyCharm の公式ウェブページ**　　https://www.jetbrains.com/ja-jp/pycharm/

　自分にあったエディタを見つけてください。

■ 本書での環境

　本書で確認した実行環境は以下のとおりです。また、テキストエディタとして Visual Studio Code を使用しています。
- MacBook Pro 13inch Touch bar、macOS Catalina(macOS 10.15.2)、Python 3.8.1
- Surface Pro7、Windows 10、Python 3.8.1

第 **3** 章

データ構造

基本的なデータ構造には配列と連結リスト、キュー、スタックがあります。本章では、その構造と特徴を解説します。また、それらのデータ構造に対して、要素の取得 (get) や要素の挿入 (insert)、要素の削除 (delete) の各操作について解説します。データ構造の違いによって、それぞれの操作コスト（処理時間）が大きく異なります。

各データ構造の操作コストについては、第 3.5 節でまとめています。まずはそれぞれのデータ構造の特徴と実装例を見ていきます。

3.1 配列内データの動きの基本

　配列 (array) とは、複数のデータを扱いやすく保存するための型です。配列は、プログラミングにおいては、ごくごく当たり前の仕組みです。**MySQL** や **Oracle** などのデータベースソフトを利用しても複数のデータを保存できますが、大規模なデータは別としても、小規模なデータや、プログラム内で一時的に発生するような小さめなデータは、一般に配列の利用が効率よく、また、**配列への深い理解は、品質のよいプログラム作りやデータベースソフトの使いこなしにつながります。**

　配列上のそれぞれのデータは、メモリ上の連続した領域に保存されます。1 つの配列変数の中に複数の値を格納することができ、それぞれの値は**インデックス**によって直接アクセスすることができます。この第 3.1 節では、配列へのデータの追加や削除などが、どのような動きになるのかを解説します。**図 3.1** に 5 つの整数型の数値をもつ配列 arr を示します。

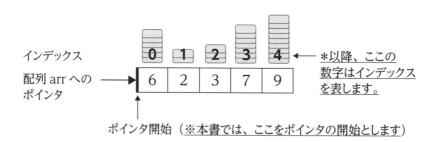

図 3.1　大きさが 5 の配列 arr

　インデックスは 0 から始まります。配列の変数名を arr とした場合、1 つ目の数値である 6 は、arr [0] と記述して参照します。同様に 2、3、7、9 は、それぞれ arr [1]、arr [2]、arr [3]、arr [4] となります。すなわち、配列の各要素は、変数名 [インデックス]、といった書式でアクセスできます。このようにデータ構造内の任意の要素に直接アクセスできる性質を**ランダムアクセス** (random access) と呼びます。

　注意して頂きたいのは、C 言語や C++、Java などと異なり、Python ではプリミティブ型 (基本データ型) という概念がなく、すべてオブジェクトです。したがって配列 arr の各要素には、整数オブジェクトが保存してあるアドレスへのポインタが格納されています。イメージとしては、**図 3.2** となります。**なお、データ構造内のデータを要素と呼び、プログラミング上でそれらのデータを扱うときはオブジェクトと呼びます。**

　Python における配列の実態は複雑ですが、本書では簡略化のため**図 3.2** のような概念図で説明します。

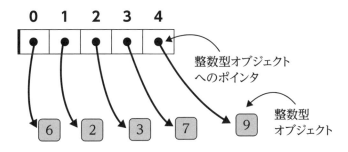

図 3.2 整数オブジェクトをもつ配列 arr

3.1.1 配列に対する操作

配列データ構造の特徴は、ランダムアクセスが可能なことです。ランダムアクセスが可能なデータ構造における要素の取得にかかる時間は $O(1)$ です。すなわち、データ数 n に依存しません。

ランダムアクセスが可能な理由を理解するためには、配列の各要素がどのようにメモリ内に格納さているか、といったところまで掘り下げないといけません。配列データ構造の各要素の大きさは固定です。固定でないとランダムアクセスができません。

再度、**図 3.1** を参照してください。近年のオペレーティングシステムは 64 ビット単位で処理をするため、メモリアドレスへのアクセスも 64 ビット単位になります。いま、配列 arr の先頭要素が格納されているアドレスを Addr とします。64 ビットなので、このアドレス addr から 8 バイトごとに、各要素へのポインタが格納されていきます。この場合の配列データ構造のメモリレイアウトを**図 3.3** に示します。

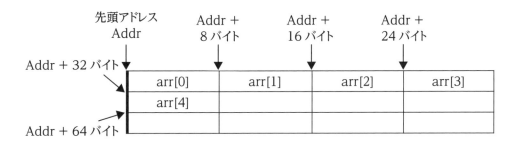

図 3.3 配列データ構造のメモリレイアウト例

arr [0] への参照が格納されているアドレスは Addr + 0、arr [1] は Addr + 8、arr [2] は Addr + 16、となります。その他の要素に関しても同様です。すなわち、インデックスに 8 を乗算した値を配列の先頭アドレスに加算すれば、各要素への参照が格納されているアドレスを計算することができます。そのため、インデックスを指定すれば、各要素が格納されているアドレスに直接アクセ

スすることが可能なのです。

　それでは、配列に格納するデータとして、文字列などの**可変長のデータ**を扱う場合はどうなるでしょうか？たとえば、配列 arr の各要素に、"Alice"、"Bob"、"Chris"、"David"、"Eav" といった文字列を格納する場合を考えてみます。各要素の文字列の長さがそれぞれ異なりますが、配列変数には文字列オブジェクトへのポインタが格納されているため、各要素の大きさが異なっていたとしてもランダムアクセスが可能です。

　一方、要素の挿入と削除は、データ数を n とした場合、$O(n)$ も時間がかかってしまいます。その理由は、ある要素を追加・削除するとその他の要素を移動しなければならないからです。

　図3.4に、配列arr ＝ [6, 2, 3, 7, 9]を用いた例を示します。インデックス 2 の場所に数値の 10 を挿入したいとします。この場合、arr [2] から arr [4] にある 3 つの要素をそれぞれ 1 つずつ後ろにずらさないといけません。実際の実行時間は新らしい要素を挿入するインデックスによって変化しますが、配列の先頭に要素を挿入する場合は最悪 n 個の要素をすべて 1 つずつ後ろにずらさなければなりません。そのため、計算量は $O(n)$ となります。

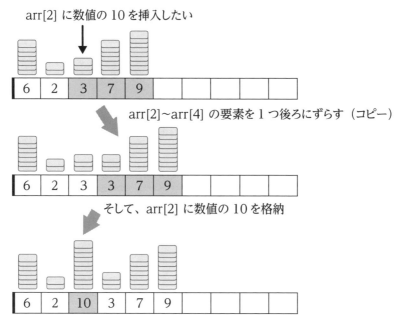

図 3.4　配列への要素の挿入例

　削除操作の場合は、ある要素を削除したあとにそれより後ろにある要素をすべて 1 つずつ前にずらさないといけません。**図 3.5** に、配列 arr ＝ [6, 2, 10, 3, 7, 9] からインデックス 2 の要素を削除する例を示します。

　この場合、arr [3] から arr [5] にある要素を 1 つずつ前にずらし、最後に arr [5] の要素を初期化します。そのため、計算量は $O(n)$ となります。

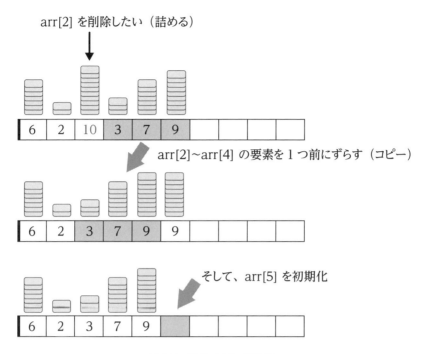

arr[2] を削除したい（詰める）

6 | 2 | 10 | 3 | 7 | 9 | | | |

arr[2]~arr[4] の要素を 1 つ前にずらす（コピー）

6 | 2 | 3 | 7 | 9 | 9 | | | |

そして、arr[5] を初期化

6 | 2 | 3 | 7 | 9 | | | | |

図 3.5 配列の要素の削除例

　Python でソースコードを記述する場合、さまざまな**メソッド**（**method**）が用意されているため、簡単にデータの取得や挿入、削除が可能です。なお、メソッドとは、クラスや型ごとに用意された基本的な関数のことで、便利なものが多数あります。まず、次項で標準ライブラリで提供されているデータの取得や挿入、削除に関するメソッドを説明し、第 3.1.3 項でこれらの操作を実装するプログラム例を解説します。

3.1.2 Python の標準ライブラリのリストで配列

　Python では、配列を扱うために**リスト**（**list**）と呼ばれるデータ構造が**標準ライブラリ**（**standard library**）として提供されています。なお、標準ライブラリとは、Python をインストールするとデフォルトで提供される機能のことです。

　Python に限らず一般的にリストと呼ばれるデータ構造は、次節で解説する連結リスト（linked list）のことを指しますが、Python の標準ライブラリで提供されているリストは配列と同じです（同じ機能があるわけではないので、解釈にもよりますが厳密には異なります）。C 言語や C++ 言語で定義されている配列に、さまざまな機能を加えた型が Python のリストです。すなわち、Python のリストはランダムアクセスを実現します。本書では混乱を避けるために、一般的なリスト構造のことを連結リストと呼びます。

　標準ライブラリのリストの宣言方法は、角括弧（bracket）で囲まれた中に要素を記述し、各要素

をカンマで区切ります。各要素へのアクセスは、変数名 [インデックス]、と記述します。リスト型
へのメソッドは、変数名 . メソッド名、と記述して呼び出します。

▪ Python の標準ライブラリのリストの使い方

　標準ライブラリを用いた**ソースコード 3.1**（std_list.py）に標準ライブラリのリストの使い方の例
を示します。

ソースコード 3.1　Python の標準ライブラリのリスト　　　　　`~/ohm/ch3/std_list.py`

ソースコードの概要

2 行目と 3 行目	変数 std_list を 5 つの数値で初期化し、リストの中身を表示
6 行目と 7 行目	インデックス 2 にある要素を取得し、リストの中身を表示
10 行目と 11 行目	リストの最後に数値の 99 を追加し、リストの中身を表示
14 行目と 15 行目	インデックス 3 に数値の 10 を挿入し、リストの中身を表示
18 行目と 19 行目	インデックス 3 にある要素を削除し、リストの中身を表示

```
01  # リストの生成と初期化
02  std_list = [6, 2, 3, 7, 9]
03  print("初期値: ", std_list)
04
05  # インデックス2にあるデータの取得
06  x = std_list[2]
07  print("std_list[2] = ", x)
08
09  # リストの最後尾に数値の99を追加
10  std_list.append(99)
11  print("要素の追加後: ", std_list)
12
13  # インデックス3に数値の10を挿入
14  std_list.insert(3, 10)
15  print("要素の挿入後: ", std_list)
16
17  # インデックス3のにある要素を削除
18  std_list.pop(3)
19  print("要素の削除後: ", std_list)
```

　2 行目で変数 std_list を宣言し、5 つの数値で初期化します。初期化時のリストの中身は、[6, 2, 3,
7, 9] となります。

6 行目でインデックス 2 にある要素を取り出し、変数 x に格納します。7 行目で変数 x の値を表示します。std_list[2] が参照する数値の 3 が表示されるはずです。

10 行目で、数値の 99 を追加 (append) します。追加操作では、リストの最後尾に新しい要素を追加します。なお、追加操作は、データ構造の最後尾に要素を挿入するのと同じであるため、挿入の特殊なケースと言えます。11 行目でリストの中身を表示しますが、新しい要素が追加されているので中身は [6, 2, 3, 7, 9, 99] となります。

14 行目で、インデックス 3 の場所に数値の 10 を挿入します。インデックスは 0 から始まるので、数値の 3 がある場所に数値の 10 が挿入され、以降の要素はインデックスが 1 つ後ろにずれます。挿入後のリストの中身は、[6, 2, 3, 10, 7, 9, 99] となるはずです。

18 行目では 3 を指定しているので、数値の 10 をリストから削除します。リストの pop メソッドは、インデックスを指定して配列の要素を削除することができます。要素の削除後のリストの中身は、[6, 2, 3, 7, 9, 99] となります。

■ ソースコードの実行

ソースコード 3.1 (std_list.py) を実行した結果を**ログ 3.2** に示します。前述のとおりの内容が表示されていることが確認できます。

ログ 3.2　std_list.py プログラムの実行

```
01  $ python3 std_list.py
02  初期値：   [6, 2, 3, 7, 9]
03  std_lilst[2] =  3
04  要素の追加後：  [6, 2, 3, 7, 9, 99]
05  要素の挿入後：  [6, 2, 3, 10, 7, 9, 99]
06  要素の削除後：  [6, 2, 3, 7, 9, 99]
```

3.1.3 array モジュールの配列を利用した insert 機能、delete 機能の実装

Python の標準ライブラリで提供されている **array モジュール**を用いると、**データ固定型の配列**を扱うことができます。データ固定型の配列では、配列内のすべての要素が同じ型をもっていなければいけません。標準ライブラリのリストに比べて、この array モジュールの **array クラス**は C 言語や C++、Java の配列に近いです。

データ固定型ということなので、配列の大きさと各要素の型は固定です。概念的には前項で説明した**図 3.1** と同じです。

ここでは、array クラスを用いて、要素の取得と挿入、削除を独自に Python コード化し、実装します。

■ array モジュールの array クラス

　array モジュールのインポートは、import array と記述します。配列の宣言は、型と初期値を指定して初期化します。**ソースコード 3.3** (std_array.py) に array モジュールの配列の使い方とデータ構造の操作の実装方法を示します。

ソースコード 3.3　array モジュールの配列の使い方とデータ構造の操作の実装　　`~/ohm/ch3/std_array.py`

ソースコードの概要

4 行目	配列の大きさを定義
6 行目〜 12 行目	配列に新たな要素を挿入する insert 関数の定義
14 行目〜 20 行目	配列から要素を削除する delete 関数の定義
22 行目〜 37 行目	main 関数の定義

```python
01  import array
02
03  # 配列の大きさ
04  N = 10
05
06  def insert(arr, index, val):
07      # Insertの実装。指定したインデックス以降にあるすべて要素を1つ後ろに移動
08      for i in range(N - 1, index, -1):
09          arr[i] = arr[i - 1]
10
11      # 指定したインデックスに値を保存
12      arr[index] = val
13
14  def delete(arr, index):
15      # Deleteの実装。指定したインデックスより後ろにあるすべての要素を1つ前に移動
16      for i in range(index, N - 1):
17          arr[i] = arr[i + 1]
18
19      # 配列の最後尾の要素を初期化
20      arr[N - 1] = -1
21
22  if __name__ == "__main__":
23      # 配列の初期化
24      arr = array.array('i', [6, 2, 3, 7, 9, -1, -1, -1, -1, -1])
25      print("初期値: ", arr)
26
```

```
27        # インデックス2にある要素の取得
28        x = arr[2]
29        print("arr[2] = ", x)
30
31        # インデックス2に新たな要素を挿入
32        insert(arr, 2, 10)
33        print("要素の挿入後: ", arr)
34
35        # インデックス2の要素を削除
36        delete(arr, 2)
37        print("要素の削除後: ", arr)
```

■ main 関数の説明

まず、22 行目から始まる main 関数を見てください。array モジュールの array クラスを使用する場合は、モジュール名 . クラス名（引数）、といった書式になります。整数（integer）をイメージする i を指定して、24 行目で arr = array.array('i', [6, 2, 3, 7, 9, –1, –1, –1, –1, –1]) と記述します。ここでは、変数名を arr として、配列オブジェクトを生成します。

array クラスを生成するときの引数は、データの型と配列の初期値です。データの型は整数（integer）をイメージする i を指定しています。もし、浮動小数点数を扱いたい場合は、このデータ型に f（float）や d（double）を指定します。

配列変数 arr の初期値は、[6, 2, 3, 7, 9, –1, –1, –1, –1, –1] としています。ここで –1 は何もない初期化状態と考えてください。array クラスの配列は宣言後に大きさを変更できないので、少し大きめの配列を宣言しておきます。4 行目で配列の大きさを N=10 とします。

28 行目では、配列から取り出した要素を変数 x に格納しています。配列データ構造から要素の取得は、単純にインデックスを指定するだけです。インデックス 2 にある要素を取り出す場合は、arr [2] と記述します。29 行目で、取り出した要素の値を表示しています。

32 行目ではインデックス 2 へ新たな要素を追加する insert 関数、36 行目ではインデックス 2 にある要素を削除するために delete 関数を呼び出しています。33 行目と 37 行目では、それぞれ関数を実行したあとの配列の中身を表示しています。

■ 配列の insert 関数（配列への要素の挿入）の説明

6 行目〜 12 行目で、配列に要素を追加する insert 関数を定義しています。関数への引数は、配列オブジェクトと要素を追加するインデックス、新たな要素の数値の 3 つです。それぞれ arr、index、val という変数名で受け取ります。

8 行目の for ループで、新たな要素を追加するインデックス以降のすべての要素を 1 つずつ後ろへずらします。配列の大きさは変数の N で定義しています。インデックスは 0 から始まるので、配列の最後尾のインデックスは N–1 となります。最後尾の arr [N–1] から arr [index] へ向かってルー

プカウンタ変数 i の値を 1 ずつ減らし、arr[i] = arr[i-1] と記述します。

　具体的には、ループカウンタ i の値は 9 から始まり、3 で終了します。変数 index の値は 2 ですが、range (N-1, index, -1) と記述した場合は、2 は含まれないので注意してください。9 行目では、まず arr[9] = arr[8] が実行され、次のイテレーションで arr[8] = arr[7] が実行されます。同様の処理が arr[3] = arr[2] となるまで実行されます。ループカウンタ i の値が 5 ～ 3 のときの配列の中身を図 3.6 に示します。

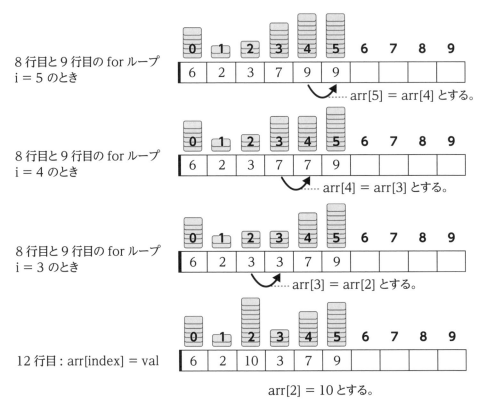

図 3.6　配列要素の追加の具体例

　初期化状態である値が -1 の要素は空白にしています。上から順に arr[5] = arr[4]、arr[4] = arr[3]、arr[3] = arr[2] が実行されたときの配列の中身を示しています。

　ループを抜けたあと、12 行目で arr[index] = val と記述されていますが、この箇所は図 3.6 の最後のステップである arr[2] = 10 に相当します。

■ 配列の delete 関数（配列からの要素の削除）の説明

　14 行目～ 20 行目で、配列から要素を削除する delete 関数を定義しています。関数への引数は、

配列オブジェクトと削除する要素があるインデックスの 2 つです。それぞれ、arr と index という変数名で受け取ります。

16 行目の for ループでは、arr[index] より後ろにある要素をすべて 1 つずつ前にずらします。具体的には、arr[2] = arr[3]、arr[3] = arr[4]、といった処理がなされ、arr[8] = arr[9] が処理されるまで続きます。この様子を**図 3.7** に示します。1 つずつ前にずらし、配列の最後尾に格納されていた要素を初期化します。

ループを抜けたあと、20 行目で arr[N-1] = -1 と記述して最後の要素を初期化しています。実際には、arr[6] は初期化状態なので、arr[5] = arr[6] が実行された時点で、arr[5] が初期化されます。

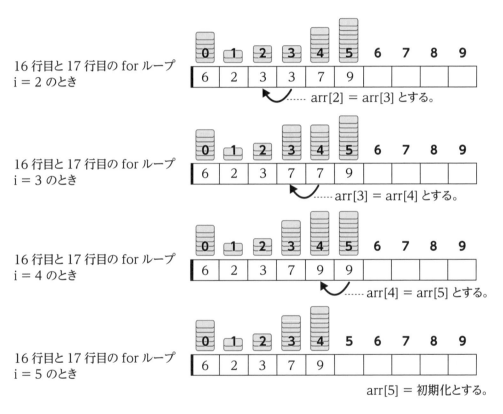

図 3.7 配列要素の削除の具体例

■ main 関数の補足

22 行目で main 関数を宣言するときに、**if _ _name_ _ == "_ _main_ _":** と記述しています。if _ _name_ _ == "_ _main_ _": でブロック化しなくても構いませんが、記述したほうが良いです。たとえば、他のソースコードから本ソースコードの関数 (insert と delete) を使いたい場合、if _ _name_ _ == "_ _main_ _": で囲んでいないと、必要のない命令がソースコードの最初の行から順番に実行され

るからです。呼び出し方にもよりますが、場合によってはエラーが検出されることがあります。

■ array クラスによる配列の例題プログラムの実行

ソースコード 3.3（std_array.py）を実行した結果を**ログ 3.4** に示します。配列データ構造から要素の取得と挿入、削除が正しく実行されていることが確認できます。

ログ 3.4　std_array.py プログラムの実行

```
01  $ python3 std_array.py
02  初期値:  array('i', [6, 2, 3, 7, 9, -1, -1, -1, -1, -1])
03  arr[2] =  3
04  要素の挿入後:  array('i', [6, 2, 10, 3, 7, -1, -1, -1, -1, -1])
05  要素の削除後:  array('i', [6, 2, 3, 7, -1, -1, -1, -1, -1, -1])
```

3.2　連結リスト

連結リスト（linked list）とは、要素同士をポインタで接続したデータ構造です。そのため、連結（linked）という言葉が用いられています。連結リストは、メモリ上に連続して配置されているわけではないので、追加、削除などの操作にかかわる計算量が少なくて済みます。

3.2.1　連結リストの種類

連結リストにはいくつかのバリエーションがありますが、本書では、**片方向連結リスト**（forward linked list）と**双方向連結リスト**（doubly linked list）を説明します。

■ 片方向連結リスト

最も単純な連結リストは、**図 3.8** に示す**片方向連結リスト**（forward linked list）です。

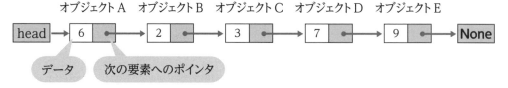

図 3.8　5 つの要素を持つ片方向連結リストの概念

　片方向連結リストの各要素は、データと次の要素へのポインタをもちます。ここでデータは整数型の数値とします。ポインタで連結された要素がデータの集合を構成します。これらのデータにアクセスするためには、連結リストのエントリーポイントとして、先頭要素へのポインタが必要です。そのために head と呼ばれるポインタ変数を用意します。すなわち、片方向の連結リストは、連結された要素の集合とそのエントリーポイントとなる変数 head から構成されます。

　図 3.8 の片方向連結リストは 5 つの要素から構成されており、**先頭要素からそれぞれオブジェクト A ～オブジェクト E** とします。リストの先頭要素のオブジェクトから順に 6、2、3、7、9 という整数値をデータとしてもつとします。すなわち、オブジェクト A は、整数値 6 とオブジェクト B へのポインタを保持します。オブジェクト B も同様に、整数値 2 とオブジェクト C へのポインタを保持します。なお、オブジェクト E は連結リストの最後尾にあるので、次の要素へのポインタは **None**（何もなし）です。連結リストにはいくつかのバリエーションがありますが、本書では、片方向連結リスト（forward linked list）と双方向連結リスト（doubly linked list）を説明します。なお、C 言語や C++、Java などでは、何もない状態のことを **null** というキーワードで定義します。一方、**Python では、null の代わりに、None というオブジェクトで何もない状態を定義します**。以下、この考えに沿って None を記載しています。そして、連結リストの先頭要素へのポインタ変数 head はオブジェクト A を指します。

■ 双方向連結リスト

　双方向連結リストは、片方向連結リストを拡張したもので、各要素はデータと次の要素へのポインタに加えて、1 つ前の要素へのポインタを保持します。さらに連結リストへのエントリーポイントである head に加えて、最後尾の要素を参照する tail というポインタ変数をもちます。**図 3.9** に双方向連結リストの概念を示します。

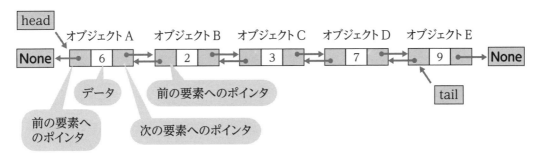

図 3.9　双方向連結リストの概念

　図の例では、5 つの要素と head と tail から連結リストが構成されています。エントリーポイントである head は、1 つ目の要素であるオブジェクト A へのポインタを保持します。オブジェクト A は、整数値 6 と次の要素であるオブジェクト B へのポインタを保持します。また、先頭要素なので、前の要素へのポインタは None です。2 番目の要素であるオブジェクト B は整数値 2 とオブジェクト A へのポインタ、オブジェクト C へのポインタを保持します。以下、同様です。最後尾の要素であ

るオブジェクト E の次の要素へのポインタは None です。

本書では、双方向連結リストの特徴と実装方法を解説します。

3.2.2 連結リストに対する操作（エンキューとデキュー）

双方向連結リストの特徴は、要素の挿入と削除が $O(1)$ の計算量で行えることです。ただし、要素数を n とした場合、要素の取得にかかわる計算量は $O(n)$ となります。

要素の取得

まず、要素の取得から解説していきます。連結リストは**ランダムアクセス**をサポートしていません。アクセスしたい要素がメモリ上のどの場所にあるかわからないからです。連結リスト内の任意の要素にアクセスするためには、エントリーポイントである head が参照する要素から指定されたインデックスの場所にある要素までポインタをたどる必要があります。そのため、計算量は $O(n)$ となります。

要素の挿入

要素の挿入ですが、要素を挿入したい場所の前後にある要素の情報を書き換えるだけなので、計算量は $O(1)$ になります。たとえば、**図 3.9** で示した連結リストのインデックス 4（オブジェクト E がある箇所）に整数値 99 をもつ新たな要素を挿入したいとします。インデックス 4 の箇所に要素を挿入するということは、オブジェクト D と E の間に要素を加えることになります。

図 3.10 に挿入に必要な処理を示します。整数値 99 をもつ新しい要素をオブジェクト F とします。オブジェクト D と E の間にオブジェクト F を挿入するため、オブジェクト F の 1 つ前の要素へのポインタをオブジェクト D、次の要素へのポインタをオブジェクト E に設定します。また、オブジェクト D の次の要素へのポインタとオブジェクト E の 1 つ前の要素へのポインタをオブジェクト F に変更します。以上で処理は終了です。そのため、挿入処理はデータ数に依存せず、一定時間で行えます。

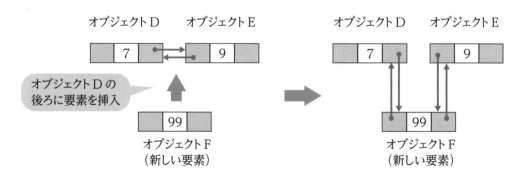

図 3.10　双方向連結リストへの要素の挿入

　なお、新しい要素を追加する場所が連結リストの先頭、または最後尾である場合には、適時、head と tail が参照するオブジェクトを変更する必要があります。

　連結リストの最後尾に要素を挿入する場合は更に簡単です。ポインタ変数の tail が利用できるため、連結リストの最後尾に直接アクセスできるからです。なお、データ構造の最後尾に要素を挿入することを特に**追加**（append）と呼びます。

■ 要素の削除

　要素の削除は、削除する要素の前後の要素を書き換えるだけなので計算量は $O(1)$ です。**図 3.9** で示した連結リストの 4 番目の要素である数値の 7 をデータにもつオブジェクト D を削除するときの処理を解説します。オブジェクト D は、オブジェクト C とオブジェクト E の間にあるためこの 2 つの要素を連結しなおせばよいだけです。

　図 3.11 に示すように、まず、オブジェクト C の 1 つ後ろの要素へのポインタをオブジェクト E にします。次にオブジェクト E の 1 つ前の要素へのポインタをオブジェクト C にします。これで終了です。なお、連結リストの先頭または最後尾の要素を削除する場合は、ポインタ変数である head と tail を適時書き換える必要があります。

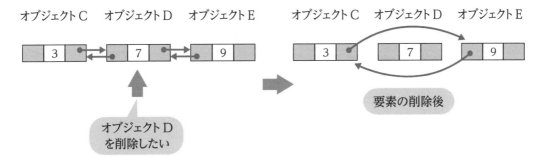

図 3.11　双方向連結リストから要素の削除

　また、挿入と削除ともに、あらかじめ操作を行いたい要素へのポインタがわかっている必要があります。そうでない場合は、連結リストの先頭から該当箇所までポインタを 1 つずつ移動させなければならないため、最悪の計算量は $O(n)$ となります。

3.2.3　双方向連結リストの実装

　それでは、**双方向連結リスト**の実装方法について解説します。まず、要素と連結リストを表すクラス（class）を定義します。

■ 要素を表す MyElement クラスの宣言

　要素を表すクラス名を **MyElement** とし、class キーワードで次のように宣言します。

```
class MyElement:
    def __init__(self, val):
        self.val = val
        self.prev = None
        self.next = None
```

　＿＿init＿＿メソッドは**コンストラクタ**（**constructor**）と呼ばれる特殊なメソッドで、クラスの**イン
スタンス**（**instance**）と呼ばれる実態を生成したときに呼び出されます。MyElement は、要素の値
と 1 つ前の要素へのポインタ、次の要素へのポインタの 3 つの変数をもちます。これらの変数を**ク
ラスメンバ**（**class member**）と呼びます。各クラスメンバの変数名を val、prev、next とします。

　あるクラスで自分自身を参照するときに変数 self で参照します。そのため、メソッド内からイン
スタンスがもつ値にアクセスする場合、self. クラスメンバ名、といった書式で参照します。実際に
はメソッドの第 1 引数の変数がインスタンス自身を参照するための変数になるため、self 以外の変
数名を用いても構いませんが、慣例では self と名前をつけます。

　上記の＿＿init＿＿メソッドは、2 つの引数を受け取り、コンストラクタ内で各クラスメンバを初期
化します。第 2 引数は、その要素がもつ値となります。インスタンスを生成した時点では、連結リ
ストに加えていない状態なので、prev と next の値は None とします。

　定義したクラスのインスタンスを生成するときは、クラス名（引数）、といった書式です。たとえ
ば、x = MyElement(5) と記述すれば、整数値 5 をデータとしてもつ要素を生成できます。メソッ
ドを呼び出すときには、自分自身を参照するための変数である self は記述しません。5 という整数
値が、＿＿init＿＿(self, val) の変数 val に相当します。そして変数 x に MyElement クラスがインス
タンス化されたオブジェクトが格納されます。要素がもつデータの型は文字列などでも構いません
が、本書の例では整数値を用います。

> **❗ Column**
>
> ### インスタンスとオブジェクト
>
> 　本節では、MyElement という名前のクラスを定義しました。このクラスから生成した
> （インスタンス化）データの実体をインスタンスと呼びます。またインスタンスオブジェク
> トという呼び方をします。そのためインスタンスはオブジェクトの一種です。
>
> 　Python では、オブジェクトという言葉はもっと抽象化した概念であり、あるクラスの
> インスタンスや整数、浮動小数点数、文字列などすべてのデータがオブジェクトなのです。
> またクラスの定義そのものやデータの型、関数などもオブジェクトとして扱います。
>
> 　本書では、インスタンスオブジェクトのことを単にインスタンスと呼び、あるクラスの
> インスタンスをデータとして扱う場合はオブジェクトと呼びます。

■ 双方向連結リストを表す MyElement クラスの宣言

双方向連結リストのクラス名を MyDoublyLinkedList として、以下のようにクラスを宣言します。クラスメンバは、head と tail です。変数名のとおり、連結リストの先頭要素と最後尾の要素のインスタンスを参照するポインタとなります。

```
class MyDoublyLinkedList:
    def __init__(self):
        self.head = None
        self.tail = None
```

この MyDoublyLinkedList 内に連結リストに対する操作処理をメソッドとして記述します。具体的には、リストの最後尾に要素を追加する append メソッド、指定したインデックスにある要素を取得するための get メソッド、指定したインデックスの場所に新たな要素を挿入するための insert メソッド、ある要素を削除するための delete メソッドを記述します。また、連結リストの中身を表示させるための to_string メソッドも定義します。

これらのメソッドの実装は複雑なので、ソースコードを見ながら解説していきます。

■ 双方向連結リストの実装

ソースコード 3.5 (my_dlist.py) に双方向連結リストの実装例を示します。

ソースコード 3.5 双方向連結リストの実装プログラム   `~/ohm/ch3/my_dlist.py`

ソースコードの概要

1 行目～ 16 行目	MyElement クラスの定義
18 行目～ 82 行目	MyDoublyLinkedList の定義
84 行目～ 108 行目	main 関数の定義

```
01  class MyElement:
02      def __init__(self, val):
03          self.val = val    # 要素がもつ値
04          self.prev = None # 前の要素へのポインタ
05          self.next = None # 次の要素へのポインタ
06
07      # 要素の情報を文字列に変換
08      def to_string(self):
09          str_prev = "None"
10          str_next = "None"
```

```
11          if self.prev != None:
12              str_prev = str(self.prev.val)
13          if self.next != None:
14              str_next = str(self.next.val)
15
16          return "(" + str(self.val) + ", " + str_prev + ", " + str_next + ")"
17
18  class MyDoublyLinkedList:
19      def __init__(self):
20          self.head = None
21          self.tail = None
22
23      # リストの最後尾に要素を追加
24      def append(self, element):
25          # リストが空なら先頭に要素を追加
26          if self.head == None:
27              # 要素の追加
28              self.head = element
29              self.tail = element
30          else:
31              # リストの最後尾に要素を追加
32              self.tail.next = element
33              element.prev = self.tail
34              self.tail = element
35
36      # 要素の取得
37      def get(self, index):
38          # インデックスの要素まで移動
39          ptr = self.head
40          for i in range(0, index):
41              ptr = ptr.next
42
43          return ptr
44
45      # 要素の挿入
46      def insert(self, index, element):
47          # 挿入する位置にある要素を取得
48          ptr = self.get(index)
49
50          # 要素の挿入
51          if ptr == None:
52              # 最後尾に要素を挿入
```

```
53          self.append(element)
54      else:
55          element.prev = ptr.prev
56          element.next = ptr
57          if ptr.prev == None:
58              self.head = element
59          else:
60              ptr.prev.next = element
61          ptr.prev = element
62
63  # 要素の削除
64  def delete(self, element):
65      if element.prev == None:
66          self.head = element.next
67      else:
68          element.prev.next = element.next
69      if element.next == None:
70          self.tail = element.prev
71      else:
72          element.next.prev = element.prev
73
74  # リストの中身を文字列に変換
75  def to_string(self):
76      stringfied_data = "[ "
77      ptr = self.head
78      while ptr != None:
79          stringfied_data += str(ptr.val) + " "
80          ptr = ptr.next
81
82      return stringfied_data + "]"
83
84 if __name__ == "__main__":
85     # 空の双方向連結リストを生成
86     my_list = MyDoublyLinkedList()
87
88     # リストに5つの要素を追加
89     my_list.append(MyElement(6))
90     my_list.append(MyElement(2))
91     my_list.append(MyElement(3))
92     my_list.append(MyElement(7))
93     my_list.append(MyElement(9))
94
```

```
 95        # リストの中身を表示
 96        print("初期値: ", my_list.to_string())
 97        print("my_list[2] = ", my_list.get(2).val)
 98
 99        # インデックス4に数値の99を挿入
100        x = MyElement(99)
101        my_list.insert(4, x)
102        print("要素の挿入後: ", my_list.to_string())
103        print("挿入した要素の情報:", x.to_string())
104
105        # インデックス3の要素を削除
106        y = my_list.get(3)
107        my_list.delete(y)
108        print("要素の削除後: ", my_list.to_string()
```

■ main 関数の説明

84 行目から main 関数が始まります。86 行目で空の連結リストを生成し、変数 mylist に MyDoubleyLinkedList のインスタンスを代入します。89 行目～ 93 行目で整数値をデータとしてもつ要素を append メソッドで連結リストに追加し、96 行目で連結リストの中身を表示します。この時点で連結リストの中身は、[6, 2, 3, 7, 9] となっています。また、97 行目ではインデックス 2 にある要素を get メソッドで取得し、その値を表示します。連結リストの先頭から 3 番目の要素にあたるため、整数値の 3 が表示されるはずです。

100 行目～ 103 行目では、連結リストのインデックス 4 の場所に整数値 99 をもつ新たな要素を insert メソッドで挿入します。そして連結リストの中身を表示するとともに、新たに挿入した要素のクラスメンバの情報を表示します。インデックス 4 にある要素を追加するため、連結リストの中身は [6, 2, 3, 7, 99, 9] となるはずです。また、prev は 7、next は整数値 9 をデータとしてもつ要素へのポインタとなります。

106 行目～ 108 行目では、インデックス 3 にある要素を連結リストから delete メソッドで削除し、操作後の連結リストの中身を表示します。4 番目の要素が削除されるので、[6, 2, 3, 99, 9] となります。

■ 連結リストの append メソッド（連結リストへの要素の追加）の説明

連結リストへの要素の追加は 24 行目～ 34 行目で定義しています。連結リストにおける要素の追加は、最後尾に新たな要素を追加することです。連結リストが空の場合とそうでない場合とで処理を分ける必要があるので、if 文を用います。

26 行目～ 29 行目は連結リストが空の場合の処理です。**図 3.12** に空の連結リストへ整数値 6 をもつ要素を追加する処理を示します。MyDoubleyLinkedList のオブジェクトは、append 関数にて、

新しい要素は変数名 element で受け取ります。この時点では、element.val が 6、element.prev が None、element.next が None となっています。また、連結リストが空の状態なので、self.head と self.tail はともに None です。

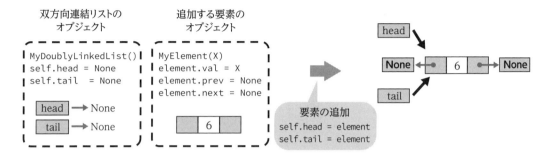

図 3.12 連結リストへの要素の追加（1/3）（26 行目〜 29 行目：連結リストが空の場合の処理）

26 行目で self.hcad が None であれば、連結リストが空であると判断し、if ブロック内に入ります。28 行目と 29 行目で、self.head = element と self.tail = element を実行し、要素 element を連結リストへ追加します。

　連結リストが空でない場合は、else ブロックの中に入り、32 行目〜 34 行目の処理を行います。この様子を**図 3.13** に示します。挿入する要素がもつ整数値を 3 としています。連結リストの最後尾の要素は self.tail で参照できます。この後ろに新たな要素 element を追加する場合に変更する箇所は、self.tail と self.tail.next、element.prev の 3 つです。

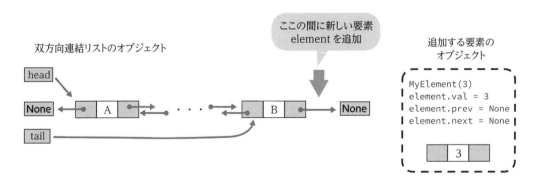

図 3.13 連結リストへの要素の追加 (2/3)（32 行目〜 34 行目：連結リストが空でない場合の、else ブロック中の処理）

追加後の連結リストは**図 3.14** のようになります。**1** 32 行目の self.tail.next = element と 33 行目の element.prev = self.tail で最後尾の要素 self.tail と新たな要素 element を互いに連結します。**2** そして 34 行目の self.tail = element で連結リストの変数 tail を更新します。先に element を連結リストに追加してから self.tail を更新しないと不具合が出るので注意してください。

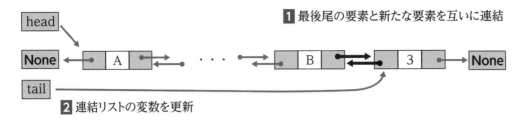

図 3.14　連結リストへの要素の追加（3/3）（32 行目～ 34 行目：追加後の連結リスト）

◼ 連結リストの get メソッド（連結リストからの要素の取得）の説明

37 行目～ 43 行目で要素の取得を行う get メソッドを定義しています。連結リストの head から順番に指定したインデックスまでポインタをたどっていくだけの処理です。

指定するインデックスは 0 以上、かつ連結リストの大きさ以下である必要があります。そうでなければ実行エラーが検出されます（本書では、エラー処理を行っていません）。

◼ 連結リストの insert メソッド（連結リストへの要素の挿入）の説明

46 行目～ 61 行目では、連結リストへ要素 element を変数 index で指定した場所に挿入する処理を定義しています。まず、48 行目で index で指定した要素までポインタを移動させます。ここで get メソッドを用います。実は get メソッドの実行で $O(n)$（n は連結リストの大きさ）の計算量がかかってしまいます。挿入場所を探索するのに $O(n)$ の時間がかかりますが、要素の挿入処理自体は $O(1)$ だと考えてください。

実際の要素の挿入は、連結リストの最後尾に挿入する場合とそうでない場合とで処理を分岐します。51 行目の if 文で、変数 ptr が None か否かを判定します。連結リストの要素数を n とした場合、インデックスの値が 0 ～ n - 1 の場合は、変数 ptr に当該インデックスにある要素のオブジェクトが格納されますが、n の場合は None になっているはずです。したがって、ptr が None であれば、最後尾に要素を挿入することを意味します。この場合は単純に append メソッドを実行し、連結リストの最後尾に要素を追加します。

連結リストの先頭または途中に要素を挿入する場合の処理は、55 行目～ 61 行目に記述しています。要素挿入前の連結リストは**図 3.15** のようになっています。指定したインデックス（変数 index）の場所にある要素は ptr で参照できる状態なので、index - 1 番目と index 番目の要素の間に新たな要素 element を挿入します。ここでは、挿入する要素がもつ値を整数値 99 とします。挿入処理に必要な変数の変更は、element.prev と element.next、ptr.prev、ptr.prev.next の 4 箇所です。このうち ptr.prev.next は、ptr が参照する要素が連結リストの先頭にあるかどうかで処理が変わってきます。他の 3 つは個別のケースを考慮する必要はありません。

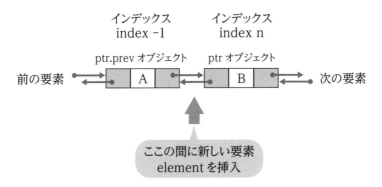

図 3.15　連結リストへの要素の挿入（1/3）（要素挿入前の状態）

　まず、**1**55 行目と 56 行目で、element.prev = ptr.prev と element.next = ptr を実行します。57 行目で、ptr.prev が None かどうかを判定します。None であれば、ptr が指す要素は連結リストの先頭にあることを意味します。この場合の処理を**図 3.16** に示します。**2**連結リストの先頭要素を参照する変数 head を 58 行目の self.head = element で変更します。

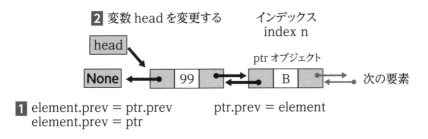

図 3.16　連結リストへの要素の挿入（2/3）（58 行目：if ptr.prev == None のときの処理）

　57 行目の if ptr.prev == None: が False だった場合、60 行目の処理を実行します。この場合の処理を**図 3.17** に示します。こちらが最も一般的なケースでしょう。**1**60 行目で示すように ptr.prev.next = element と記述して、新たな要素 element の 1 つ前の要素へのポインタを設定します。

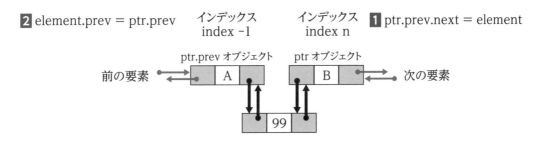

図 3.17　連結リストへの要素の挿入（3/3）（60 行目～61 行目：if ptr.prev == None が False のときの処理）

2 最後に 61 行目で ptr.prev = element を実行して、ptr が参照する要素の 1 つ前の要素を新たな要素 element に変更します。**図 3.16** と**図 3.17** を見比べてみると、ソースコード上での違いは、self.head = element を設定するか ptr.prev.next = element を設定するかだけです。

◾ 連結リストの delete メソッド（連結リストからの要素の削除）の説明

要素を削除するための delete メソッドは 64 行目〜 72 行目で定義しています。指定した要素のオブジェクトを delete メソッドの引数に指定して、その要素を連結リストから削除します。要素削除前の連結リストの中身を**図 3.18** に示します。削除する要素が element オブジェクトで、その前後の要素が element.prev と element.next です。

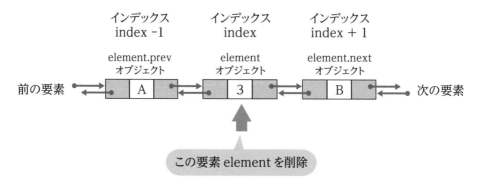

図 3.18　連結リストから要素の削除（1/5）（要素削除前の連結リスト）

要素の削除に必要な変数の変更は、element.prev.next と element.next.prev の 2 箇所です。要素 element が連結リストの先頭または最後尾にあるかどうかで処理が変わってきます。65 行目と 69 行目で if 文が登場しますが、それぞれ先頭要素か最後尾の要素であるかを判定します。

65 行目の if element.prev == None: が True である場合、element は連結リストの先頭要素です。この場合、**図 3.19** に示す処理をします。具体的には、if ブロックの中に入り、**1** 66 行目の self.head = element.next を実行し、連結リストの 2 番目にあった要素 element.next を先頭要素として参照するようにします。

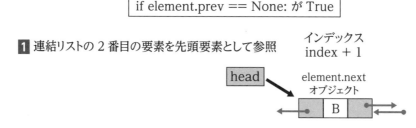

図 3.19　連結リストから要素の削除（2/5）（66 行目：エレメントが先頭要素の場合）

65 行目の if element.prev == None: が False の場合、element が先頭要素でないことを意味します。**1** 68 行目の element.prev.next = element.next を実行します。視覚化すると**図 3.20** のようになります。

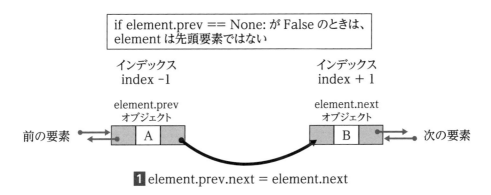

図 3.20 連結リストから要素の削除（3/5）（68 行目：element が先頭要素ではない場合）

次に element の 1 つ後ろにある要素の変数を変更します。69 行目の if 文で、element が連結リストの最後尾にあるかどうかを判定します。もし、if element.next == None: が True である場合、element は最後尾にあるので、連結リストの変数 tail を変更します。70 行目の self.tail = element.prev という処理で、element の 1 つ前の要素が連結リストの最後尾の要素になるように変数 tail を修正します。図で表現すると**図 3.21** のようになります。

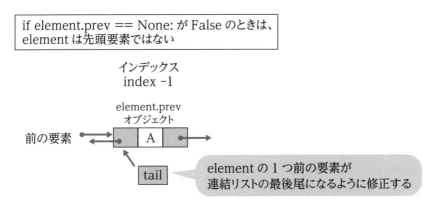

図 3.21 連結リストから要素の削除（4/5）（element が最後尾にある場合）

element が最後尾の要素でない場合は、else ブロックの中に入り、**1** 72 行目の element.next.prev = element.prev を実行します。すなわち、**図 3.22** に示すように、element の前の要素と次の要素を連結します。

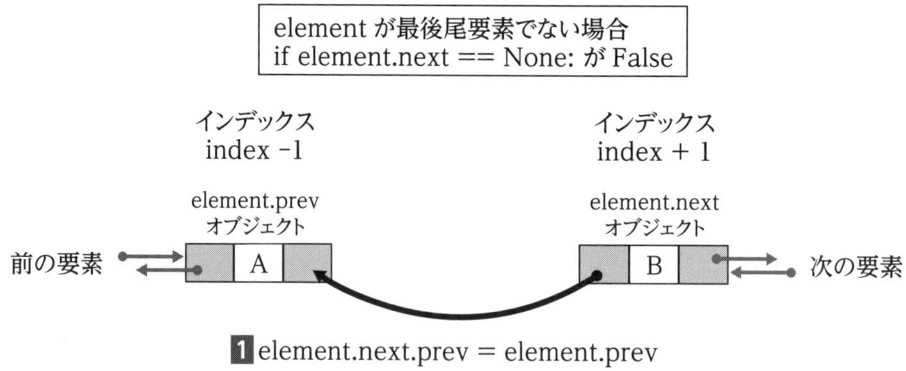

図 3.22　連結リストから要素の削除（5/5）（72 行目：element が最後尾でない場合）

　削除操作は一見単純に見えますが、これですべて上手く処理できます。たとえば、連結リストに要素が 1 つしかなく、その要素である element を削除する場合は、66 行目と 70 行目の処理が実行され、self.head と self.tail がともに None になり連結リストが空になります。

■ to_string メソッド（リストの中身の表示）の説明

　リストの中身を表示させるためのメソッドを to_string と名付けて 75 行目～ 82 行目で定義しています。データ構造やアルゴリズムに直接関係のある処理ではないので、詳しい説明は割愛します。以降のプログラムでも利便性のために類似のメソッドを定義して使用します。

■ 双方向連結リスト実装のソースコードの実行

　ソースコード 3.5（my_dlist.py）を実行した結果を**ログ 3.6** に示します。2 行目に 5 つの要素を追加したあとの連結リストの初期値が表示されます。また、4 行目で、整数値 99 の要素の前の値が 7、次の値が 9 となっており、正しく prev と next の情報が更新されていることが確認できます。6 行目では、インデックス 3 の要素を削除したあとの連結リストの中身が表示されています。

ログ 3.6　my_dlist.py プログラムの実行

```
01  $ python3 my_dlist.py
02  初期値:  [ 6 2 3 7 9 ]
03  my_list[2] =  3
04  要素の挿入後:  [ 6 2 3 7 99 9 ]
05  挿入した要素の情報: (99, 7, 9)
06  要素の削除後:  [ 6 2 3 99 9 ]
```

3.3 キュー（先入れ先出しの性質をもつ待ち行列）

キュー（queue）とは、先入れ先出しの性質をもつ待ち行列のことです。要素をキューに挿入する**エンキュー**（enqueue）操作とキューから要素を削除する**デキュー**（dequeue）操作を提供します。

3.3.1 キューの用途

キューの用途は、現実社会でもさまざまな例が見られます。たとえば、スーパーのレジや銀行の受付などです。**図 3.23** に示すようにサービスを受ける人は並んで順番を待たなければいけません。最後に来た人はキューの最後尾に並びます。そして、キューの先頭にいる人からサービスを受けることができます。

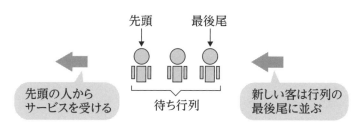

図 3.23 現実社会のキューの例

また、ホテルや飛行機のキャンセル待ちの顧客リストもキューの性質を用います。これらの業務を IT 化するのであれば、業務ソフトウェア内のデータ構造としてキューを使用します。

コンピュータシステムでもキューは多用されます。たとえば、パソコンからプリンタにデータを転送し印刷する処理を考えてください。当然ながら、データの転送処理に比べ印刷処理は時間がかかります。そのため、プリンタ側では受信したデータをキューに入れて保存します。そしてキューからデータを取り出して、次のデータを印刷します。すなわち、プリンタは受信した順番にデータをキューに入れ、先頭のデータから印刷処理を行います。

上記の例に見られるとおり、キューには先入れ先出しの性質があります。この性質のことを専門用語で、**FIFO**（**First In First Out**）と呼びます。

3.3.2 キューに対する操作（エンキューとデキュー）

キューに対する操作として、エンキュー（enqueue）とデキュー（dequeue）の 2 つがあります。エンキューとは、キューに要素を挿入することです。キューは FIFO の性質をもつため、挿入する場所は必ずキューの最後尾です。

　キューの操作例を**図 3.24** に示します。キューに要素を追加した場合の処理は、一般的に **enqueue（データ）** と記述します。この例では、整数値をデータとしてもつものとします。まず、空のキューに対して、enqueue(6) と enqueue(2)、enqueue(3)、enqueue(7)、enqueue(9) と順番にエンキュー処理を実行します。すると**図 3.24** の真ん中に示すデータ構造のように、キューの中身が [6, 2, 3, 7, 9] となります。左側がキューの先頭で、右側が最後尾です。

　デキュー処理は **dequeue()** と記述します。デキューは先頭要素を取り出す操作であるため、整数値 6 がキューから取り出され、キューの中身は**図 3.24** の右側のデータ構造のように [2, 3, 7, 9] となります。

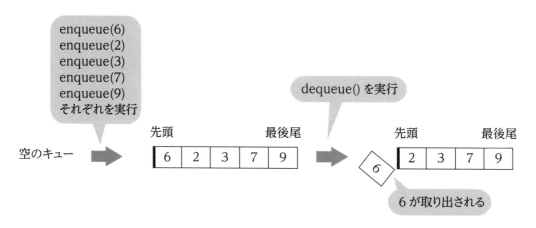

図 3.24　キューデータ構造の操作

　エンキューとデキューともに計算量は $O(1)$ です。データ構造内にどれだけ要素が含まれていようが、操作に関係のあるのは先頭と最後尾の要素だけだからです。

　前節までに解説した配列と連結リストでは、取得と挿入、削除の操作をそれぞれ説明しました。キューにおけるエンキューは、データ構造の最後尾に挿入する操作と同様です。一方、デキューは先頭要素の取得と取り出し、およびその要素をデータ構造から削除する、といった 2 つの操作をすることと同じ処理になります。

　キューを用いる場合、配列や連結リストのようにインデックスを指定して、要素を取得することはできません。たとえば、インデックス 2 にある要素（先頭から 3 番目の要素）を取得したい場合は、デキューを 3 回繰り返すことになります。また、任意のインデックスに要素を挿入する場合も同様です。このような処理を行いたい場合は、キューはデータ構造として向いていません。

　プログラミング言語の実装上、キューというのはデータ構造に対するインターフェースのようなものです。このようなデータ構造を**抽象データ構造**（abstract data structure）と呼びます。もう一度、**図 3.24** を見てください。実際に [6, 2, 3, 7, 9] といった要素を格納する必要がありますが、このために、配列または連結リストを用います。いずれかのデータ構造に対してエンキューとデキューを定義することによって、キューというデータ構造が定義できます。

3.3.3　配列を用いたキュー

　まず、**配列を用いたキュー**の実装について解説します。実際のデータを格納する場所として配列を用いて、キューの情報として最初はキューが空なので、head と tail の 2 つの変数を定義します。変数 head と tail には配列のインデックスが格納されています。head と tail の初期値は整数値の 0 です。エンキューやデキューを行うたびに、変数 head と tail の値を更新し、配列のデータを管理します。配列を使用する場合、head と tail は整数値を保持するのでプログラミングでいうポインタではありませんが、本書では先頭要素と最後尾の要素を参照するという意味で、本書ではポインタと呼びます。

　図 3.25 に例を示します。このキューは大きさが 10 の配列をもち、その配列の中に [6, 2, 3, 7, 9] といったデータを整数値として格納します。配列の左側（インデックスの値が小さい方）をキューの先頭、右側（インデックスの値が大きい方）を最後尾とします。キューの先頭にある要素は 6 なので、変数 head は先頭要素が格納されているインデックスである 0 という値をもちます。一方、最後尾の要素である整数値 9 はインデックス 4 に格納されています。変数 tail は、最後尾の要素が格納されている 1 つ後ろのインデックスである 5 を値としてもちます。

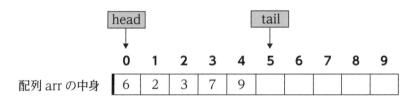

図 3.25　配列を用いたキューの実装（1/2）（キューの例）

　要素をエンキューする場合は、変数 tail が指すインデックスに新たな要素を格納し、tail の値に 1 を加算するだけです。一方、デキューする場合は、先頭要素を取り出し、要素が格納されていた配列のインデックスを初期化します。配列データ構造では、データの取得を行ったときに、取り出した要素がある箇所より後ろにあるすべての要素を 1 つ前に移動させる必要がありましたが、キューではその操作は必要ありません。変数 head に 1 を加算して、先頭要素を参照するインデックスの値を更新するだけです。

　キューに格納できる要素数は、配列の大きさによって制限されます。配列の最後のインデックスまで使い切ると、変数 tail が指すインデックスの値を 0 に戻します。**図** 3.26 に例を示します。キューに対して、何らかの値でエンキューとデキューを繰り返し、キューの中身が [2, 4, 8, 5] だったとします。先頭要素である整数値の 2 がインデックス 8 にある場合、変数 head と tail は図に示すようにインデックスの 8 と 2 になります。

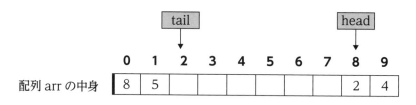

図 3.26　配列を用いたキューの実装（2/2）（配列の最後のインデックスまで使い切った場合）

　配列の大きさが 10 であれば、最大 9 個の要素をキューに格納することができます。変数 head と tail が同じ値であれば、キューは空であることを意味します。一方、tail ＋ 1 を配列の大きさで剰余した値が head と同じ値であれば、キューに空きがないことを意味します。これらの計算は、ソースコードを見ながら再度確認します。当然、キューに空きがなければ新たな要素をエンキューすることはできませんし、キューが空であればデータ構造内の要素をデキューすることはできません。

■ 配列を用いたキューの実装

　ソースコード 3.7（my_queue1.py）に配列を用いたキューの実装例を示します。キューを表す MyQueue クラスを宣言し、配列の大きさ、配列、キューの先頭を指すインデックス、最後尾を指すインデックスの 4 つの変数を定義します。変数名はそれぞれ size、arr、head、tail とします。

　変数 size の初期値は、キューのインスタンスを作成したときに引数で指定します。配列 arr の各要素の初期値は –1 で初期化しています。–1 以外の値でも構いません。変数 head と tail の初期値はともに 0 です。すなわち、キューに何も入っていない状態です。

　また、キューの操作として、enqueue メソッドと dequeue メソッドを定義します。各メソッドはソースコードを見ながら解説していきます。

ソースコード 3.7　配列を用いたキューの実装プログラム　　　　　`~/ohm/ch3/my_queue1.py`

ソースコードの概要

1 行目～ 46 行目	MyQueue クラスの定義
9 行目～ 18 行目	要素をキューに追加する enqueue メソッドの定義
21 行目～ 33 行目	キューから要素を取り出す dequeue メソッドの定義
48 行目～ 73 行目	main 関数の定義

```
01  class MyQueue:
02      def __init__(self, size):
03          self.size = size
04          self.arr = [-1] * size
05          self.head = 0
06          self.tail = 0
```

```
07
08        # エンキュー
09        def enqueue(self, val):
10            # キューに空きがない場合
11            if (self.tail + 1) % self.size == self.head:
12                return None
13
14            # 要素の保存
15            self.arr[self.tail] = val
16
17            # ポインタの更新
18            self.tail = (self.tail + 1) % self.size
19
20        # デキュー
21        def dequeue(self):
22            # キューが空の場合
23            if self.head == self.tail:
24                return None
25
26            # 要素の取り出し
27            e = self.arr[self.head]
28            self.arr[self.head] = -1
29
30            # ポインタの更新
31            self.head = (self.head + 1) % self.size
32
33            return e
34
35        # キューの中身を文字列に変換
36        def to_string(self):
37            stringfied_data = "[ "
38            index = self.head
39            while index != self.tail:
40                stringfied_data += str(self.arr[index]) + " "
41                if index == self.size - 1:
42                    index = 0
43                else:
44                    index += 1
45
46            return stringfied_data + "]"
47
48 if __name__ == "__main__":
```

```
49      # 最大の大きさが6の空のキューを生成
50      my_queue = MyQueue(6)
51
52      # 要素のエンキューとキューの中身の表示
53      my_queue.enqueue(6)
54      my_queue.enqueue(2)
55      my_queue.enqueue(3)
56      my_queue.enqueue(7)
57      my_queue.enqueue(9)
58      print("head = ", my_queue.head, ", tail = ", my_queue.tail)
59      print("初期値: ", my_queue.to_string())
60
61      # デキュー2回
62      x = my_queue.dequeue()
63      y = my_queue.dequeue()
64      if x != None and y != None:
65          print("取り出した要素:", x, y)
66      print("head = ", my_queue.head, ", tail = ", my_queue.tail)
67      print("キューの状態: ", my_queue.to_string())
68
69      # キューに新たな要素をエンキュー
70      my_queue.enqueue(5)
71      my_queue.enqueue(8)
72      print("head = ", my_queue.head, ", tail = ", my_queue.tail)
73      print("キューの状態: ", my_queue.to_string())
```

　2 行目～ 6 行目は MyQeueu の初期化を行うコンストラクタメソッドです。36 行目～ 46 行目の to_string メソッドは、キューの中身を表示するメソッドです。この 2 つは改めて説明の必要は無いと思いますので割愛します。

▣ main 関数の説明

　50 行目で MyQueue のインスタンスを生成し、その変数を my_queue とします。キューの大きさは 6 とします。つまり、最大 5 つの要素をキューに入れることができます。53 行目～ 57 行目でキューに整数値をデータとして、enqueue メソッドでエンキューします。58 行目と 59 行目でキューの情報を表示しますが、この時点では head が 0、tail が 5 です。なお、配列 arr の中身は [6, 2, 3, 7, 9] で arr[0] から arr[4] に整数値が入っています。

　62 行目と 63 行目で dequeue メソッドを用いて、キューから要素を取り出し、それぞれ変数 x と y に整数値を代入します。64 行目と 65 行目で取り出した要素の値を表示します。もし、キューが空であれば、変数 x と y が None になるため if 文で制御しています。変数 x は 6、変数 y は 3 と

なっているはずです。66 行目と 67 行目でキューの情報を表示します。デキューを 2 回行ったので、キューの中身は [3, 7, 9] となり、head が 2 に更新されます。

70 行目と 71 行目で再度、整数値 5 と 8 をエンキューし、72 行目と 73 行目でキューの情報を表示します。配列 arr の中身は [3, 7, 9, 5, 8] ですが、インデックスを最後まで使い切るので、tail の値が配列の一番最初にループし 1 となります。

■ enqueue メソッド（キューへの要素を追加）の説明

キューへ要素を追加する enqueue メソッドは、9 行目 ～ 18 行目で定義しています。キューへ追加するデータとして、整数値を変数 val で受け取ります。

11 行目の if 文で、キューに空きかあるかどうかを判定し、空きがなければ None を返し、エンキュー処理を中断します。エンキュー処理では、self.tail が指すインデックスに要素を格納して、self.tail を加算します。そのため、self.tail に 1 を加算した値が self.head と同じであれば、新しい要素を入れることができないことを意味します。なお、self.head と self.tail が同じであれば、キューは空と判断されます。また、self.arr のインデックスをループさせて配列を使用するため、(self.tail+1) % self.size == self.head、といった剰余算（modulo）を用いた判定式になっています。なお、**%** は**剰余演算子**です。

新しい要素を格納すべきインデックスは self.tail が指す場所なので、15 行目で self.arr [self.tail] = val と記述します。そのあとの 18 行目で self.tail を更新します。変数 tail の更新は剰余算を用います。キューの大きさが 6 の場合、インデックスが取り得る値は 0 ～ 5 です。self.tail が 6 になると、値を 0 にループさせる必要があるからです。以上でエンキュー処理は終了です。

具体例を main 関数内の 53 行目 ～ 57 行目の命令を例にして説明します。キューのインスタンスを生成した時点では、キューの中身は、**図 3.27** に示すとおりです。self.arr に何も入っていない状態で、self.head と self.tail はともに 0 です。

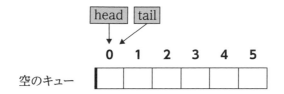

図 3.27 配列を用いたキューのエンキュー処理（1/3）（50 行目：キューのインスタンスを生成した時点）

ここで 53 行目の my_queue.enqueue(6) を実行したとします。self.arr [self.tail] に整数値 6 が格納され、self.tail が更新され 1 になります。そのため、キューの状態は、**図 3.28** のようになります。

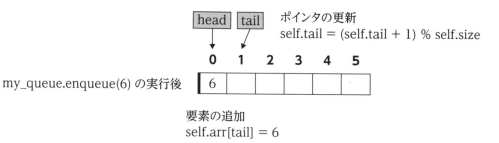

図 3.28　配列を用いたキューのエンキュー処理（2/3）（53 行目）

同様に 57 行目までのエンキュー処理を行うと、キューの状態は**図 3.29** のようになります。

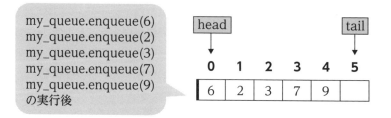

図 3.29　配列を用いたキューのエンキュー処理（3/3）（57 行目実行後のキューの状態）

■ dequeue メソッド（キューから要素を取得）の説明

　キューから要素を取得する dequeue メソッドは、21 行目〜 33 行目で定義しています。このとき、同時に要素の削除を行います。23 行目の if 文で、キューが空かどうかであるかを判定し、空であれば None を返し、デキュー処理を中断します。

　キューに要素が入っていれば、**1**27 行目で先頭要素が格納されている self.arr [self.head] からデータを取り出し、変数 e に格納します。**2**28 行目で self.arr [self.head] を初期化し、**3**31 行目で self.head を更新します。エンキュー処理と同様にポインタの更新は剰余算を用います。最後に 33 行目で取り出した先頭要素の整数値を返します。

　具体例を main 関数内の 62 行目と 63 行目の命令を例にして説明します。プログラムが 62 行目の命令実行前の状態は、エンキュー処理の箇所で説明した**図 3.29** のとおりです。self.arr が [6, 2, 3, 7, 9] のときに、62 行目の x = my_queue.dequeue() を実行するとキューの状態は**図 3.30** のようになります。キューの先頭の self.arr [0] から要素を取り出して、その箇所を −1 で初期化します。そして self.head を 1 に更新します。

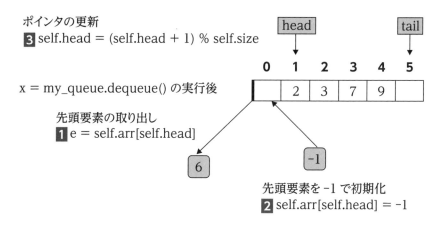

図 3.30 配列を用いたキューのデキュー処理（1/2）（62 行目の実行後）

63 行目のデキュー命令を実行すると、キューの状態は**図 3.31** のようになります。先ほどと同様の処理なので、特に問題なくご理解いただけると思います。

図 3.31 配列を用いたキューのデキュー処理（2/2）（63 行目の実行後）

▣ 配列を用いたキューの実装プログラムの実行

ソースコード 3.7（my_queue1.py）を実行した結果を**ログ 3.8** に示します。2 行目と 3 行目がキューに 5 つの要素を追加したときの、キューの状態です。4 行目～ 6 行目がデキュー処理を 2 回行ったあとのキューの状態、7 行目と 8 行目が再度エンキュー処理を 2 回行ったあとのキューの状態です。

ログ 3.8 my_queue.py プログラムの実行

```
01  $ python3 my_queue1.py
02  head =  0 , tail =  5
03  初期値:  [ 6 2 3 7 9 ]
04  取り出した要素: 6 2
05  head =  2 , tail =  5
06  キューの状態:  [ 3 7 9 ]
```

```
07  head =  2 , tail =  1
08  キューの状態:  [ 3 7 9 5 8 ]
```

　なお、プログラム実行後のキューの状態は、**図 3.32** のようになります。ログの 7 行目と 8 行目で表示されている変数と配列の中身と同じです。

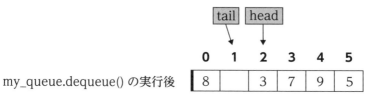

図 3.32　プログラム実行後の配列を用いたキューの状態

3.3.4　連結リストを用いたキューの実装

　連結リストを用いてキューを実装するために、まず連結リストの要素を表すクラスとして、MyElement を以下のように定義します。

```python
class MyElement:
    def __init__(self, val):
        self.val = val   # 要素がもつ値
        self.next = None # 次の要素へのポインタ
```

　MyElement のクラスメンバはデータを表す val と次の要素へのポインタである next を定義します。簡略のため片方向連結リストを使用しますので、1 つ前の要素へのポインタ変数は定義しません。
　次に MyQueue クラスを定義します。キューの先頭と最後尾の要素を参照するために変数 head と tail を定義します。そして、enqueue メソッドと dequeue メソッドを定義しますが、この 2 つはソースコードを見ながら解説します。片方向連結リストを用いるため、第 3.2 節で解説した双方向連結リストに比べて実装が簡単です。
　ソースコード 3.9（my_queue2.py）に連結リストを用いたキューの実装プログラムを示します。

ソースコード 3.9　連結リストを用いたキューの実装プログラム　　　`~/ohm/ch3/my_queue2.py`

ソースコードの概要

1 行目～ 4 行目	MyElement クラスの定義
6 行目～ 47 行目	MyQueue クラスの定義

12 行目～ 20 行目	enqueue メソッドの定義
23 行目～ 37 行目	dequeue メソッドの定義
49 行目～ 77 行目	main 関数の定義

```
01  class MyElement:
02      def __init__(self, val):
03          self.val = val      # 要素がもつ値
04          self.next = None # 次の要素へのポインタ
05
06  class MyQueue:
07      def __init__(self):
08          self.head = None
09          self.tail = None
10
11      # エンキュー
12      def enqueue(self, element):
13          # キューが空の場合の処理
14          if self.tail == None:
15              self.head = element
16              self.tail = element
17          else:
18              # キューの最後尾に要素を追加
19              self.tail.next = element
20              self.tail = element
21
22      # デキュー
23      def dequeue(self):
24          # キューが空の場合
25          if self.head == None:
26              return None
27
28          # キューの先頭要素を取り出して、当該要素をキューから削除
29          e = self.head
30          self.head = e.next
31          if e.next == None:
32              self.tail = None
33
34          # 取り出す要素のインスタンスがもつポインタを初期化
35          e.next = None
36
37          return e
```

```
38
39      # キューの中身を文字列に変換
40      def to_string(self):
41          stringfied_data = "[ "
42          ptr = self.head
43          while ptr != None:
44              stringfied_data += str(ptr.val) + " "
45              ptr = ptr.next
46
47          return stringfied_data + "]"
48
49  if __name__ == "__main__":
50      # 空のキューを生成
51      my_queue = MyQueue()
52
53      # 要素のエンキューとキューの中身の表示
54      my_queue.enqueue(MyElement(6))
55      my_queue.enqueue(MyElement(2))
56      my_queue.enqueue(MyElement(3))
57      my_queue.enqueue(MyElement(7))
58      my_queue.enqueue(MyElement(9))
59      if my_queue.head != None and my_queue.tail != None:
60          print("head = ", my_queue.head.val, ", tail = ", my_queue.tail.val)
61      print("初期値: ", my_queue.to_string())
62
63      # デキュー2回
64      x = my_queue.dequeue()
65      y = my_queue.dequeue()
66      if x != None and y != None:
67          print("取り出した要素:", x.val, y.val)
68      if my_queue.head != None and my_queue.tail != None:
69          print("head = ", my_queue.head.val, ", tail = ", my_queue.tail.val)
70      print("キューの状態: ", my_queue.to_string())
71
72      # キューに新たな要素をエンキュー
73      my_queue.enqueue(MyElement(5))
74      my_queue.enqueue(MyElement(8))
75      if my_queue.head != None and my_queue.tail != None:
76          print("head = ", my_queue.head.val, ", tail = ", my_queue.tail.val)
77      print("キューの状態: ", my_queue.to_string())
```

■ main 関数の説明

49 行目〜 77 行目で main 関数を定義しています。配列を用いたキューの実装コードである**ソースコード 3.7** の main 関数とほぼ同じです。違いは、キューへ要素を追加するときに、整数値を値としてもつ MyElement クラスを生成する箇所ぐらいです。また、変数 head と tail は MyElement オブジェクトへの参照なので、これらの情報を表示する前に if 文で制御しています。そして head と tail が参照するオブジェクトのデータである整数値を表示しています。

■ enqueue メソッド（キューへ要素を追加）の説明

連結リストを用いた場合のエンキュー処理は、連結リストの最後尾に要素を挿入する処理と同様です。そのため、双方向連結リストの実装コードである**ソースコード 3.5** の append メソッドとほぼ同じなので簡単に説明します。

enqueue メソッドは 12 行目〜 20 行目で定義しています。14 行目の if 文で連結リストが空であるかどうかを判断し、空であれば変数 head と tail の情報を更新します。連結リストが空でなければ、19 行目と 20 行目で最後尾の後ろに新たな要素である element を連結します。

■ dequeue メソッド（キューから要素を取得し、削除）の説明

dequeue メソッドは 23 行目〜 37 行目で定義しています。連結リストの先頭要素を取り出し、削除するだけです。25 行目でキューが空かどうかを判定し、空であれば処理を中断します。

キューに要素が入っていれば、先頭要素を取り出し変数 e に格納します。30 行目で self.head が次の要素を参照するように更新します。もし、キューに要素が 1 つしか入っていない状態であれば、e.next は None に入っているはずなので、self.head も None になりキューが空になります。この場合は、個別に self.tail も None にする必要があります。そのため、31 行目で if 文を用いて、32 行目で self.tail を None にします。

35 行目で取り出す要素の前後のポインタを初期化し、要素 e をメソッドの呼び出し元へ返します。

■ 連結リストを用いたキューの実装プログラムの実行

ソースコード 3.9（my_queue2.py）を実行した結果を**ログ 3.10** に示します。キューの中身は配列を用いたキューの実装と同じです。ただし、変数 head と tail の値はインデックスではなくて、要素へのポインタです。そのため、head と tail の情報は、参照する要素がもつ整数値を表示しています。

ログ 3.10 my_queue2.py プログラムの実行

```
01 $ python3 my_queue2.py
02 head =  6 , tail =  9
03 初期値:  [ 6 2 3 7 9 ]
```

```
04  取り出した要素： 6 2
05  head =  3 , tail =  9
06  キューの状態：  [ 3 7 9 ]
07  head =  3 , tail =  8
08  キューの状態：  [ 3 7 9 5 8 ]
```

3.3.5 双方向連結リストのソースコードを再利用した キューの実装

　第 3.2 節で解説した双方向連結リストの**ソースコード 3.5** を再利用してキューを実装することもできます。エンキュー処理は、連結リストの最後尾に要素を挿入することと同じです。そのため、append メソッドまたは最後尾のインデックスを指定して insert メソッドを実行するのと同じです。一方、デキュー処理はインデックス 0 を指定して、get メソッドと delete メソッドを実行することと同じです。

　ソースコード 3.11（my_queue3.py）に、**ソースコード 3.5** で定義した MyElement クラスと MyDoublyLinkedList クラスを再利用したキューの実装例を示します。

　今回作成するファイル名は my_queue3.py です。再利用したいソースコードのファイル名を my_dlist.py とします。この 2 つのファイルは同じフォルダに保存しておく必要があります。

　ソースコードの冒頭に、import my_dlist、と記述して再利用するファイル名をインポートします。拡張子の .py を記述する必要はありません。my_dlist 内で定義したクラスや変数にアクセスする場合は、ファイル名.クラス名、といった書式になります。たとえば、連結リストのインスタンスを生成したい場合は、5 行目に示すように、self.dlist = my_dlist.MyDoublyLinkedList() と記述します。

ソースコード 3.11　ソースコードを再利用したキューの実装プログラム　　`~/ohm/ch3/my_queue3.py`

ソースコードの概要

8 行目と 9 行目	enqueue メソッドの定義
12 行目〜 16 行目	dequeue メソッドの定義

```
01  import my_dlist
02
03  class MyQueue:
04      def __init__(self):
05          self.dlist = my_dlist.MyDoublyLinkedList()
06
07      # エンキュー
08      def enqueue(self, element):
09          self.dlist.append(element)
```

```
10
11        # デキュー
12        def dequeue(self):
13            e = self.dlist.get(0)
14            self.dlist.delete(e)
15
16            return e
17
18        # キューの中身を文字列に変換
19        def to_string(self):
20            return self.dlist.to_string()
21
22    if __name__ == "__main__":
23        # 空のキューを生成
24        my_queue = MyQueue()
25
26        # 要素のエンキューとキューの中身の表示
27        my_queue.enqueue(my_dlist.MyElement(6))
28        my_queue.enqueue(my_dlist.MyElement(2))
29        my_queue.enqueue(my_dlist.MyElement(3))
30        my_queue.enqueue(my_dlist.MyElement(7))
31        my_queue.enqueue(my_dlist.MyElement(9))
32        if my_queue.dlist.head != None and my_queue.dlist.tail != None:
33            print("head = ", my_queue.dlist.head.val, ", tail = ", my_queue.dlist.tail.val)
34        print("初期値: ", my_queue.to_string())
35
36        # デキュー2回
37        x = my_queue.dequeue()
38        y = my_queue.dequeue()
39        if x != None and y != None:
40            print("取り出した要素:", x.val, y.val)
41        if my_queue.dlist.head != None and my_queue.dlist.tail != None:
42            print("head = ", my_queue.dlist.head.val, ", tail = ", my_queue.dlist.tail.val)
43        print("キューの状態: ", my_queue.to_string())
44
45        # キューに新たな要素をエンキュー
46        my_queue.enqueue(my_dlist.MyElement(5))
47        my_queue.enqueue(my_dlist.MyElement(8))
48        if my_queue.dlist.head != None and my_queue.dlist.tail != None:
49            print("head = ", my_queue.dlist.head.val, ", tail = ", my_queue.dlist.tail.val)
50        print("キューの状態: ", my_queue.to_string())
```

　3 行目から MyQueue クラスの定義が始まりますが、クラスメンバとして、MyDoublyLinkedList のオブジェクトをもちます。そしてこの連結リストに対して取得や挿入、削除などの操作を行うことによってキューの機能を実装します。

　8 行目と 9 行目にある enqueue メソッドですが、self.dlist の append メソッドを呼び出すだけです。12 行目～ 16 行目の dequeue メソッドの定義ですが、こちらもすでに説明したとおり、self.dlist の get メソッドと delete メソッドを呼び出すだけです。非常にシンプルにキューを実装することができます。

　main 関数は 22 行目～ 50 行目で定義しています。**ソースコード 3.9** の main 関数とほぼ同じです。違いは、MyElement にアクセスするときに my_dlist.MyElement と記述する箇所ぐらいです。実行結果も同じなので詳細は割愛します。

3.4　スタック

　スタック（stack）とは**後入れ先出し**の性質をもつデータ構造です。この性質のことを専門用語で**LIFO**（**Last In First Out**）と呼びます。スタックに対する操作は、要素を追加するための**プッシュ**（**push**）と要素を取り出すための**ポップ**（**pop**）の 2 つがあります。

3.4.1　スタックの用途

　スタック構造の例は、現実社会でも見つけることができます。**図 3.33** にスタックの例を示します。空のカップがあり、その中にカップと同じ直径のボールを入れることを考えてください。ボール A、ボール B、ボール C という順番にカップにボールをプッシュしたとします。次にカップからボールをポップするときは、どのボールを取り出すことになるでしょうか？一番上にあるボール C しか取り出せないはずです。すなわち、一番最後に入れたボールを一番最初に取り出すことになります。

カップとボール

図 3.33　現実社会に存在するスタックの例

　スタックの例はまだまだあります。たとえば、コップやお皿を積み上げた場合もそうです。もちろんコンピュータシステムでもスタック構造は多用されます。プログラミングの例で言うとコンピュータプログラムを実行するときのメモリの使い方などです。たとえば、以下のように階乗を計算する再帰関数を定義したとします。なお、再帰関数とは自分自身を参照する関数のことです。

```
def fac(n):
    if n == 1:
        return 1
    else:
        return n * fac(n - 1)
```

　main 関数から fac 関数を呼び出したときの動作を考えてみます。fac(3) を実行すると、3 の階乗が計算されるため $3 \times 2 \times 1$ の計算結果が戻り値として戻ってきます。fac(3) を呼び出したときに、5 行目の return n×fac(n-1) の箇所で、fac(2) が呼び出されるはずです。また、fac(2) を実行すると、内部で fac(1) が呼び出されます。このように引数で指定した変数 n の値が 1 より大きいとき、再帰処理が繰り返されます。そのあと、fac(2) に処理が戻り、最終的に fac(3) の処理に戻り、計算結果が呼び出し元の main 関数に戻ってきます。

　この一連の動作を**図 3.34** に示します。スタックは、作業領域として実行中のプログラムの制御情報を格納します。初期状態では、main 関数が**スタックの底**（いちばん最初にプッシュされたところ）にある状態です。ここで fac(3) を呼び出すと関数の処理がプッシュされ、スタックがステップ 2 の状態になります。そして fac(2) と fac(1) が順番に呼び出され、それぞれステップ 2 とステップ 3 に示す状態になります。変数 n が 1 になると、これ以上、fac 関数が呼び出されないので、プッシュした順に関数がポップされます。fac(1)、fac(2)、fac(3) の順番にポップされ、スタックの状態がそれぞれステップ 4、ステップ 5、ステップ 6 のようになります。

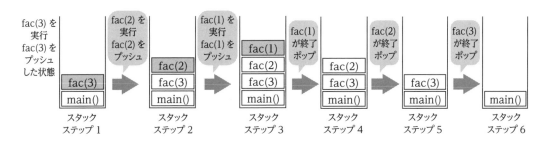

図 3.34　再帰関数の呼び出し時の処理

　プログラムの実行とメモリの関係について詳しく知りたい読者は関連図書[*1] を参照してください。プログラムの実行以外でもスタックは活用されます。たとえば、ソースコード内の式評価や構文解析などです。また、スタックを 2 つ使用すればチューリング機械をエミュレートできるため、スタックは計算理論において極めて重要な意味をもちます。

[*1]　酒井和哉, コンピュータハイジャッキング, オーム社, 2018 年 10 月

3.4.2　スタックに対する操作

スタックに対する操作はプッシュとポップの 2 つです。プッシュはスタックに追加する要素を指定して、push（要素）、と記述します。ポップは pop() と記述します。スタックの一番上にある要素しか影響しないため、どちらの操作も計算量は $O(1)$ です。そのため、スタック内のデータ数に依存しません。ただし指定したインデックスの要素を取り出す場合は、複数回のポップ命令を実行する必要があります。

キューと同様にスタックも抽象データ構造です。プッシュとポップを実装すれば、データ構造の実装方法に関わらずスタックとして扱えます。スタックの内部では配列または連結リストを使用することができます。

3.4.3　配列を用いたスタック

まず、配列を用いたスタックの実装方法を解説します。スタックを表すために MyStack クラスを以下のように定義します。クラスメンバは、スタックの大きさを表すための変数 size、実際にデータを格納する配列 arr、スタックの一番上にある要素が格納されているインデックスを示す変数 top の 3 つです。配列 arr は -1 で初期化しておきます。

```python
class MyStack:
    def __init__(self, size):
        self.size = size
        self.arr = [-1] * size
        self.top = -1
```

配列 arr のインデックスが低い方をスタックの底として定義します。スタックに値をプッシュする毎に変数 top を 1 ずつ加算していきます。たとえば、スタックに 6、2、3、7、9 という整数値を順番にプッシュしたとします。arr[0] が 6、arr[1] が 2 という要領で値が格納され、top はインデックス 4 を指します。このときのスタックの状態を図 3.35 に示します。

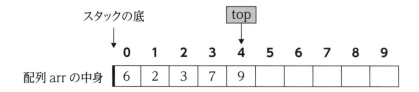

図 3.35　配列を用いたスタックの概念図

スタックから要素をポップするときは、arr[top] の要素を取り出し、変数 top の値を 1 つずつ減らしていきます。

　配列の大きさは固定されているため、スタックにプッシュできる要素数は変数 size で決まります。そのため、要素をプッシュするときは、スタックに空きがあるかどうかを確認する必要があります。また、ポップ処理を行うときは、スタックが空でないかどうかを確認する必要があります。

■ 配列を用いたスタックの実装

　ソースコード 3.12 (my_stack1.py) に配列を用いたスタックの実装を示します。is_empty メソッドと push メソッド、pop メソッドを定義しています。これらのメソッドに関してはソースコードを見ながら解説します。

ソースコード 3.12　配列を用いたスタックの実装プログラム　　`~/ohm/ch3/my_stack1.py`

ソースコードの概要

1 行目〜 43 行目	MyStack クラスの定義
8 行目〜 12 行目	スタックが空であるかを調べる is_empty メソッドの定義
15 行目〜 22 行目	スタックに新たな要素を挿入する push メソッドの定義
25 行目〜 35 行目	スタックから要素を取り出す pop メソッドの定義
45 行目〜 70 行目	main 関数の定義

```python
01  class MyStack:
02      def __init__(self, size):
03          self.size = size
04          self.arr = [-1] * size
05          self.top = -1
06
07      # スタックが空かどうか判定
08      def is_empty(self):
09          if self.top == -1:
10              return True
11          else:
12              return False
13
14      # プッシュ
15      def push(self, val):
16          # スタックに空きがない場合
17          if self.top == self.size - 1:
18              return None
19
20          # 要素をプッシュ
```

```
21          self.top += 1
22          self.arr[self.top] = val
23
24      # ポップ
25      def pop(self):
26          # スタックが空の場合
27          if self.is_empty():
28              return None
29
30          # スタックの一番上にある値をポップ
31          e = self.arr[self.top]
32          self.arr[self.top] = -1
33          self.top -= 1
34
35          return e
36
37      # スタックの中身を文字列に変換
38      def to_string(self):
39          stringfied_data = "[ "
40          for i in range(0, self.top + 1):
41              stringfied_data += str(self.arr[i]) + " "
42
43          return stringfied_data + "]"
44
45  if __name__ == "__main__":
46      # 最大の大きさが6の空のスタックを生成
47      my_stack = MyStack(6)
48
49      # 要素のプッシュとスタックの中身の表示
50      my_stack.push(6)
51      my_stack.push(2)
52      my_stack.push(3)
53      my_stack.push(7)
54      my_stack.push(9)
55      print("top = ", my_stack.top)
56      print("初期値: ", my_stack.to_string())
57
58      # ポップ2回
59      x = my_stack.pop()
60      y = my_stack.pop()
61      if x != None and y != None:
62          print("取り出した要素:", x, y)
```

```
63    print("top = ", my_stack.top)
64    print("初期値: ", my_stack.to_string())
65
66    # スタックに新たな要素をプッシュ
67    my_stack.push(5)
68    my_stack.push(8)
69    print("top = ", my_stack.top)
70    print("初期値: ", my_stack.to_string())
```

■ main 関数

main 関数は 45 行目～ 70 行目で定義しています。処理内容は、キューの実装例で示した main 関数と大差ありません。

47 行目で大きさを 6 に指定して MyStack のインスタンスを生成し、変数 my_stack に格納します。50 行目～ 54 行目でスタックに 5 つの整数値をプッシュし、55 行目と 56 行目でスタックの一番上を示すインデックスの値とスタック内のデータに関する情報を表示します。top が 4、スタックの中身が [6, 2, 3, 7, 9] となっているはずです。

59 行目と 60 行目でポップを 2 回実行し、それぞれ変数 x と y に取り出した要素を格納します。61 行目と 62 行目で取り出した値を表示します。もし、スタックが空であれば変数 x または y が None となるため、エラーにならないように if 文で制御します。63 行目と 64 行目でスタックの状態を表示しますが、top が 2 でスタックの中身が [6, 2, 3] となります。

67 行目と 68 行目で、再度 2 つの整数値 5 と 8 をスタックにプッシュし、69 行目と 70 行目で命令実行後のスタックの中身を表示します。top の値が 4、スタックの中身が [6, 2, 3, 5, 8] となるはずです。

■ is_empty メソッド（スタックが空かどうかの判定）の説明

8 行目～ 12 行目で is_empty メソッドを定義しています。このメソッドはスタックが空であれば True を返し、空でなければ False を返します。変数 top の初期値は -1 であるため、もしスタックが空であれば self.top の値が -1 になっているはずです。そのため、9 行目の if 文で self.top == -1 が True か False かを判定しています。

実際のプログラミングで、スタックを使用していると is_empty メソッドをよく使うので、本書でも別途メソッドを定義しました。

■ push メソッド（スタックに要素を追加）の説明

プッシュ処理は 15 行目～ 22 行目の push メソッドで定義しています。引数は新たに追加する要素です。ここでは、整数値を変数 val で受け取ります。まず、17 行目でスタックに空きがあるかどうかを判定します。配列 arr の最後のインデックスの値が self.size -1 なので、self.top が self.size -1

と同値であるかどうかを確認します。もし、空きがなければ処理を中断し、None を戻り値として返します。

　スタックに空きがある場合、21 行目で self.top の値を 1 増加させ、22 行目の self.arr [self.top] = val という命令で要素をスタックに格納しています。

　スタックが空の状態から整数値 6 をプッシュしたときの具体例を図を用いて解説します。スタックの初期状態を図 3.36 に示します。スタックは空なので、配列 arr はすべて -1 で初期化されています。なお、図では空白にしています。また、self.top は -1 です。

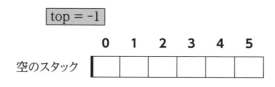

図 3.36　プッシュ処理の実行例 1（スタックの初期状態）

　ここで main 関数の 50 行目にある命令で push(6) を実行したとします。スタックに空きがあるので、21 行目の self.top += 1 を実行し、self.top の値を 0 にします。**1** 22 行目 self.arr [self.top] = val で、配列のインデックス 0 の場所に新しい要素である val を代入します。push(6) の実行後のスタックは図 3.37 のようになります。

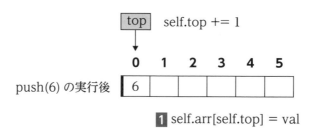

図 3.37　プッシュ処理の実行例 2（50 行目の実行後）

　スタックに空きがある限り同様の処理を行います。

■ pop メソッド（スタックから要素を取得）の説明

　ポップ処理を行う pop メソッドは、25 行目～ 35 行目で定義しています。まず、27 行目でスタックが空かどうかを確認します。もし、空であればポップする要素がスタック内に存在しないことを意味するので、処理を中断します。

　スタックに何らかの要素があれば、31 行目の e = self.arr [self.top] という命令で、変数 e にスタックの一番上にある要素を保存します。32 行目の命令で当該インデックスの場所に -1 を代入し

て初期化します。33 行目で self.top の値を 1 つ減らします。最後に 35 行目で取り出した要素を呼び出し元に返します。

　ポップ処理を行った動作を図を用いて説明します。main 関数の 59 行目にある x = my_stack. pop() を実行するときのスタックの状態を**図 3.38** に示します。

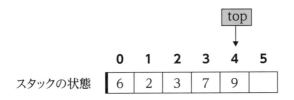

図 3.38　ポップ処理の実行例 1（59 行目実行直前の状態）

　配列 arr が [6, 2, 3, 7, 9] となっており、self.top はインデックスの 4 という値を保持しています。ここで pop() を実行すると、**1**スタックの一番上にある整数値 9 がいったん変数 e に格納されます。**2**そして arr [self.top] を -1 で初期化し、self.top の値を 1 つ減らします。ポップ命令実行後のスタックの状態を**図 3.39** に示します。

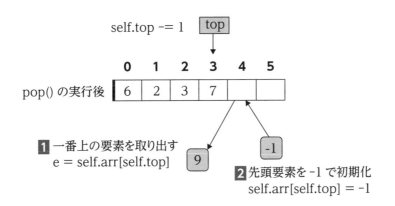

図 3.39　ポップ処理の実行例 2（59 行目実行後）

　配列 arr に 4 つの要素が保存されている状態で、self.top の値はインデックスの 3 になります。再度ポップ処理を実行した場合、スタックに空きがある限り、同様の処理がなされます。

■ 配列を用いたスタックの実装コードの実行

　ソースコード 3.12（my_stack1.py）を実行した結果を**ログ 3.13** に示します。2 行目と 3 行目がプッシュ命令を 5 回行ったあとのスタックの状態です。4 行目は、ポップ命令で取り出した 2 つの要素の整数値です。そのときのスタックの状態が 5 行目と 6 行目に示されています。最後に再度プッ

シュ命令を 2 回行ったあとのスタックの状態は 7 行目と 8 行目に示すとおりです。すべて main 関数を解説したときの内容と同じになっていることが確認できます。

ログ 3.13　my_stack1.py プログラムの実行

```
01  $ python3 my_stack1.py
02  top =  4
03  初期値: [ 6 2 3 7 9 ]
04  取り出した要素: 9 7
05  top =  2
06  初期値: [ 6 2 3 ]
07  top =  4
08  初期値: [ 6 2 3 5 8 ]
```

3.4.4　連結リストを用いたスタック

　それではリストを用いたスタックの実装について解説します。まず、連結リストの先頭または最後尾のどちらをスタックの底にするか、といった問題があります。本書では、最後尾をスタックの底とします。すなわち、**図 3.40** に示すように、スタックの一番上の要素は連結リストの先頭になります。スタックは LIFO の性質をもつため、連結リストの先頭要素に対してプッシュとポップを行うこととなります。

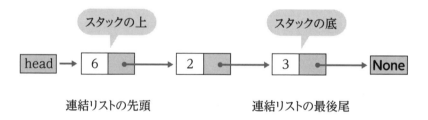

図 3.40　連結リストを用いたスタックの概念図

　たとえば、空のスタックに push(6)、push(2)、push(3) という順番でプッシュ命令を実行すると、スタック内の連結リストは [3, 2, 6] となります。連結リストの先頭に新しい要素が追加されていきます。ここで pop() を実行すると、先頭要素の 3 がポップされ、連結リストは [2, 6] となります。
　最後尾をスタックの底とした場合、連結リストの先頭要素を参照する変数だけで十分です。この変数を top という変数名とします。
　一方、もし先頭要素をスタックの底として扱った場合、連結リストの最後尾の要素に対してプッシュとポップを行います。この場合、連結リストの最後尾を参照する変数として tail が必要となるため、ソースコードが少し複雑になります。そのため、本書では連結リストの先頭をスタックの底として定義します。

■ 連結リストを用いたスタックの実装

スタック内のデータは連結リストに保存されるため、要素を表すクラスとして MyElement クラスを定義します。クラスメンバは、データを表す変数valと次の要素を参照する変数nextとします。連結リストを用いてキューを実装する場合と同じです。

次にスタックを表すクラスとして MyStack クラスを定義し、クラスメンバとして変数 top を定義します。変数 top は連結リストの先頭要素を参照します。MyStack クラス内で is_empty メソッドと push メソッド、pop メソッドを定義します。これらはソースコードを見ながら解説します。

ソースコード 3.14 (/my_stack2.py) に連結リストを用いたスタックの実装コードを示します。

ソースコード 3.14 連結リストを用いたスタックの実装プログラム   `~/ohm/ch3/my_stack2.py`

ソースコードの概要

11 行目〜 15 行目	is_empty メソッドの定義
18 行目〜 21 行目	スタックに新たな要素を挿入する push メソッドの定義
24 行目〜 36 行目	スタックから要素を取り出す pop メソッドの定義
48 行目〜 76 行目	main 関数の定義

```python
01  class MyElement:
02      def __init__(self, val):
03          self.val = val     # 要素がもつ値
04          self.next = None # 次の要素へのポインタ
05
06  class MyStack:
07      def __init__(self):
08          self.top = None
09
10      # スタックが空かどうか判定
11      def is_empty(self):
12          if self.top == None:
13              return True
14          else:
15              return False
16
17      # プッシュ
18      def push(self, element):
19          if self.top != None:
20              element.next = self.top
21          self.top = element
22
```

```
23        # ポップ
24        def pop(self):
25            # スタックが空の場合
26            if self.is_empty():
27                return None
28
29            # 一番上の要素を取り出して、当該要素をスタックから削除
30            e = self.top
31            self.top = e.next
32
33            # 取り出す要素のインスタンスがもつポインタを初期化
34            e.next = None
35
36            return e
37
38        # スタックの中身を文字列に変換
39        def to_string(self):
40            stringfied_data = "[ "
41            ptr = self.top
42            while ptr != None:
43                stringfied_data += str(ptr.val) + " "
44                ptr = ptr.next
45
46            return stringfied_data + "]"
47
48    if __name__ == "__main__":
49        # 空のスタックを生成
50        my_stack = MyStack()
51
52        # 要素のプッシュとスタックの中身の表示
53        my_stack.push(MyElement(6))
54        my_stack.push(MyElement(2))
55        my_stack.push(MyElement(3))
56        my_stack.push(MyElement(7))
57        my_stack.push(MyElement(9))
58        if my_stack.top != None:
59            print("top = ", my_stack.top.val)
60        print("初期値: ", my_stack.to_string())
61
62        # ポップを2回実行
63        x = my_stack.pop()
64        y = my_stack.pop()
```

```
65    if x != None and y != None:
66        print("取り出した要素:", x.val, y.val)
67    if my_stack.top != None:
68        print("top = ", my_stack.top.val)
69    print("スタックの状態: ", my_stack.to_string())
70
71    # スタックに新たな要素をプッシュ
72    my_stack.push(MyElement(5))
73    my_stack.push(MyElement(8))
74    if my_stack.top != None:
75        print("top = ", my_stack.top.val)
76    print("スタックの状態: ", my_stack.to_string())
```

11 行目〜 15 行目の is_empty メソッドは配列を用いたソースコードと同じです。48 行目〜 76 行目で main 関数の定義をしています。処理内容は配列を用いたスタックの実装で用いた**ソースコード 3.12** と同様です。変数 top はスタックの一番上にある MyElement オブジェクトを参照しているので、当該オブジェクトがもつ整数値を表示するようにしています。

■ push メソッド（スタックに要素を追加）の説明

pop メソッドは 18 行目〜 21 行目で定義しています。新たにプッシュする要素を変数 element で受け取ります。19 行目と 20 行目では、スタックが空かどうかを判定し、空でなければスタックの一番上にある要素を element の後ろに連結します。なお、スタックが空かどうかの判定は self.top が None か否かで判断します。そして 21 行目で self.top = element という命令を実行します。これでスタックの一番上に新しく追加した要素である element が設定されます。

■ pop メソッド（スタックから要素を取得）の説明

24 行目〜 36 行目では、pop メソッドの定義を行っています。まず、26 行目でスタックが空かどうかを判定し、空であれば処理を中断します。この辺は配列を用いたスタックと同様です。

30 行目で連結リストの先頭要素（スタックの一番上にある要素）を取り出し、変数 e に格納します。31 行目の self.top = e.next という命令で、スタックの上から 2 番目の要素をスタックの一番上の要素として設定します。もし、スタック内の要素が 1 つだけなら、e.next は None となっているはずなので、self.top が None になり、スタックが空となります。34 行目で取り出す要素の e.next を初期化して、36 行目で取り出した要素を呼び出し元に返します。

■ 連結リストを用いたスタックの実装コードの実行

ソースコード 3.14（my_stack2.py）を実行した結果を**ログ 3.15** に示します。変数 top の値は

MyElement のオブジェクトなので、当該要素の値を表示しています。すなわち、連結リストの一番最初に出てくる値が表示されます。また、連結リストの最後尾をスタックの底としているため、最後にプッシュした要素が連結リストの先頭に現れます。正しく LIFO の動作をしていることが確認できます。

ログ 3.15 my_stack2.py プログラムの実行結果

```
01  $ python3 my_stack2.py
02  top =  9
03  初期値:  [ 9 7 3 2 6 ]
04  取り出した要素: 9 7
05  top =  3
06  スタックの状態:  [ 3 2 6 ]
07  top =  8
08  スタックの状態:  [ 8 5 3 2 6 ]
```

3.5 各データ構造の計算量

表 3.1 に本章で解説したデータ構造の各操作の計算量をまとめました。

表 3.1 データ構造に対する各操作の計算量結果

	取得	挿入	削除
配列	$O(1)$	$O(n)$	$O(n)$
双方向連結リスト	$O(n)$	$O(1)$	$O(1)$
キュー	$O(1)$	$O(1)$	$O(1)$
スタック	$O(1)$	$O(1)$	$O(1)$

ただし、連結リストの挿入と削除は、当該箇所へのポインタが利用可能な場合に限ります。また、キューとスタックに関しては、任意のインデックスに対する操作を行う場合は $O(n)$ の計算時間がかかります。

第 **4** 章

ソートアルゴリズム

本章からアルゴリズムを学習します。まずはアルゴリズムの具体例を学ぶのに適した基本的なソートアルゴリズム (sort algorithm) について解説します。ソート (sort) とは、データ構造内の要素をある基準に従って整列させることです。たとえば、配列に格納された整数値を昇順に並べ替える処理がソートにあたります。

本書では、本題である要素の位置指定などを単純に実現するために、Python 標準ライブラリのリストを配列として利用します。本書で用いる例では、配列の要素を整数値としますが、比較演算が可能な型であれば動作します。また、簡略化のため、配列 arr の部分配列である arr[x]〜arr[y]を表すときは、arr[x:y]と記述します。

4.1 ソートアルゴリズムの概要

　まず、**ソートアルゴリズム**がどのような場面で利用されるか考えてみましょう。一番最初に思いつくのが、数値の整列です。たとえば、入学試験の受験者と点数が手元にあるとします。一般的に点数の高い受験生から順番に合格させます。そのため、受験者の点数を基にして降順に並べ替える、といった作業が必要です。

　このような処理を一般的に、特定のキーによるソート、と呼びます。エクセルなどのスプレッドシートを使用しているときによく使う機能です。エクセルに社員や学生の情報が格納されているとします。これらを社員番号・学籍番号や名前、年齢など特定のキーによって並べ替える処理にソートアルゴリズムを適応します。

　他の例では、ビッグデータ解析においては膨大なデータを木構造 (第 6 章) やグラフ構造 (第 7 章) を用いて格納します。これらのビッグデータから何かを探索したりする場合の前処理として、データの集合をソートしたりします。この使用例は大学院の研究レベルの話になります。

　本書では、**挿入ソート** (insertion) と**バブルソート** (bubble)、**マージソート (merge)**、**クイックソート (quick)** と呼ばれる 4 つのアルゴリズムを解説します。それぞれ**計算量**が異なります。データ数を n とした場合、挿入ソートとバブルソートの計算量は $O(n^2)$、マージソートは $O(n \log n)$ です。一番高速と言われるクイックソートの計算量ですが、平均計算量が $O(n \log n)$ で、最悪の場合は $O(n^2)$ かかります。

　挿入ソートとバブルソートは、ちから技であり、ちょっと考えれば考え付くアルゴリズムです。マージソートとクイックソートは、ちょっと見には複雑ですが、挿入ソートやバブルソートよりも、ずいぶん計算量は少なく、高速に実行されます。アルゴリズム (考え方) の重要さがわかる例です。実装時には、それぞれの特徴を抑え、選択すると良いでしょう。

　また、各アルゴリズムがどれほどのメモリを使用するか、といった領域的な計算量もアルゴリズムを評価する指標の 1 つです。プログラマにとって一番重要なのは、同一ハードにおける処理時間を左右する計算量になります。そのため、本書では時間的な計算量を主に説明します。

　マージソートとクイックソートは、挿入ソートとバブルソートに比べて計算速度が速いということがわかります。これは**統治分割法** (divide-and-conquer method) と呼ばれるアルゴリズム分野において極めて重要なテクニックに基づいて設計されているからです。統治分割法については第 4.4 節で解説します。

　多くの場合、クイックソートが一番高速だと言われています。しかし、データがすでに規則に従って整列している場合など特殊なケースでは、クイックソートの実行速度は遅くなります。アルゴリズム毎に特徴があるので、それぞれ解説していきます。

4.2 挿入ソート

配列中の一番先頭の要素と次の要素という 2 つを比較し、並べ替えたとします。次に 3 つ目の要素を、先の 2 つと比較し、並べ替え的に適切な場所に移動挿入します。そして、その次へといった具合に、**挿入ソート**（insertion sort）は、ソート済みの部分配列に適切な場所に要素を挿入することによって、データの集合をソートします。

🄰 4.2.1 挿入ソートの概要

挿入ソートの計算量は $O(n^2)$ です。アルゴリズム全般に言えることですが、n^2 ということはデータが格納された配列のすべての要素を $n \times n$ 回チェックすることを意味します。プログラミング上では、ループ構造の中にループ構造を入れて配列の各要素にアクセスします。これをネストループ（ncstcd loop）と呼びます。

以下のネストループを考えてください。

```
for i in range(1, n):
    for j in range(i - 1, -1, -1):
        処理A
```

外側の for ループでループカウンタ i の値が 1 から n-1 になるまで、ループ内の処理が繰り返されます。ループカウンタ i の値は 1 ずつ増加するので、イテレーション（ループ 1 回分の処理）の回数は合計 n-1 回です。内側の for ループではループカウンタ j の値が i-1 から 0 になるまで繰り返されます。ループカウンタ j の値は 1 ずつ減っていき、イテレーションの回数は合計 i 回です。処理 A は合計 (n-1) × i 回繰り返されます。内側ループで i の値が最大で n-1 になるので、この場合も計算量は $O(n^2)$ です。

挿入ソートの基本は、ソート済みの部分配列に追加要素を適切な場所に挿入することです。データを保持する配列の変数名を arr とします。インデックス 0 の要素だけに着目してください。部分配列を arr[0] とすると、1 つしか要素がないので arr[0] はすでにソートされています。次に arr[0:1] の部分配列ですが、要素が 2 つだけです。この 2 つの要素の大小を比べるだけで、arr[0:1] をソートすることができます。視覚化すると**図 4.1** に示す配列の状態になります。arr[0:1] がソート済みで、arr[2:n-1] が未ソートの状態です。

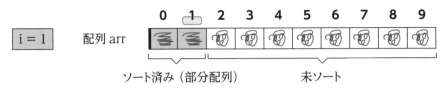

図 4.1　挿入ソートの外側の for ループ（1/3）

　その次は arr [0:2] の部分配列に注目します。arr [0:1] がすでにソート済みなので、arr [2] の要素を arr [0:2] の適切な場所に挿入することによって、部分配列 arr [0:2] をソートすることができます。**図 4.2** に示す配列のようになります。

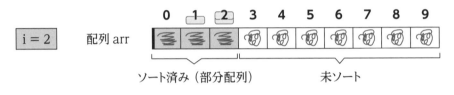

図 4.2　挿入ソートの外側の for ループ（2/3）

　同様に arr [3] の要素をソート済みの arr [0:3] の適切な場所に挿入し、部分配列 arr [0:3] をソートします。**図 4.3** に示す配列のようになります。このように、前述のネストループの外側の for ループで、部分配列である arr [0:i] をソートしていきます。

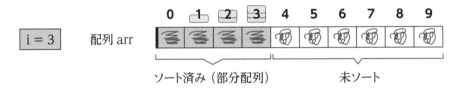

図 4.3　挿入ソートの外側の for ループ（3/3）

　では、ネストループの内側の for ループを見ていきます。ループカウンタ j の値を、すでにソート済みの部分配列のインデックスである i-1～0 に変化させて、arr [i] の要素を適切な場所に挿入します。たとえば、ループカウンタ i の値が 3 のときの配列の初期状態が**図 4.4** の状態だったとします。arr [0:2] がソート済みで、ここに arr [3] を挿入して部分配列 arr [0:3] をソートします。部分配列の中身が [2, 5, 8] となっていますので、整数値 3 は整数値 2 と 5 の間（インデックス 1）に挿入すれば良いのです。この処理を行うために、ループカウンタ j の値を i-1 から 0 に変化させて arr [3] と arr [j] の大小を確認していきます。

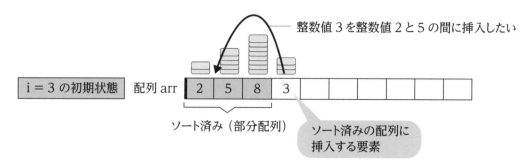

図 4.4 挿入ソートの内側 for ループ（1/2）

部分配列に対する挿入処理なので、$O(n)$ の計算量がかかります。挿入後の配列は、**図 4.5** に示すように arr[0:3] がソートされた状態になります。

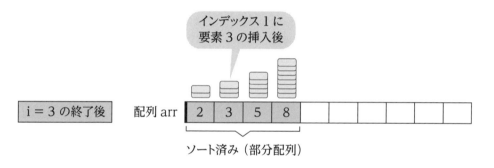

図 4.5 挿入ソートの内側 for ループ（2/2）

本書での実装は、内側のループは for ループ構造の代わりに while ループ構造を利用します。理由は追加要素を挿入するインデクスが明らかになった時点で、内側のループを中断するためです。

4.2.2 挿入ソートの実装

挿入ソートの実装例を**ソースコード 4.1**（insertion.py）に示します。

ソースコード 4.1 挿入ソートの実装プログラム　　　　　`~/ohm/ch4/insertion.py`

ソースコードの概要

2 行目〜 11 行目	挿入ソートを実行する insertion_sort 関数
13 行目〜 20 行目	main 関数

```
01  # 挿入ソート
02  def insertion_sort(arr, n):
```

```
03    for i in range(1, n): # 外側のループ
04        val = arr[i]
05
06        # arr[i]をソート済みのarr[0]~arr[i - 1]のいずれかへ挿入
07        j = i - 1
08        while j >= 0 and arr[j] > val: # 内側のループ
09            arr[j + 1] = arr[j]
10            j -= 1
11        arr[j + 1] = val
12
13 if __name__ == "__main__":
14    # データの宣言と初期化
15    arr = [5, 9, 2, 1, 7, 3, 4, 6, 8, 0]
16    print("ソート前: ", arr)
17
18    # 要素をソート
19    insertion_sort(arr, len(arr))
20    print("ソート後: ", arr)
```

■ main 関数の説明

　13 行目～ 20 行目で main 関数を定義しています。15 行目で整数の集合をデータとしてもつ配列を宣言し（リストを活用）、変数 arr に格納します。整数はランダムな値を設定します。本書では [5, 9, 2, 1, 7, 3, 4, 6, 8, 0] としました。各要素は異なる値をもつことを前提としてソースコードを記述しますが、同じ値をもつ要素が複数あったとしても動作します。16 行目で、ソート前の配列 arr の中身を表示します。

　19 行目で insertion_sort 関数を呼び出し、配列 arr をソートします。20 行目でソート後の配列を表示します。昇順にソートするため [0, 1, 2, 3, 4, 5, 6, 7, 8, 9] と表示されます。

■ insertion_sort 関数（挿入ソートアルゴリズムの定義）の説明

　挿入ソートアルゴリズムは 2 行目～ 11 行目の insertion_sort 関数で定義しています。引数はデータが格納された配列 arr と配列の大きさを表す変数 n です。3 行目で for ループを定義し、ループカウンタ i を 1 ～ n-1 まで 1 ずつ増加させ、4 行目～ 11 行目の処理を繰り返します。部分配列の大きさが 1 のときは、ソートする必要がないため、i の値は 1 からになっています。この外側の for ループで arr[0:i] をソートします。

　for ループの内側で、arr[i] の要素をソート済みである部分配列 arr[0:i-1] の適切な場所に挿入します。この処理は第 3.1 で解説した配列の挿入とほぼ同じです。まず、変数 val を宣言し、arr[i] の値を代入します。内側のループでは while 文を用いるので、7 行目でループカウンタ j を定義して初期値を i-1 に設定します。8 行目～ 10 行目が while ループになります。ループカウンタ j が 0 以

上の値、かつ arr[i] が val より大きい、といった条件式を設定します。9 行目と 10 行目で部分配列の要素を 1 つずつ後ろにずらし、j の値を減算します。while ループの条件式が False になったとき、val の値は arr[j] 以下、かつ arr[j+1] より小さくなっているはずです。したがって 11 行目で val の値を arr[j+1] に代入します。

外側の for ループのループカウンタ i の値が 4 のときの処理内容を用いて、具体例を示します。i が 4 のときの配列の初期状態を**図 4.6** に示します。変数 val の値は arr[4] に格納されている整数値の 7 が保存され、内側ループカウンタ j の値は 3 で初期化されます。

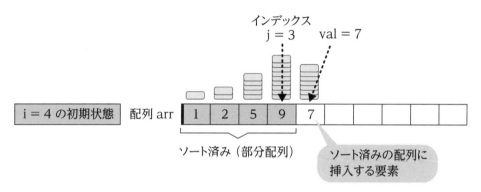

図 4.6 i＝4 の場合の内側ループの処理（1/3）

内側の while ループに入り、j ＞＝ 0 かつ arr[j] ＞ val が True である限り、ループを繰り返します。この例では j が 2 のときに条件式が False となり、while ループを抜けます。そのときの状態を**図 4.7** に示します。arr[j:i-1] の要素が 1 つずつ後ろにずれます。この例では arr[2] だけなので、arr[3] と arr[4] の要素が 9 という整数値になっています。

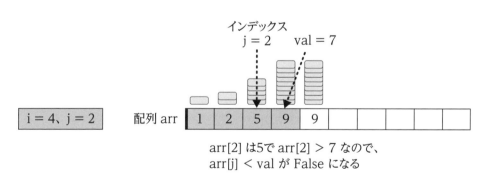

図 4.7 i＝4 の場合の内側ループの処理（2/3）

while ループを抜け、11 行目の arr[j+1] ＝ val が実行され、arr[2] に整数値 7 が格納されます。そのときの状態を**図 4.8** に示します。i が 4 のときのイテレーションが終了した時点で、arr[0:4] がソート済みになります。

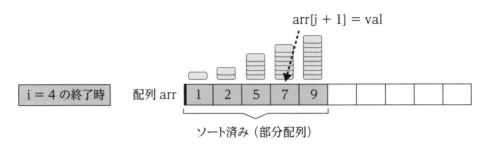

図 4.8　i = 4 の場合の内側ループの処理（3/3）

■ 挿入ソートプログラムの実行

ソースコード 4.1（insertion.py）を実行した結果を**ログ 4.2** に示します。2 行目にソート前の配列の中身が表示され、3 行目にソート後の配列の中身が表示されます。確かに配列の要素が昇順に並べ替えられています。

ログ 4.2　insertion.py プログラムの実行

```
01  $ python3 insertoin.py
02  ソート前:  [5, 9, 2, 1, 7, 3, 4, 6, 8, 0]
03  ソート後:  [0, 1, 2, 3, 4, 5, 6, 7, 8, 9]
```

外側の for ループの各イテレーションが終了した時点での配列は以下のようになります。イテレーション毎に arr [0:i] の部分配列がソートされていることが確認できます。ご自分でも数字を入れ替えて、確認してみてください。内側の while ループを抜けた 12 行目に、print("i = ", i, ":", arr) という命令を追加すると良いでしょう。

- i = 1 の終了時: [5, 9, 2, 1, 7, 3, 4, 6, 8, 0]
- i = 2 の終了時: [2, 5, 9, 1, 7, 3, 4, 6, 8, 0]
- i = 3 の終了時: [1, 2, 5, 9, 7, 3, 4, 6, 8, 0]
- i = 4 の終了時: [1, 2, 5, 7, 9, 3, 4, 6, 8, 0]
- i = 5 の終了時: [1, 2, 3, 5, 7, 9, 4, 6, 8, 0]
- i = 6 の終了時: [1, 2, 3, 4, 5, 7, 9, 6, 8, 0]
- i = 7 の終了時: [1, 2, 3, 4, 5, 6, 7, 9, 8, 0]
- i = 8 の終了時: [1, 2, 3, 4, 5, 6, 7, 8, 9, 0]
- i = 9 の終了時: [0, 1, 2, 3, 4, 5, 6, 7, 8, 9]

■ 4.2.3　挿入ソートの特徴

挿入ソートの特徴としては、すでにデータが整列されているときは高速になることです。たとえば、配列の中身が [0, 1, 2, 3, 4, 5, 6, 7, 8, 9] だとします。**ソースコード 4.1** の 7 行目で、内側の while ループのループカウンタ j が i−1 で初期化されます。次の 8 行目で while 文の条件判定式で arr [j] > val かどうかを確認しますが、配列 arr がすでにソート済みである場合は、必ず False になります。すなわち、while 文の中に入る必要がなく、外側の for ループの各イテレーションの処理が $O(1)$ となります。したがって計算量は、外側 for ループの繰り返し回数に依存するため、$O(n)$ となります。

整列済みのデータはそもそもソートする必要がないと感じるかもしれませんが、データを受け取った時点では整列されているかどうかはわかりません。また受け取ったデータは整列済みでなくても、ほぼ整列されている場合もあります。

```
j = i - 1
while j >= 0 and arr[j] > val:
        whilleループ内の処理
```

このようにデータがすでにソート済みであれば、$O(n)$ の処理時間しかかかりません。そのため、ほとんどソート済みの配列をソートする場合に適しています。

4.3　バブルソート

バブルソート (bubble sort) は、配列の隣り合う要素の大小を比較しながら、並べ替えを行うアルゴリズムです。計算量は $O(n^2)$ ですが、実際の実行時間は挿入ソートに比べて遅いです。しかし、ソートとはどういうことかの理解にはちょうどよいアルゴリズムです。しかし、実装が簡単といっても、挿入ソートよりは行数がありますので、ちょっと見には、難しいと思います。

■ 4.3.1　バブルソートの概要

計算量が $O(n^2)$ であるため、ループ構造をネストさせて配列を走査します。なお、走査とは、配列の各要素を 1 つずつ確認することです。バブルソートの場合は以下のようなネストループになります。

```
for i in range(0, n - 1):
    for j in range(n - 1, i, -1):
        処理A
```

外側の for ループのループカウンタ i は 0 から n-2 の値を取り、内側の for ループのループカウ

ンタ j は n-1 から i+1 の値を取ります。処理 A は合計で $O(n^2)$ 回繰り返されます。外側の for ループの各イテレーションで配列の先頭から部分的にソートします。具体的には、i=0 のときのイテレーション終了時に部分配列 arr [0] がソートされ、i=1 のときのイテレーション終了時に部分配列 arr [0:1] がソートされます。以下同様です。一般化すると各イテレーションで、部分配列 arr [0:i] がソートされます。ソート済みの部分配列の大きさを増やしていく、といった点では挿入ソートと同じです。

　内側の for ループでは、配列の後ろから隣接する要素を交換しながら、未ソートの部分から一番小さな値を前に移動させる、といった処理を行います。そのため、ループカウンタ j の値は配列 arr の最後尾のインデックスである n-1 から始まります。簡単な例を**図 4.9** に示します。図のステップ 1 のとおり、大きさが 4 の配列 arr の状態が [5, 1, 4, 3] だとします。最後尾の要素から隣接する要素の大小を比べて、必要に応じて要素を交換していきます。まず、arr [3] が 3、arr [2] が 4 です。arr [3] ＜ arr [2] なので、この 2 つの要素を交換します。交換後の配列の内容を**図 4.9** のステップ 2 に示します。配列の中身が [5, 1, 3, 4] となります。次に arr [2] と arr [1] を比較しますが、arr [1] の値のほうが arr [2] より小さいので、交換は行いません。最後に**図 4.9** のステップ 3 に進みます。arr [0] と arr [1] を比較すると、arr [1] ＜ arr [0] なので、この 2 つの要素を交換します。

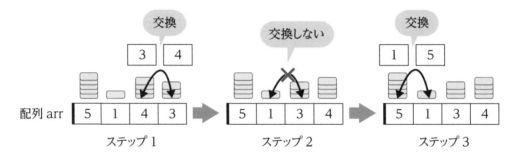

図 4.9　バブルソートにおける交換処理（1/2）

　最終的に配列の状態は、**図 4.10** に示すとおりになります。配列 arr の中で一番小さな値である整数値 1 が arr [0] に移動します。すなわち、未ソートの部分配列内で一番小さな値をもつ要素が、一番左側（インデックスの値が小さい側）に移動します。

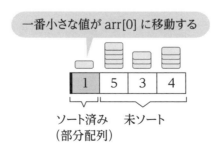

図 4.10　バブルソートにおける交換処理（2/2）

　これが内側のforループのイテレーションの動作です。同様の処理を外側のforループで繰り返し、配列全体をソートします。

4.3.2 バブルソートの実装

　ソースコード4.3（bubble.py）にバブルソートの実装例を示します。本書の例では、配列のインデックスの値が小さい方から昇順に要素をソートします。同じ昇順に並べ替えるバブルソートでも、配列のインデックスが高い方から降順にソートする実装する例もあります。

ソースコード4.3　バブルソートの実装プログラム　　`~/ohm/ch4/bubble.py`

ソースコードの概要

2 行目〜 5 行目	配列の要素を入れ替える swap 関数の定義
8 行目〜 12 行目	バブルソートを実行する bubblesort 数の定義
14 行目〜 21 行目	main 関数の定義

```
01  # スワップ関数
02  def swap(arr, i, j):
03      tmp = arr[i]
04      arr[i] = arr[j]
05      arr[j] = tmp
06
07  # バブルソート
08  def bubble_sort(arr, n):
09      for i in range(0, n - 1): # 外側のループ
10          for j in range(n - 1, i, -1): # 内側のループ
11              if arr[j] < arr[j - 1]:
12                  swap(arr, j, j - 1)
13
14  if __name__ == "__main__":
15      # データの宣言と初期化
16      arr = [5, 9, 2, 1, 7, 3, 4, 6, 8, 0]
17      print("ソート前: ", arr)
18
19      # 要素をソート
20      bubble_sort(arr, len(arr))
21      print("ソート後: ", arr)
```

▓ main 関数の説明

14 行目〜 21 行目で main 関数を定義していますが、処理内容は挿入ソートのソースコードの main 関数とほぼ同じです。データの集合である [5, 9, 2, 1, 7, 3, 4, 6, 8, 0] を昇順に並べ替えて、ソート後の配列の中身を表示する処理になっています。違いはソートをするときに、20 行目で bubble_sort 関数を呼び出している箇所だけです。

▓ swap 関数（配列の要素の交換）の説明

2 行目〜 5 行目の swap 関数では配列の要素を交換します。引数として配列 arr と 2 つのインデックスを変数 i と変数 j で受け取ります。処理内容は arr [i] と arr [j] を入れ替えるだけです。バブルソート内で使用するので、このように別途 swap 関数を定義しました。

▓ bubble_sort 関数（バブルソートアルゴリズムの定義）の説明

バブルソートアルゴリズムは 8 行目〜 12 行目で定義されています。引数としてデータが格納された配列とその大きさを変数 arr と n で受け取ります。for ループをネストし、交換処理を行います。内側のループでは、まず 11 行目で arr [j] が arr [j-1] より小さいか否かを確認し、True あれば 12 行目で swap 関数を呼び出し、arr [j] と arr [j-1] を入れ替えます。条件判定が False であれば、何もしません。

外側の for ループのイテレーション毎に、未ソートの部分配列 arr [i:n-1] の中から一番小さい値をもつ要素を arr [i] に移動させ、部分配列 arr [0:i] をソートされた状態にします。これを繰り返すことによって配列全体をソートします。具体例は、前項で説明したとおりです。

▓ バブルソートプログラムの実行

ソースコード 4.3 (bubble.py) を実行した結果をログ 4.4 に示します。2 行目と 3 行目にソート前とソート後の配列の中身を表示しています。正しくソートされていることが確認できます。

ログ 4.4　bubble.py プログラムの実行

```
01  $ python3 bubble.py
02  ソート前:  [5, 9, 2, 1, 7, 3, 4, 6, 8, 0]
03  ソート後:  [0, 1, 2, 3, 4, 5, 6, 7, 8, 9]
```

外側 for ループの各イテレーション終了後の配列の中身は以下のようになります。イテレーション毎に配列の先頭からソートされます。気になる読者は、bubble_sort 関数の各ループが終了したときに配列の中身を表示する命令を記述し、中身を確認してください。13 行目に、print("i = ", i, ":", arr) という命令を追加すると良いでしょう。

- i = 0 の終了時：[0, 5, 9, 2, 1, 7, 3, 4, 6, 8]
- i = 1 の終了時：[0, 1, 5, 9, 2, 3, 7, 4, 6, 8]
- i = 2 の終了時：[0, 1, 2, 5, 9, 3, 4, 7, 6, 8]
- i = 3 の終了時：[0, 1, 2, 3, 5, 9, 4, 6, 7, 8]
- i = 4 の終了時：[0, 1, 2, 3, 4, 5, 9, 6, 7, 8]
- i = 5 の終了時：[0, 1, 2, 3, 4, 5, 6, 9, 7, 8]
- i = 6 の終了時：[0, 1, 2, 3, 4, 5, 6, 7, 9, 8]
- i = 7 の終了時：[0, 1, 2, 3, 4, 5, 6, 7, 8, 9]
- i = 8 の終了時：[0, 1, 2, 3, 4, 5, 6, 7, 8, 9]

4.3.3 バブルソートの特徴

　バブルソートの特徴は実装が簡単であることです。ただし実行速度は非常に遅いです。あくまでアルゴリズムの基礎と実装方法を学ぶためのソートアルゴリズムです。

　また、場合によっては最良計算時間が $O(n)$ になります。**ソースコード 4.3** の内側の for ループ内で、一度でも交換処理を行ったかどうかを確認する命令を追加したとします。もし、交換処理を一度も行わなかった場合、すでにデータはソートされているので、それ以上外側の for ループをイテレーションする必要はありません。その場合、外側の for ループを抜けても問題ありません。この場合、外側 for ループが 1 回、内側 for ループが n-1 回実行され、計算量は $O(n)$ になります。ただし最良計算時間が達成できるのは、要素がすでにソートされていた場合のみです。

　最良計算時間が $O(n)$ である点は挿入ソートと同じですが、バブルソートの場合は少しでも要素の交換があると速度が著しく遅くなります。そのため、多くの場合、挿入ソートより遅くなります。

4.4 マージソート

　マージソート（merge sort）は、データの集合である配列を小さな部分配列に分割し、ソート済みの小さな部分配列を**統合**（merge）しながらソートを行うアルゴリズムです。**統治分割法**（divide-and-conquer method）と呼ばれる重要なテクニックを用います。

　挿入ソートやバブルソートは、感覚的にアタリのつくソート手法です。しかし、マージソートや以降のクイックソートのアルゴリズムは学者が考えた画期的なものです。この考えをプログラムコード化することに手間がかかりますが、効果は絶大です。

4.4.1 マージソートの概要

　データの数を n とした場合、マージソートの計算量は $O(n \log n)$ です。なお、n と $\log n$ は線形

時間と対数時間の差があるため、アルゴリズムによる計算量の差が大きいわけです。マージソートは、挿入ソート ($O(n^2)$) やバブルソート ($O(n^2)$) に比べて高速です。なお、線形時間とは $O(n)$ で、対数時間は $O(\log n)$ のことです。

■ 統治分割法の概念

　マージソートを理解するには、まず統治分割法を理解する必要があります。統治分割法は、大きな問題を小さな副問題に分割 (divide) し、それらの副問題を結合 (conquer) していき、本来の問題を解く手法です。たとえば、人間がコンピュータを使用せずに、ランダムに並んだ 100 個の整数データを昇順にソートすることは大変です。しかし整数データの数が 10 程度なら、コンピュータを使用しなくても比較的簡単に並べ替えることができます。同様のことをアルゴリズム内で行います。

　統治分割法は**分割ステップ**と**統治ステップ**で構成されます。**図 4.11** に 4 つの整数値をもつ配列 arr を示します。配列 arr のデータは [5, 1, 3, 4] とします。まずはこの大きさが 4 の配列を分割していきます。[5, 1, 3, 4] という配列を大きさが 2 の配列である [5, 1] と [3, 4] に分割します。さらに部分配列 [5, 1] を [5] と [1] といった大きさが 1 の配列に分割します。同様に部分配列 [3, 4] を [3] と [4] の 2 つの配列に分割します。

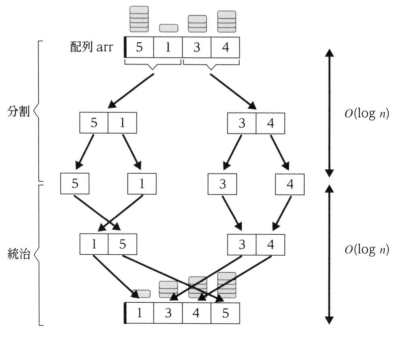

図 4.11　統治分割法の例

　これ以上、分割できなくなれば、統治ステップを実行します。具体的には、部分配列をソートしながら 1 つの配列へマージしていきます。まず、2 つの部分配列 [5] と [1] は [1, 5] とソートし

ます。同様に [3] と [4] は [3, 4] となります。最後に大きさが 2 の部分配列 [1, 5] と [3, 4] を [1, 3, 4, 5] にマージします。

図 4.11 に示すように、分割ステップと統治ステップを視覚化すると、階層化することができます。それぞれの階層で 2 つの配列に分割するので、階層の高さは $\log n$ となります。また、統治ステップで 2 つの配列のマージ処理は、それぞれの階層で合計 $O(n)$ の時間がかかります。そのため、計算量が $O(n \log n)$ となります。

それでは分割ステップと統治ステップをもう少し具体的に見ていきます。

◼ 分割ステップとは

プログラミングで配列を分割する方法としては、再帰構造を用います。以下に分割ステップの骨格を示します。divide 関数を定義し、その中で 2 つの divide 関数を再帰的に呼び出します。

```
def divide(arr, p, r):
    if p < r:
        q = math.floor((p + r) / 2)
        divide(arr, p, q)
        divide(arr, q + 1, r)
```

divide 関数は 3 つの引数を受け取ります。配列 arr と先頭と最後尾のインデックスを表す変数 p と変数 r とします。2 行目の if p < r: では、配列 arr が分割可能かどうかを判定します。配列 arr の大きさが 2 以上であれば、分割を行います。3 行目で真ん中のインデックスを計算し、変数 q とします。そして 4 行目と 5 行目で、再帰的に divide 関数を呼び出します。このようにして配列を分割していきます。

配列 arr を [5, 1, 3, 4] に divide 関数を適応させた例を図 4.12 に示します。まず、p=0、r=3 として divide(arr, 0, 3) を実行します。真ん中のインデックスの値は q=1 となるため、divide(arr, 0, 1) と divide(arr, 2, 3) が実行されます。

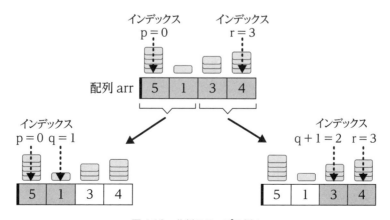

図 4.12 分割ステップの例 1

　次に divide(arr, 0, 1) を実行したときの状態を**図 4.13** に示します。配列 arr の部分配列である arr[0:1] は大きさが 2 なので、さらに分割が可能です。この時点では、変数 p と r の値はそれぞれ 0 と 1 となっています。まず、部分配列の真ん中のインデックスである q を計算します。q は 0 となるため、divide(arr, 0, 0) と divide(arr, 1, 1) が実行されます。それぞれの部分配列は大きさが 1 なのでこれ以上の分割は行われません。

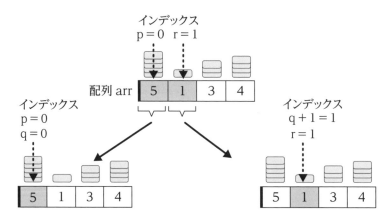

図 4.13　分割ステップの例 2

　このように再帰構造を用いて分割を行います。

統治ステップとは

　統治ステップでは、2 つの部分配列をソートしながら 1 つの配列にマージします。分割ステップの骨格の最後に conquer 関数を加えたものを以下に示します。conquer 関数内で 2 つの配列のマージを行いますが、実装が複雑になるので具体的な処理内容はソースコードを見ながら解説します。まずはマージ方法のアイディアを説明します。

```
def divide(arr, p, r):
    if p < r:
        q = math.floor((p + r) / 2)
        divide(arr, p, q)
        divide(arr, q + 1, r)
        conquer(arr, p, q, r) # arr[p:q] と arr[q + 1:r] をマージする
```

　conquer 関数は配列 arr と 3 つのインデックスを表す変数 p と q と r を引数として受け取ります。すなわち、2 つのソート済みの部分配列 arr[p:q] と arr[q+1:r] をマージし、部分配列 arr[p:r] をソートされた状態にします。

　図 4.14 に 2 つの部分配列のマージ方法を示します。簡略のため配列変数名を left と right とし、

それぞれの中身は [1, 5, 8] と [3, 4, 7] とします。各配列のインデックスを表すを変数 i と j とします。それぞれ 0 で初期化します。ソート後の配列を arr とします。まず、left[i] と right[j] (left[0] と right[0]) を比較し、小さい値をもつ要素を arr[0] に格納します。left[0] < right[0] なので、left[0] を arr[0] に格納します。left と right はすでにソートされているので、arr[0] が一番小さな値をもちます。また、変数 i の値を 1 増やします。

　1 つ目の要素が確定したときの状態を**図 4.15** に示します。変数 i と j の値がそれぞれ 1 と 0 になっています。再度 left[i] と right[j] (left[1] と right[0]) を比較し、小さい方を arr[1] に格納します。今回は right[0] のほうが left[1] より小さいので、arr[1] に right[0] にある要素を格納します。今度は変数 j の値を 1 増やします。

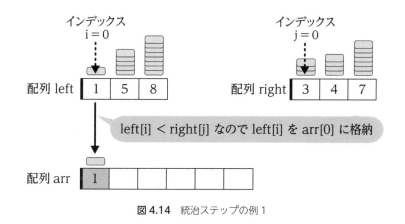

図 4.14 統治ステップの例 1

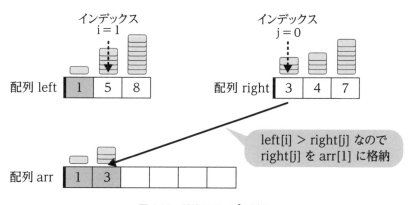

図 4.15 統治ステップの例 2

　2 つ目の要素が確定したときの状態を**図 4.16** に示します。同様の処理を繰り返します。left[i] と right[j] (left[1] と right[1]) を比較し、小さい方を arr[2] に格納します。left[1] > right[1] なので、right[1] の整数値 4 を arr[2] に格納し、変数 j の値を 1 増やします。

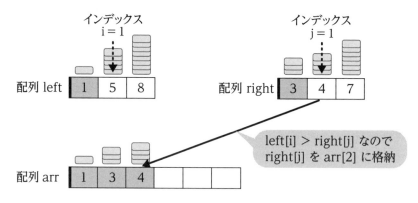

図 4.16　統治ステップの例 3

　同様の処理を繰り返し、配列 left と right を最後まで走査すると、最終的に**図 4.17** に示す状態になります。配列 arr の中身は [1, 3, 4, 5, 7, 8] となり、ソートされた状態なります。

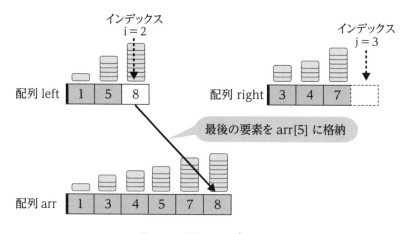

図 4.17　統治ステップの例 4

　統治ステップでは、それぞれの部分配列を 1 回だけ走査します。**図 4.11** において、ある階層内のすべての部分配列の大きさの合計が n になるので、各階層でのマージ処理の計算量は $O(n)$ となります。

4.4.2　マージソートの実装

　ソースコード 4.5（merge.py）にマージソートの実装例を示します。実装方法は多々ありますが、本書で解説するのは典型的な一例です。

ソースコード 4.5 マージソートの実装プログラム `~/ohm/ch4/merge.py`

ソースコードの概要

7行目〜26行目	2つの部分配列をマージする merge 関数の定義
29行目〜36行目	データの集合の分割と統治を行う merge_sort 関数の定義
38行目〜45行目	main 関数の定義

```python
01  import math
02
03  # 無限大の定義
04  INFTY = 2**31 - 1
05
06  # マージ関数
07  def merge(arr, p, q, r):
08      # 部分配列をleftとrightにコピー
09      n = q - p + 1
10      m = r - q
11      left = [INFTY] * (n + 1)
12      right = [INFTY] * (m + 1)
13      for i in range(0, n):
14          left[i] = arr[p + i]
15      for j in range(0, m):
16          right[j] = arr[q + j + 1]
17
18      # 2つの配列leftとrightをマージ
19      i = j = 0
20      for k in range(p, r + 1):
21          if left[i] <= right[j]:
22              arr[k] = left[i]
23              i += 1
24          else:
25              arr[k] = right[j]
26              j += 1
27
28  # マージソート
29  def merge_sort(arr, p, r):
30      if p < r:
31          # 分割
32          q = math.floor((p + r) / 2)
33          merge_sort(arr, p, q)
34          merge_sort(arr, q + 1, r)
```

```
35          # 統治
36          merge(arr, p, q, r)
37
38  if __name__ == "__main__":
39      # データの宣言と初期化
40      arr = [5, 9, 2, 1, 7, 3, 4, 6, 8, 0]
41      print("ソート前: ", arr)
42
43      # 要素をソート
44      merge_sort(arr, 0, len(arr) - 1)
45      print("ソート後: ", arr)
```

1 行目では、小数点の切り捨て処理を行う floor 関数を使うため、**math モジュール**をインポートします。また、4 行目で宣言した変数 INFTY は非常に大きな値を代入します。整数型で扱える最大値を設定したいところですが、Python 3.x の言語仕様では整数値の最大値が定義されていないため、本書では符号あり 32 ビットで扱える最大値である $2^{31}-1$ を**無限大**（∞）として、読み替えて利用します。なお、連続した 2 つのアスタリスク（*）は**べき乗**を意味します。

38 行目〜 45 行目で main 関数を定義しています。処理内容は挿入ソートとバブルソートで解説した main 関数とほぼ同じなので、説明は省きます。

◼ merge_sort 関数（統治分割法の骨格）の説明

29 行目〜 36 行目で merge_sort 関数を定義しています。関数名は異なりますが、前項で解説した統治分割法の骨格そのものです。merge_sort 関数は配列 arr とインデックスを表す変数 p と r を受け取ります。27 行目の if 文で、配列 arr が分割可能かどうかを判定し、True であれば if ブロックの中に入り分割と統治を行います。False の場合は何も行われないため、呼び出し元に処理が戻ります。

32 行目で真ん中のインデックスの値を計算し、33 行目と 34 行目で部分配列 arr [p:q] と arr [q+1:r] に対して、merge_sort 関数を適応させます。分割できなくなったところで、36 行目の merge 関数で 2 つの部分配列をマージします。

◼ merge 関数（部分配列のマージ）の説明

7 行目〜 26 行目で、2 つの部分配列をマージするための merge 関数を定義しています。引数として配列 arr と 3 つのインデックスを表す変数 p と q と r を受け取ります。2 つの部分配列は arr [p:q] と arr [q+1:r] となります。ソート後の部分配列は arr [p:r] に格納されます。

9 行目と 10 行目で 2 つの部分配列の大きさを計算し、それぞれ変数 n と m に格納します。11 行目と 12 行目で、一時的に部分配列を保存する配列変数として left と right を定義します。大きさは、n+1 と m+1 とし、無限大を表す変数 INFTY を大きな値（$2^{31}-1$）で初期化します。そして 13 行目〜 16 行目で、arr [p:q] の中身を left にコピーし、arr [q+1:r] の中身を right にコピーします。left と

right の大きさは、コピー元の配列より 1 つ大きいので、最後の要素には INFTY が格納されている状態です。

要素を 1 つ分大きくする理由ですが、まず前項で説明した**図 4.17** 内の変数 j が指す配列 right のインデックスを見てください。配列 right の大きさは 3 なので right [0:2] に要素が格納されていますが、変数 j の値は 3 を指しています。プログラム実装上の問題として、片方の部分配列をすべて走査し終わった後に、もう片方の部分配列の残りの要素を配列 arr に格納するために個別の処理を記述するとソースコードが複雑になります。そこで right [3] を∞として、left の要素を配列 arr にコピーするまで同様の処理を繰り返せば、ソースコードの記述が簡潔になります。すなわち、**図 4.17** を**図 4.18** の状態になるようにソースコードを記述します。そのため、配列 left と right の大きさを要素 1 つ分大きくして、最後尾の要素に変数 INFTY を格納しておきます。

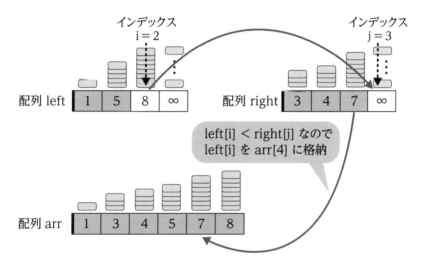

図 4.18 部分配列のマージ（図 4.17 の配列 left と配列 right をそれぞれ 1 つ大きくし、∞を格納したときの状態）

19 行目〜 26 行目で、2 つの配列 left と right の要素を昇順にソートし、配列 arr [p:r] に格納します。配列 left と right を 1 回操作するので、for ループを用います。19 行目で変数 i と j を宣言し、0 で初期化します。それぞれ、配列 left と right のインデックスを指します。20 行目で for ループを宣言し、ループカウンタ k の値を p で初期化し、r になるまで 1 つずつ増加させ、ループ内の処理を行います。なお、k は arr のインデックスを指します。各イテレーションで left [i] または right [j] を arr [k] にコピーし、変数 i または j の値を 1 増加させます。

21 行目で、left [i] と right [j] のどちらの要素が小さいかを判定します。大きくないほうの要素を arr [k] に格納するため、True であれば 22 行目と 23 行目の命令を実行します。処理内容は left [i] を arr [k] に格納して、i の値を 1 増やすだけです。False であれば 25 行目と 26 行目の命令を実行し、right [j] を arr [k] に格納して、j の値を 1 増やします。

■ マージソートプログラムの実行

　ソースコード 4.5（merge.py）を実行した結果を**ログ 4.6** に示します。マージソートアルゴリズムによって、正しくデータがソートされていることが確認できます。本書の例では、各要素は異なる整数値をもちますが、同じ整数値をもつ要素があったとしても動作します。

ログ 4.6　merge.py プログラムの実行

```
01  $ python3 merge.py
02  ソート前:  [5, 9, 2, 1, 7, 3, 4, 6, 8, 0]
03  ソート後:  [0, 1, 2, 3, 4, 5, 6, 7, 8, 9]
```

　main 関数内で宣言した配列 arr の大きさが 10 なので、配列を分割していくと、大きさが奇数の部分配列がでてきます。もちろんその場合でも正しく動作します。配列 [5, 9, 2, 1, 7, 3, 4, 6, 8, 0] をソートした場合の処理を視覚化すると**図 4.19** のようになります。

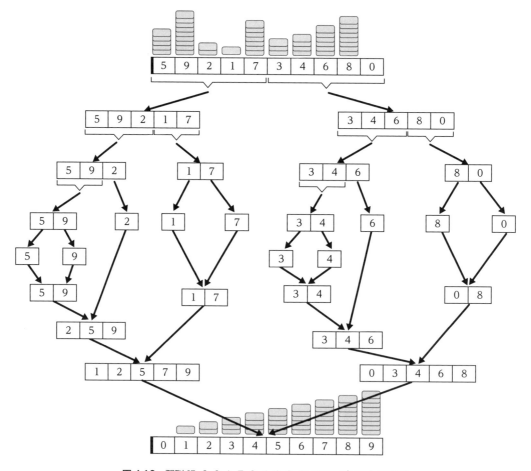

図 4.19　配列 [5, 9, 2, 1, 7, 3, 4, 6, 8, 0] のマージソートの詳細

🔲 4.4.3 マージソートの特徴

マージソートの特徴は、計算量が $O(n \log n)$ であるため高速であることです。ただし多くの場合、次節で解説するクイックソートのほうが高速です。

また、マージソートは安定 (stable) したソートアルゴリズムです。ここでいう安定とは、並べ替えの基準であるキーの値が同じであるとき、ソート前の順序がソート後も保たれる、といった性質です。たとえば、学籍番号順に並べられた学生のリストがあったとします。

学籍番号	名前	点数
1001	アリス	85
1002	ボブ	92
1003	クリス	85
1004	デイビット	70

上記のリストを点数をキーとして降順にソートしたとします。ここでアリスとクリスの点数が同じ 85 点なので、ソート前の順序が保たれるならば、ボブ、アリス、クリス、デイビッドという順番にソートされます。すなわち、点数が同じであれば学籍番号順にソートされます。もし、ソートアルゴリズムが安定していなければ、アリスとクリスの順序が入れ替わる可能性があります。

このように安定した性質をもつソートアルゴリズムを**安定ソート**と呼びます。マージソートは安定ソートの一種であるため、安定して高速なソートを求めるときはマージソートが適しています。

また、マージソートは並列化と相性が良いです。分割した部分配列をマージすることによってソートを行いますが、merge 関数で行う個々のマージ処理は独立しているため、並列化することが可能です。

4.5 クイックソート

クイックソート (quick sort) は、その名前のとおり高速 (quick) なソートアルゴリズムです。統治分割法に基づいたアルゴリズムであるため、データの集合がランダムに並んでいる場合は、平均 $O(n \log n)$ の計算時間でソートできます。ただし、すでにソートされている場合は最悪計算量である $O(n^2)$ も時間がかかります。

🔲 4.5.1 クイックソートの特徴

クイックソートを簡単に説明すると、**ピボット** (pivot) と呼ばれる適当な要素を配列内から選び、ピボットよりも小さい要素を前に移動させ、大きい要素を後ろに移動させます。この処理を再帰的に繰り返します。

　クイックソートの骨格は以下のとおりです。conquer 関数の引数は、配列 arr とソートする部分
配列の先頭と最後尾のインデックスを表す変数 p と r です。3 行目の divide 関数内では、ピボット
となる要素を配列 arr 内から適当に選び、ピボットの値を基に要素を移動させます。移動後のピボッ
トのインデックスを q とします。部分配列 arr [p:q-1] 内のすべての要素は arr [q] より小さい値を
もち、部分配列 arr [q+1:r] 内のすべての要素は arr [q] より大きな値をもちます。4 行目と 5 行目で、
2 つの部分配列に対して再度 conquer 関数を適応させます。

```python
def conquer(arr, p, r):
    if p < r:
        q = divide(arr, p, r)
        conquer(arr, p, q - 1)
        conquer(arr, q + 1, r)
```

　ピボットの選択方法と要素の移動方法は実装方法によって異なります。ここでは概念だけを説明
し、具体的な実装例はソースコードを見ながら解説します。

■ 分割ステップ

　図 4.20 に配列 [5, 8, 1, 3, 6, 7, 0, 9, 2, 4] を用いた例を示します。配列の大きさが 10 なので、
先頭と最後尾にインデックス p と r は、それぞれ 0 と 9 です。まず、**1** conquer(arr, 0, 9) を実行
すると、**2** 上記のクイックソートの骨格ソースコードの 3 行目の divide(arr, 0, 9) が実行されます。
たとえば、ピボットとして整数値 6 が選択されたとします。ピボットの選び方として、さまざまな
方法がありますが、ここでは気にしなくて構いません。後ほど実装例で簡単なピボットの選択方法
を説明します。6 より小さな値を前に、大きな値を後ろに移動させると、arr [0:5] が [5, 1, 3, 0, 2,
4]、arr [6] が 6、arr [7:9] が [8, 7, 9] となります。どうやって要素を移動させるかは、ここでは
無視して構いません。

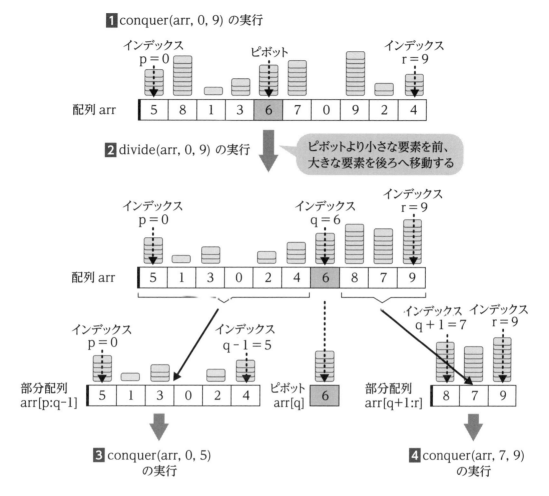

1 conquer(arr, 0, 9) の実行

インデックス p = 0   ピボット   インデックス r = 9

配列 arr | 5 | 8 | 1 | 3 | 6 | 7 | 0 | 9 | 2 | 4 |

2 divide(arr, 0, 9) の実行

ピボットより小さな要素を前、大きな要素を後ろへ移動する

インデックス p = 0   インデックス q = 6   インデックス r = 9

配列 arr | 5 | 1 | 3 | 0 | 2 | 4 | 6 | 8 | 7 | 9 |

インデックス q + 1 = 7 インデックス r = 9

インデックス p = 0   インデックス q - 1 = 5

部分配列 arr[p:q-1] | 5 | 1 | 3 | 0 | 2 | 4 | ピボット arr[q] | 6 | 部分配列 arr[q+1:r] | 8 | 7 | 9 |

3 conquer(arr, 0, 5) の実行

4 conquer(arr, 7, 9) の実行

図 4.20 クイックソートの分割ステップ

divide 関数の実行後、ピボットのインデックス q の値が 6 となり、配列が 2 つに分割されます。3 部分配列 arr [0:5] に対して conquer(arr, 0, 5)、4 部分配列 arr [7:9] に対して conquer(arr, 7, 9) を実行します。部分配列が分割できなくなるまで、同様の処理をくり返します。

■ 統治ステップ（2 つの部分配列の結合）

統治ステップでは 2 つの部分配列を結合します。部分配列はすでにソートされているため、単純に結合するだけです。図 4.20 の最後に実行した conquer(arr, 0, 5) と conquer(arr, 7, 9) の処理が終了したとします。そのときの状態を図 4.21 に示します。部分配列 arr [0:5] は [0, 1, 2, 3, 4, 5] となり、ソートされた状態になります。もう一方の部分配列 arr [7:9] も [7, 8, 9] という状態なのでソート済みです。arr [0:5] のすべての要素は arr [6] より小さく、arr [7:9] のすべての要素は

arr [6] より大きいことが確認できます。あとはこれらの部分配列を結合するだけで、arr [0, 9] を
ソートすることができます。

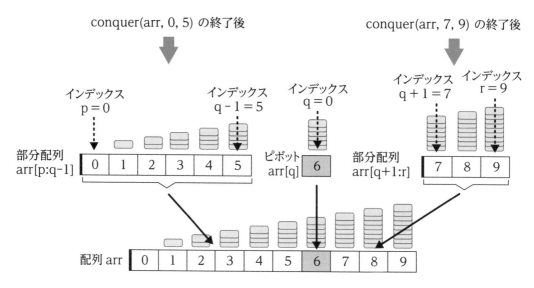

図4.21　クイックソートの統治ステップ

　クイックソートの平均計算量は $O(n \log n)$ です。分割ステップで分割する回数が平均で $\log n$ 回
になるからです。また、それぞれの階層での要素の移動にかかる計算量は合計で $O(n)$ となります。
そのため、平均計算量が $O(n \log n)$ となります。もし、すべての分割ステップで、片方の部分配列
が r-p 個の要素を含み、もう片方が空の部分配列に分割される状況が続くと、分割回数が n 回にな
ります。この場合は $O(n^2)$ の計算量がかかります。

■ クイックソートの実装

　ソースコード 4.7 (quick.py) にクイックソートの実装例を示します。さまざまな実装方法があり
ますが、本書での例は一番基本的な手法です。配列を分割するための関数名を partition、統治を行
う関数名を quick_sort と名付けています。

ソースコード 4.7　クイックソートの実装プログラム　　　　　~/ohm/ch4/quick.py

ソースコードの概要

2 行目～ 5 行目	配列の要素を入れ替える swap 関数の定義
8 行目～ 17 行目	分割ステップを行う partition 関数の定義
20 行目～ 24 行目	クイックソートを行う quick_sort 関数の定義
26 行目～ 33 行目	main 関数の定義

```
01  # スワップ関数
02  def swap(arr, i, j):
03      tmp = arr[i]
04      arr[i] = arr[j]
05      arr[j] = tmp
06
07  # 分割
08  def partition(arr, p, r):
09      pivot = arr[r]
10      i = p
11      for j in range(p, r):
12          if arr[j] <= pivot:
13              swap(arr, i, j)
14              i += 1
15      swap(arr, i, r)
16
17      return i
18
19  # クイックソート
20  def quick_sort(arr, p, r):
21      if p < r:
22          q = partition(arr, p, r)
23          quick_sort(arr, p, q - 1)
24          quick_sort(arr, q + 1, r)
25
26  if __name__ == "__main__":
27      # データの宣言と初期化
28      arr = [5, 8, 1, 3, 6, 7, 0, 9, 2, 4]
29      print("ソート前: ", arr)
30
31      # 要素をソート
32      quick_sort(arr, 0, len(arr) - 1)
33      print("ソート後: ", arr)
```

　2 行目～ 5 行目の swap 関数と 26 行目～ 33 行目の main 関数は、前節までに登場した処理とほぼ同じなので説明を省きます。具体例の説明のしやすさのため、配列の中身だけを [5, 8, 1, 3, 6, 7, 0, 9, 2, 4] に変更しました。

■ quick_sort 関数（クイックソートの実行）の説明

20 行目〜 24 行目でクイックソートを実行する quick_sort 関数を定義しています。引数は配列 arr と先頭と最後尾のインデックスを表す変数 p と r です。main 関数内で最初に quick_sort 関数を呼び出すときは、配列 arr 全体を指すために p と r の値はそれぞれ 0 と n-1 とします。なお、n は配列 arr の大きさです。関数名は異なりますが、クイックソートの概要で解説したソースコードの骨格と同じです。

■ partition 関数（配列の分割）の説明

8 行目〜 17 行目で、配列の分割を行う partition 関数を定義しています。引数は配列 arr と先頭と最後尾のインデックスを表す変数 p と r です。本書での実装では、最後尾の要素である arr[r] をピボットとして選択します。そのため、9 行目で、変数 pivot に arr[r] の値を保存します。10 行目で変数 i を宣言し、部分配列 arr の先頭インデックスである p で初期化します。

11 行目〜 14 行目の for ループで、ループカウンタ j の値を p〜r-1 に 1 ずつ増加させて、ループ内で要素の移動を行います。このときに変数 i と j が指すインデックスの要素を必要に応じて交換します。12 行目の if 文で arr[j] の要素が pivot 以下の値であれば、13 行目で swap 関数を呼び出して arr[i] と arr[j] の要素を互いに交換します。そして 14 行目で変数 i の値を 1 増加させます。言い換えると、arr[i] のより前にある要素は pivot 以下の値をもちます。

また、for ループを抜けた時点では arr[i] は pivot より大きいはずです。そのため、15 行目では、arr[i] と arr[r] の要素を交換します。したがって、変数 i がピボットを指すインデックスになります。最後に 17 行目で i の値を返します。

partition 関数の実行後、arr[p:i-1] には pivot 以下の値をもつ要素、arr[i] がピボットそのもの、arr[i+1:r] が pivot より大きな値をもつ要素が含まれています。ただし、部分配列 arr[p:i-1] と arr[i+1:r] の中身は未ソートです。

■具体例

文章だけではわかりにくいので、具体例を示します。[5, 8, 1, 3, 6, 7, 0, 9, 2, 4] をデータとしてもつ配列 arr に対して、partition(arr, 0, 9) を実行したときの初期状態を**図 4.22** に示します。先頭と最後尾のインデックスを表す p と r はそれぞれ 0 と 9 です。arr[0:9] を操作する変数 i とループカウンタ j はともに 0 で初期化されています。まず、9 行目でピボットである arr[r] を pivot に保存します。

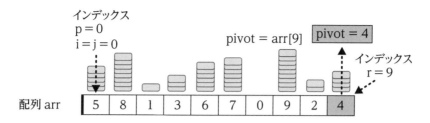

図 4.22　partition 関数の結果例 1（partition(arr, 0, 9) を実行したときの初期状態）

　11 行目の for ループを繰り返すと、j が 2 のときに 12 行目の if 文にある arr[j] <= pivot の条件判定が True になります。視覚化すると**図 4.23** に示すように、i と j の値がそれぞれ 0 と 2 になります。

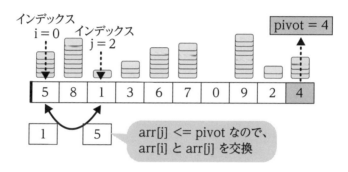

図 4.23　partition 関数の結果例 2

　if ブロックに入り、arr[i] と arr[j] の交換処理を行い、arr[i] に整数値 1、arr[j] に整数値 5 が格納されます。そして i の値を 1 増加させます。その後の状態は**図 4.24** に示すとおりになります。arr[0] と arr[2] の要素が入れ替わり、i の値が 1 に更新されいることに注目してください。

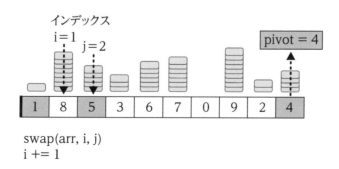

swap(arr, i, j)
i += 1

図 4.24　partition 関数の結果例 3

　引き続きループカウンタ j の値を増やし、for ループを繰り返します。次は j の値が 3 のとき、arr [3] の値が 0 なので、12 行目の if 文の条件判定で True になることがわかります。そのときの状態を**図 4.25** に示します。今回は i の値が 1 なので、arr [1] と arr [3] を交換すれば良いことがわかります。

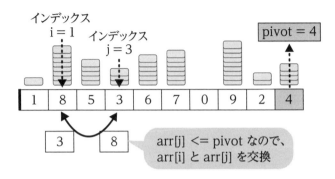

図 4.25　partition 関数の結果例 4

　if ブロックの中に入り、swap 関数と実行し、i の値を増加させたあとの状態を**図 4.26** に示します。配列の arr [0] と arr [1] がピボットである 4 より小さい値になっています。

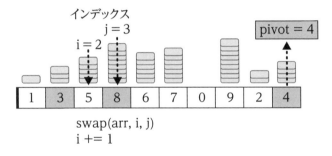

図 4.26　partition 関数の結果例 5

　次は j の値が 6 のとき、arr [6] が整数値 0 なので、交換処理が発生します。交換処理を行ったあとの状態を**図 4.27** に示します。この時点で、変数 i の値は 3 となります。

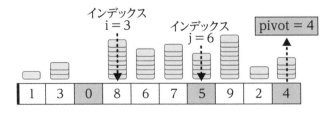

図 4.27　partition 関数の結果例 6

　最後にjの値が8のとき、arr[8] に整数値の2が格納されているので、arr[3] と arr[8] の交換処理を行い、変数iの値を増加させます。その様子を**図4.27**に示します。変数iの値は4になります。

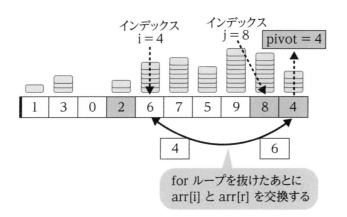

図4.28　partition 関数の結果例 7

　ループカウンタjの値がr-1まで増加したので、forループを抜けます。配列の中身ですが、arr[p:i-1] には arr[r] より小さい値、arr[i:r-1] には arr[r] より大きい値が格納されています。なお、arr[i] は arr[r] より大きい値をもちます。そのため、ループを抜けた後に15行目のswap 関数の実行でarr[i] と arr[r] の要素を交換します。partition 関数の終了後、配列の状態は**図4.29**に示すとおりになります。

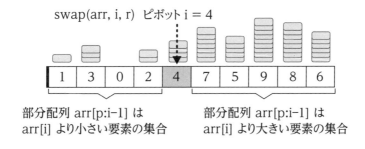

図4.29　partition 関数の結果例 8

　ピボットが arr[i] に格納されており、ピボットの値を基準に2つの部分配列に分割できました。2つの部分配列に対して partition を適応させ、同様の処理を繰り返します。部分配列の大きさが2であれば、片方の要素がピボットとなり、もう片方の要素と大小が比較され、自動的にソートされます。部分配列の大きさが1の場合、pとrの値が同じになるので、21行目のif文の条件判定がFalse になり、統治ステップへ移行します。また、部分配列が空の場合も p＞r となるので、条件判定が False になり同様に統治ステップに移行します。

■ クイックソートプログラム quick.py の実行

　ソースコード **4.7**（quick.py）を実行した結果を**ログ 4.8** に示します。クイックソートによって配列が昇順に並べ替えられていることが確認できます。

ログ 4.8　quick.py プログラムの実行

```
01  $ python3 quick.py
02  ソート前: [5, 8, 1, 3, 6, 7, 0, 9, 2, 4]
03  ソート後: [0, 1, 2, 3, 4, 5, 6, 7, 8, 9]
```

　参考に partition 関数終了後の配列の中身を**図 4.30** に示します。なお、ピボットの要素はグレー色で示しています。

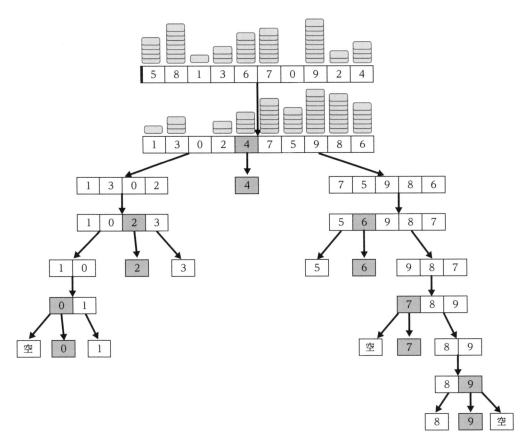

図 4.30　配列 [5, 8, 1, 3, 6, 7, 0, 9, 2, 4] をクイックソートで分割したときの詳細

4.5.2 クイックソートの性質

クイックソートは実行速度の平均計算量が $O(n \log n)$ であるため、先の3例に比べ、最悪の場合は挿入ソートやバブルソート並に遅くなります。運用実績的に一番高速なパフォーマンスをもつといえます。ただし前述のとおり、すでに配列がソートされている場合は処理速度が最悪計算量である $O(n^2)$ になります。また、クイックソートは各部分配列の並べ替えを並列化することが可能です。

しかし、クイックソートは安定ソートの性質をもたないため、同じ値をもつ要素があった場合は、それらの要素間でソート前の順序が保証されません。

本書で解説したクイックソートは1つの例で、実際にはもう少し工夫をします。たとえば、配列がすでにソートされている場合は最悪のケースとなるので、そのような状況を避けるために配列の要素をランダムにシャッフルをします。具体的にはランダムにピボットを選んで、そのピボットを arr [r] の要素と交換して、partition 関数を適応させるなどです。このように、クイックソートにはいくつかのバリエーションがあります。

4.6 ソートアルゴリズムの比較

本書で解説した**ソートアルゴリズム**の最良計算時間と平均計算時間、最悪計算時間をまとめました。

表 4.1 データ構造に対する各操作の計算量

	最良計算時間	平均計算時間	最悪計算時間
挿入ソート	$O(n)$	$O(n^2)$	$O(n^2)$
バブルソート	$O(n)$	$O(n^2)$	$O(n^2)$
マージソート	$O(n \log n)$	$O(n \log n)$	$O(n \log n)$
クイックソート	$O(n \log n)$	$O(n \log n)$	$O(n^2)$

4.6.1 大きな配列をソートしたときの実測値の比較

それでは、ランダムな 10,000 個の数値を各ソートアルゴリズムで並べ替えたときの、**処理時間**を比較します。処理時間として実測値を用いますが、使用するコンピュータの性能に大きく影響します。

比較を行うためのプログラムを**ソースコード 4.9**（compare.py）に示します。大きさが 10,000 の配列をランダムな数値で初期化し、各アルゴリズムでソートして処理に要した時間を表示するプログラムで、これまでのプログラムを import して使用します。

ソースコード 4.9 各ソートアルゴリズムの比較プログラム　　　~/ohm/ch4/compare.py

ソースコードの概要

1 行目〜 7 行目	必要なモジュールのインポート
11 行目〜 14 行目	ランダムな数値を要素としてもつ配列の生成
17 行目〜 20 行目	挿入ソートの実行と処理時間の表示
23 行目〜 26 行目	バブルソートの実行と処理時間の表示
29 行目〜 32 行目	マージソートの実行と処理時間の表示
35 行目〜 38 行目	クイックソートの実行と処理時間の表示

```python
01  import insertion
02  import bubble
03  import merge
04  import quick
05  import random
06  import time
07  import copy
08
09  if __name__ == "__main__":
10      # 10,000個の要素をもつ配列をランダムに生成
11      arr = []
12      N = 10000
13      for i in range(0, N):
14          arr.append(random.uniform(0, 10000000))
15
16      # 挿入ソート
17      start = time.time()
18      insertion.insertion_sort(copy.copy(arr), N)
19      end = time.time()
20      print("挿入ソートの処理時間 =", end - start)
21
22      # バブルソート
23      start = time.time()
24      bubble.bubble_sort(copy.copy(arr), N)
25      end = time.time()
26      print("バブルソートの処理時間 =", end - start)
27
28      # マージソート
29      start = time.time()
30      merge.merge_sort(copy.copy(arr), 0, N - 1)
```

```
31      end = time.time()
32      print("マージソートの処理時間 =", end - start)
33
34      # クイックソート
35      start = time.time()
36      quick.quick_sort(copy.copy(arr), 0, N - 1)
37      end = time.time()
38      print("クイックソートの処理時間 =", end - start)
```

■ 各モジュールの説明

1 行目〜 7 行目で必要なモジュールをインポートします。1 行目〜 4 行目は、本章で作成した挿入ソートとバブルソート、マージソートとクイックソートの実装ソースコードのインポートです。5 行目の random モジュールは、ランダムな数値を生成するために使用します。6 行目の time モジュールは、時間を計測するためのものです。7 行目の copy モジュールは配列を複製（copy）するために必要です。

■ main 関数の説明

11 行目〜 14 行目でランダムな数値を要素としてもつ配列の生成します。配列の大きさは 10,000 とします。あまり大きくしすぎると処理しきれなくなるので、気をつけてください。13 行目と 14 行目の for ループで、ランダムな数値を生成します。random モジュールの uniform 関数を用いると、引数で指定した値の範囲内から一様分布で数値を生成することができます。本書の例では、0 から 10,000,000 を範囲としています。ランダムに数値を生成しているので、同じ数値が 2 回以上生成される可能性がありますが、本書で解説したソースコードは、この場合も適切に処理できます。

17 行目〜 20 行目では、挿入ソートを実行して、ソートに要した時間を計算しています。時間を計算するために、time モジュールの time 関数を用います。time 関数は、ある時点を基準とした経過時間を秒単位で返します。このシステム依存の時間の起点をエポック（epoch）、起点からの経過時間をエポック秒（seconds fom the epoch）と呼びます。Unix 系では、この起点となるエポックは 1970 年 1 月 1 日 0 時 0 分 0 秒（グリニッジ標準時）です。ソートにかかる時間を計測するためには、ソート前にエポック秒を確認し、ソート後に再度エポック秒を確認し、その差を計算します。17 行目で変数 start を time.time() で初期化します。19 行目では end 変数を宣言し、time.time() で初期化します。このようにすると end − start の計算結果が 18 行目のソート処理に要した実時間になります。

18 行目では、挿入ソートを実行する insertion_sort 関数を実行します。中身は第 4.2 節で解説したとおりです。引数として、未ソートの配列と配列の大きさを与えます。すでにランダムな要素を含む配列 arr を生成していますが、ここでは配列 arr をコピーした新たな配列を引数として渡します。コピーを渡す理由は、中身が同じ配列を他のソートアルゴリズムでも再使用するからです。

20 行目で、ソート処理に要した時間である end - start の計算結果を表示します。23 行目以降も同様の処理を、バブルソートとマージソート、クイックソートに対して行います。

■ 各ソートアルゴリズムの比較プログラムの実行

ソースコード 4.9（compare.py）を実行した結果を**ログ 4.10** に示します。処理が高速な順番に並べると、**クイックソート**、**マージソート**、**挿入ソート**、**バブルソート**となります。特に統治分割法を用いるクイックソート（$O(n \log n)$）とマージソート（$O(n \log n)$）が挿入ソート（$O(n^2)$）とバブルソート（$O(n^2)$）に比べて、劇的に処理が速いことが確認できます。処理時間は、実行する機器、タイミングによって結果が異なります。

ログ 4.10　compare.py プログラムの実行

```
01  $ python3 compare.py
02  挿入ソートの処理時間 = 3.413731098175049
03  バブルソートの処理時間 = 7.7877209186553955
04  マージソートの処理時間 = 0.03681206703186035
05  クイックソートの処理時間 = 0.02162790298461914
```

線形時間（$O(n)$）と対数時間（$O(\log n)$）の違いが極めて重要であることがわかると思います。

第 **5** 章

探索アルゴリズム

本章では、探索アルゴリズム (search algorithm) について解説します。

たとえば、整数値をデータとしてもつ配列から、整数値 x を探したいとします。整数値 x をキー（key）と呼びます。探索アルゴリズムは、整数値 x が格納されている場所を探索し、そのインデックスを返します。また、連結リストなどのデータ構造であれば、インデックス（配列上の位置）の代わりに指定したキーをもつ要素のオブジェクトを返します。

本章で解説する探索アルゴリズムは、線形探索と二分探索、ハッシュ探索の 3 つです。最初の 2 つは名前のとおり、$O(n)$ と $O(\log n)$ の時間でキーを探索します。なお、n は前章までと同様にデータ数です。ハッシュ探索は、ハッシュ表と呼ばれるデータ構造を用いた手法です。平均計算量が $O(1)$ となる高速な探索アルゴリズムです。

5.1 線形探索

　探索（**search**）とはデータの集合から指定したキーをもつ要素を検索して取り出すことで、広辞苑では「コンピューターで、希望するデータを取り出したり、格納されている場所を決定したりすることの処理のこと」と書かれています。

　線形探索（**linear search**）は、配列または連結リストの各要素を順番に確認し、指定したキーと同じ値かを比較することによって探索を行います。このためにループ構造を用いて、要素を 1 つひとつ走査します。

　運が良ければ、最初に調べた要素がキーと同じ値をもち、1 回の処理で探索が終了します。最後の要素がキーである場合や、そもそもデータ構造内にキーが存在しない場合は、すべての要素を走査することになります。この場合、パフォーマンスが最悪になり、計算量が $O(n)$ となります。データ構造内にキーが存在する場合の平均探索時間は $\frac{n}{2}$ となりますが、この場合も計算量は $O(n)$ です。

　本書の例では、各要素は異なる値をもつと仮定します。もちろん同じ値をもつ要素が複数あった場合でも動作しますが、この場合は、最初に見つかったキーと同じ値をもつ要素を探索結果とします。線形探索は非常に簡単なので、早速ソースコードを見ていきます。

5.1.1 配列を用いた線形探索の実装コード

　ソースコード 5.1（linear.py）に配列の要素を探索する線形探索アルゴリズムの実装例を示します。配列内から指定したキーと同じ値をもつ要素を探索し、当該インデックスを戻り値として返す linear_search 関数を実装しています。また、キーが配列内に存在しない場合は、戻り値として None を返します。

ソースコード 5.1　配列の線形探索　　　　　　　　　　　　　　　`~/ohm/ch5/linear.py`

ソースコードの概要

2 行目〜 7 行目	線形探索を行う linear_search 関数の定義
9 行目〜 19 行目	main 関数の定義

```python
# 指定したキーが最初に現れるインデックスを返す
def linear_search(arr, key):
    for i in range(0, len(arr)):
        if arr[i] == key:
            return i

```

```
07        return None
08
09  if __name__ == "__main__":
10        # データの宣言と初期化
11        arr = [5, 1, 33, 25, 85, 12, 3, 8, 54, 17]
12        print("配列: ", arr)
13
14        # 整数値3の探索
15        index = linear_search(arr, 3)
16        if index != None:
17            print("arr[", index, "]に要素が見つかりました。")
18        else:
19            print("指定した数値は配列内に存在しません。")
```

■ main 関数説明

9 行目〜19 行目で main 関数を定義しています。11 行目でランダムな要素をもつ配列 arr を宣言し、12 行目で arr の中身を表示します。配列 arr は、[5, 1, 33, 25, 85, 12, 3, 8, 54, 17] といった整数値の集合で初期化しています。

15 行目で線形探索を実行する linear_search 関数を実行します。引数として配列 arr と整数値 3 を渡します。配列 arr 内に整数値 3 が存在すれば、そのインデックスが変数 index に格納されます。存在しなければ、None が格納されます。

16 行目〜19 行目では、探索の結果を表示します。整数値 3 が格納されているインデックスの表示、または指定した数値が存在しなかった旨を表示する処理を if 文を用いて制御します。配列 arr を見ると、整数値 3 は 7 番目の要素であるインデックス 6 に格納されているので、この例では 17 行目の print 関数が実行されます。

■ linear_search 関数（線形探索）の説明

2 行目〜7 行目で線形探索を行う linear_search 関数を定義しています。引数は配列 arr とキーとなる要素を示す変数 key です。for ループを用いて配列 arr の先頭から 1 つずつ変数 key と同じ値であるかどうかを判定し、同じであればインデックスを戻り値として返します。配列の最後尾まで探索しても、変数 key と同じ値をもつ要素がなければ、戻り値として None を返します。

■ 線形探索プログラムの実行

ソースコード 5.1（linear.py）を実行した結果を**ログ 5.2** に示します。整数値の 3 をキーとして指定して探索を行った結果、3 行目にインデックス 6 に要素が見つかったという情報が表示されます。2 行目に表示されている配列の中身を見ると、7 番目の要素であるインデックス 6 に整数値の 3 があることが確認できます。

ログ 5.2　linear.py プログラムの実行

```
01  $ python3 linear.py
02  配列:  [5, 1, 33, 25, 85, 12, 3, 8, 54, 17]
03  arr[6] に要素が見つかりました。
```

　本項の例では配列をデータ構造として用いましたが、連結リストを用いた場合も同様に、連結リストの先頭要素から 1 つひとつ調べる必要があります。

5.2　二分探索

　二分探索（binary_search）は、$O(\log n)$ の時間で配列内からキーと同じ値をもつ要素を探索します。二分探索では、要素がソートされていることと、ランダムアクセスが可能であることが前提条件となっています。そのため、データの集合が連結リストに格納されている場合、二分探索は実行できません。二分探索は、線形探索に比べてずいぶん計算量は少なくてすみますが、事前にソートが必要です。実装に際しては、ソートアルゴリズムにも注意を払ってください。

5.2.1　二分探索の概要

　二分探索の本質は、**探索空間**（**探索対象の要素数**）を半分に減らすことを続けることです。昇順にソート済みの配列 arr 内からキーとなる要素 key が格納されているインデックスを探索したいとします。配列 arr の大きさが 10、変数 key が整数値 8 の場合の例を**図 5.1** に示します。配列の中身は [1, 3, 5, 8, 12, 17, 25, 33, 54, 85] としています。

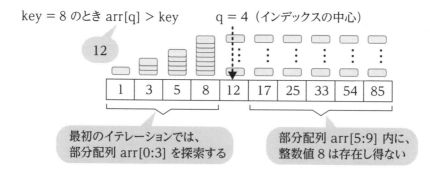

図 5.1　二分探索の概要

　まず、配列 arr の中心をインデックスを表す変数を q とします。ここでは、要素数が 8 なので、q

は 4 となります。要素数が奇数の場合には、中心の前後のどちらでもかまいません。まず、arr[q] が変数 key と同じかどうかを調べます。同じであれば、それで探索は終了です。図の例では、key が 8 で arr[4] が 12 なので、arr[4] > key となります。部分配列 arr[5:9] に含まれるすべての要素は arr[4] よりも大きい値をもつため、整数値 8 が部分配列 arr[5:9] に含まれる可能性はありません。そのため、探索空間を arr[0:q-1] に限定することができます。

一般化すると、データ数 n の配列に対して、arr[q] と key の大小を比較し、探索空間を arr[0:q-1] または arr[q+1:n-1] に限定できます。すなわち、探索空間が $\frac{n}{2}$ になります。厳密には $\frac{n}{2}$ または $\frac{n}{2} - 1$ ですが、ここでは気にしなくて構いません。

同様の処理を繰り返し、探索空間を半分ずつに減らしていくと、最終的に探索空間が 1 になります。最後の要素と key を比較し、同じであれば探索が終了します。もし、異なる値であれば配列 arr 内に key と同じ値をもつ要素は存在しないことが確定します。

それでは、配列を半分に分割する処理は最大で何回実行されるでしょうか？データの数を n とした場合、探索空間は n、$\frac{n}{2}$、$\frac{n}{4}$、・・・、$\frac{n}{2^k}$ と減っていきます。ここで k は配列を分割する回数です。探索空間が 1 になるまで繰り返すので、$\frac{n}{2^k} = 1$ となる k を調べれば良いわけです。両辺に対数を取れば、$k = \log n$ となります。そのため、計算量が $O(\log n)$ となります。

> **Column**
>
> **連結リストを用いた二分探索**
>
> 連結リストを拡張したスキップリスト (skip lists) と呼ばれる、$O(\log n)$ で探索が可能なデータ構造が提案されています。スキップリストは、第 6 章で解説する木構造の代替となる確率的データ構造 (probabilistic data structure) という位置づけです。ただ、大学や大学院の授業で学ぶようなレベルではありません。

5.2.2 配列の二分探索の実装例

ソースコード 5.3 (binary.py) に配列内から指定したキーを二分探索するプログラムを示します。配列に含まれる整数値は、あらかじめソートされているものとします。

ソースコード 5.3 配列の二分探索　　`~/ohm/ch5/binary.py`

ソースコードの概要

| 4 行目〜 14 行目 | 二分探索を行う binary_serach 関数の定義 |
| 16 行目〜 26 行目 | main 関数の定義 |

```
01  import math
```

```
02
03    # 指定したキーの要素のインデックスを返す
04    def binary_search(arr, key, p, r):
05        if r < p:
06            return None
07        else:
08            q = math.floor((p + r) / 2)
09            if arr[q] > key:
10                return binary_search(arr, key, p, q - 1)
11            elif arr[q] < key:
12                return binary_search(arr, key, q + 1, r)
13            else:
14                return q
15
16    if __name__ == "__main__":
17        # データの宣言と初期化
18        arr = [1, 3, 5, 8, 12, 17, 25, 33, 54, 85]
19        print("配列: ", arr)
20
21        # 数値8の探索
22        index = binary_search(arr, 8, 0, len(arr) - 1)
23        if index != None:
24            print("arr[", index, "]に要素が見つかりました。")
25        else:
26            print("指定した数値は配列内に存在しません。")
```

■ main 関数の説明

　16 行目〜 26 行目で main 関数の定義をしています。18 行目で配列 arr を宣言し、[1, 3, 5, 8, 12, 17, 25, 33, 54, 85] といったソート済みの整数値の集合で初期化します。19 行目で配列 arr の中身を表示しています。

　22 行目で整数値 8 をキーとして指定し、binary_search 関数を実行します。関数への引数は、配列 arr と探索したいキーである整数値 8、配列の先頭と最後尾のインデックスである 0 と len(arr)-1 です。ここで len(arr) は、配列 arr の要素数なので整数値の 10 です。探索結果を変数 index に代入します。整数値 8 が配列 arr に存在すれば、インデックスが格納されます。存在しなければ None が格納されます。23 行目〜 26 行目で、探索結果に関する情報を表示します。

■ binary_search 関数（二分探索）の説明

　4 行目〜 14 行目で二分探索を実行する binary_search 関数を定義しています。引数として、配列 arr と変数 key、インデックスを表す変数 p と r を受け取ります。まず、5 行目の if 文で、r < p が

どうかを判定します。もし、rの値がpよりも小さければ部分配列 arr [p:r] は空です。配列 arr 内に変数 key と同じ値をもつ要素が見つからなかった場合に限り、r < p が True となります。なお、部分配列の大きさが 1 なら、r と p は同じ値になるので、if ブロックを実行します。

　部分配列の大きさが 1 以上であれば、8 行目～ 14 行目の else ブロックを実行します。まず、8 行目で部分配列の中間のインデックスを計算し、変数 q に格納します。インデックスは整数値であるため、冒頭で **math モジュール**をインポートして floor 関数を適応させます。

　7 行目～ 14 行目で再度、if 文が登場します。今回は 3 つのケースに分岐するため、if と elif と else の 3 つのブロックで制御します。まず、9 行目で arr [q] が Key の値より大きいかどうかを判定します。判定結果が True であれば、arr [q] より後ろには key が存在しないことが確定するため、arr [p:q-1] を探索することとなります。そのため、10 行目で binary_search 関数を再帰的に呼び出します。部分配列を参照するために、インデックスを p と q-1 とします。これによって部分配列 arr [p:q-1] 内から変数 key の値を探索することとなります。

　9 行目の条件判定が False であれば、11 行目の elif 文で arr [q] が key の値より小さいかどうかを判定します。True であれば、arr [q] より前には変数 key が存在しないことが確定します。同じ要領になりますが、12 行目で binary_search 関数を呼び出します。今回は探索範囲を arr [q + 1:r] にします。

　9 行目と 11 行目の条件判定がともに False の場合は、arr [q] と key が同値であることを意味します。したがって key はインデックス q に格納されていることが確定します。そのため、14 行目で変数 q の値を戻り値として返します。

　それでは、配列 [1, 3, 5, 8, 12, 17, 25, 33, 54, 85] から整数値 8 を探索するときの具体例を示します。main 関数から binary_search(arr, 8, 0, 9) を呼び出したときの状態を**図 5.2** に示します。なお、22 行目の len(arr)-1 は arr の最後のインデックス番号なので、整数値の 9 です。中間のインデックス q は 4 となります。arr [4] の値が 12 なので 12 > 8、つまり、arr [q] > key です。そのため、arr [0:3] に探索範囲を限定できます。ここで再帰的に binary_search(arr, 8, 0, 3) を実行します。

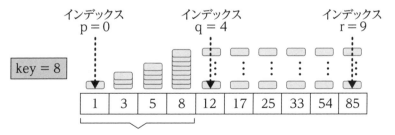

arr[4] > 8 なので、再帰的に binary_search(arr, 8, 0, 3) を実行

図 5.2　二分探索の例 1　main 関数から binary_search(arr, 8, 0, 9) を実行

binary_search(arr, 8, 0, 3) を実行したときの状態を**図 5.3** に示します。変数 p と r の値がそれ

ぞれ 0 と 3 なので、変数 q の値は 1 となります。arr[1] の値は 3 であるため、arr[1] ＜ 8 となります。部分配列の後半部分である arr[2:3] に探索範囲を限定します。

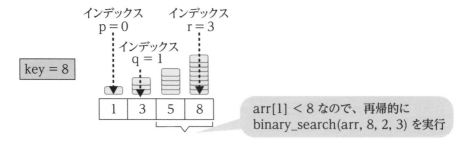

図 5.3　二分探索の例 2　binary_search(arr, 8, 0, 3) を実行

　binary_search(arr, 8, 2, 3) を実行したときの状態を**図 5.4** に示します。変数 p と r は、それぞれ 2 と 3 です。そのため、変数 q の値は 2 となります。arr[2] の値は 5 なので、arr[2] ＜ 8 となります。次は arr[3:3] を探索します。

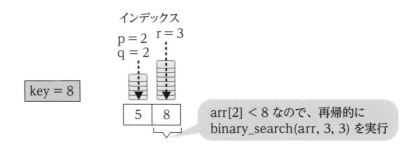

図 5.4　二分探索の例 3　binary_search(arr, 8, 2, 3) を実行

　binary_search(arr, 8, 3, 3) を実行したときの状態を**図 5.5** に示します。部分配列の大きさが 1 なので、変数 p と r はともに 3 です。変数 q の値も 3 になります。arr[3] の値は 8 なので、9 行目と 11 行目の条件判定 (arr[q] ＞ k と arr[q] ＜ k) のいずれも False になります。すなわち、arr[3] == 8 です。そのため、13 行目の else ブロックに処理が進み、インデックス q の値である整数値 3 が戻り値として返されます。

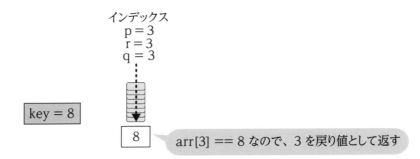

図 5.5 二分探索の例 4 binary_search(arr, 8, 3, 3) を実行

もし、arr [3] が整数値 8 でなければ、部分配列 arr [3:2] または arr [4:3] に対して binary_search 関数を呼び出すので、5 行目の条件判定式の r < p が True になります。そのため、None が戻り値として返されます。すなわち、部分配列の大きさが 1 のときにキーが見つからなければ、配列内にキーと同じ値をもつ要素が存在しないことを意味します。

■ 二分探索プログラムの実行

ソースコード 5.3 (binary.py) を実行した結果を**ログ 5.4** に示します。整数値 8 は 4 番目の要素であるインデックス 3 に格納されているので、3 行目で要素が見つかったとの旨が表示されます。

ログ 5.4 binary.py プログラムの実行

```
01  $ python3 binary.py
02  配列:  [1, 3, 5, 8, 12, 17, 25, 33, 54, 85]
03  arr[ 3 ]に要素が見つかりました。
```

5.3 ハッシュ探索

ハッシュ探索(hash search)とは、平均で $O(1)$ の計算量で指定したキーをもつ要素を探索できるアルゴリズムです。ちから技とは無縁ともいえる、素晴らしいアルゴリズムです。何かの問題にぶつかったら、先達者が知恵と工夫、長足の進歩を促したということを思い出してください。まず、ハッシュ探索の核となるハッシュ関数とハッシュ表について解説します。

▦ 5.3.1 ハッシュ関数

ハッシュ関数 (hash functions) は任意のビット列を固定長のビット列に変換する関数です。数学

的には、**ハッシュ関数 H** は $H : \{0, 1\}^* \to \{0, 1\}^k$ となります。すなわち、入力が任意長のビット列で、出力が k ビットの長さをもつ固定長のビット列です。ハッシュ関数への入力を x とすると、出力は $H(x)$ と記述できます。このハッシュ関数の出力を**ハッシュ値**（hashed value）と呼びます。

■ ハッシュ関数の用途

　良いハッシュ関数の定義はアプリケーションによってさまざまですが、ここでは**衝突**（collision）が少ないハッシュ関数を想定しています。衝突とは、異なる入力値を入力したにもかかわらず、同じハッシュ値が出力されることです。すなわち、入力値 x と $y(x \neq y)$ に対して $H(x) = H(y)$ となることです。厳密には**衝突困難性**（collision resistance）といった専門用語がありますが、本筋から逸れるので割愛します。

　ハッシュ関数は、さまざまなアプリケーションで使用されています。たとえば、ソフトウェアをインターネット上で配布する場合は、ソフトウェアのバイナリファイルからダイジェスト（digest）を公開します。第三者がベンダーを名乗って偽のソフトウェアを配布するのを防ぐためです。このときにハッシュ関数を用いて、ダイジェストを生成します。具体的には、ソフトウェアのバイナリファイルを 256 ビットまたは 512 ビットなどの固定長のビット列に変換して、その値を公開します。少しでもファイルの中身が異なれば、異なるハッシュ値が生成されます。そのため、第三者が偽のソフトウェアを公開して配布したとしても、ハッシュ値が公式のものと異なれば、それは偽物だと判断できます。

　図 5.6 を見てください。著者が出版した本で使用しているソースコードをオーム社のウェブページで配布しています。そのウェブページの抜粋です。

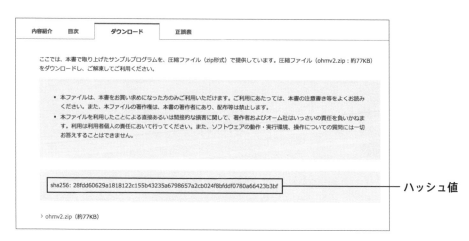

図 5.6　ハッシュ値の例

　画像の下の方に載せてある「ohmv2.zip（約 77KB）」が配布ファイルです。その上に以下に示すランダムな 16 進数の値が記載されています。

28fdd60629a1818122c155b43235a6798657a2cb024f8bfddf0780a66423b3bf

　これが SHA256 と呼ばれる手法で計算した ohmv2.zip のハッシュ値です。もし、第三者がミラーサイトだと偽って偽物の配布ファイル（本家のソフトウェアを装ったマルウェアなど）を公開したとしても、偽物のファイルのハッシュ値は上記の値と異なる可能性が極めて高いので、なりすましができません。256 ビットであれば、現実的な時間内に衝突を発見すること（同じハッシュ値をもつ別のファイルの発見）はほとんど不可能です。

　他にも応用例はたくさんあります。情報セキュリティや暗号論の授業で学ぶ**メッセージ認証コード**でもハッシュ関数が使用されます。このような分野では、暗号論的ハッシュ関数が用いられます。

5.3.2　ハッシュ表（ハッシュ探索の準備のために）

　本章では、ハッシュ関数を応用したデータ構造である**ハッシュ表**（hash table）について解説します。ハッシュ表の行は、データのハッシュ値と、実際のデータが格納さているオブジェクトへのポインタ 2 つからなります。ハッシュ値はインデックスとしての機能をもちます。つまり、探索するデータのハッシュ値の計算結果は、それはつまり、即インデックスとなり、オブジェクトへのポインタが得られます。つまり、$O(1)$ の計算量で済むという優れたアルゴリズムです。

　そして、オブジェクトは、連結リストと同様にデータと値という 2 つのデータから構成されます。たとえば、(3, "Alice") や (12, "Bob") などです。整数値 3 がハッシュ値であり、要素を識別するキーです。"Alice" が人名を表す値です。

　ハッシュ表は、ハッシュ値と要素へのポインタ 2 つの項目から列で構成されます。**ハッシュ値は表の行を指すインデックスそのもの**です。要素にはデータを格納しているオブジェクトへのポインタが格納されます。

　各要素はキーと値の 2 つのデータから構成されます。ここではキーを整数値、値を人の名前（文字列）とします。たとえば、(3, "Alice") や (12, "Bob") などです。整数値 3 が要素を一意に識別するキーとなり、"Alice" が人の名前を表すデータです。キーと値が同じ整数値だと紛らわしいので、値を文字列としました。

　ハッシュ表では、キーに対してハッシュ関数を適応させ、ハッシュ値に対応するインデックスに要素を格納します。ここではハッシュ関数 H を $H(x) = x \bmod 10$ と定義します。ここで mod は剰余算を表すため、キーを整数値 10 で割った値をハッシュ値とします。実際にはもっと複雑なハッシュ関数を用いますが、理解しやすさのために単純なハッシュ関数を定義しました。各要素のキーをハッシュ関数への入力し、出力であるハッシュ値に対応するインデックスに要素を格納します。

　具体例として、(3, "Alice") と (12, "Bob")、(37, "Chris")、といった 3 つの要素をハッシュ表に格納したときの状態を**図 5.7** に示します。各要素のハッシュ値はそれぞれ 3 と 2、7 です。そのため、インデックス 3 には (3, "Alice") というオブジェクトへのポインタが格納されます。他の 2 つも同様です。

　なお、**エントリー**とはハッシュ表の各々の行のことです。

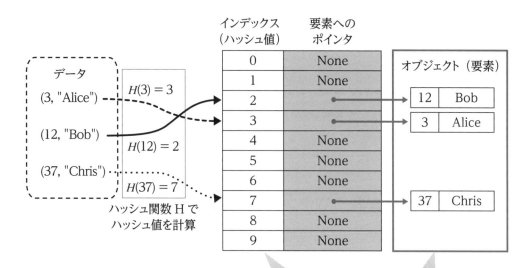

図 5.7　ハッシュ表の例（エントリー数が 10 のハッシュ表）

ハッシュ値の出力範囲は入力範囲より遥かに小さいので、衝突（異なるキーをもつ 2 つの要素が同じハッシュ値になる）が発生する可能性があります。対処方法はいくつかありますが、本書ではハッシュ探索で用いられる**チェイン法**（**chain method**）を解説します。チェイン法では、衝突が起こった要素を連結リストで接続します。すなわち、ハッシュ表の各エントリーは連結リストへのポインタとなります。

たとえば、前述の 3 つの要素が、(3, "Alice") と (12, "Bob")、(33, "Chris") だったとしましょう。Alice と Chris のキーが 3 と 33 なので、$H(x) = x \bmod 10$ より、$H(3) = H(33) = 3$ となり、衝突します。この場合は、連結リストを使って 2 つの要素を接続します。連結リスト内での順番は、ハッシュ表へ要素を挿入した順番になります。

(3, "Alice") と (12, "Bob")、(33, "Chris") という順番で要素をハッシュ表へ挿入したときの状態を**図 5.8** に示します。Alice と Chris のオブジェクトが連結リストで繋がっていることが確認できます。このように鎖（chain）で繋げたように見えるので、チェイン法と呼ばれるわけです。

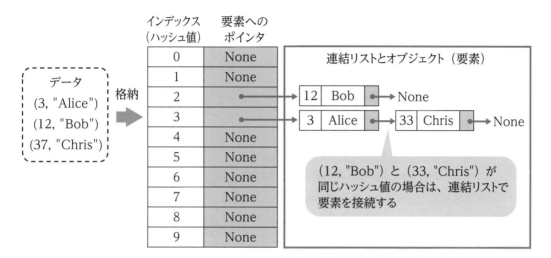

図 5.8 チェイン法の例

　データ構造で用いるハッシュ関数の出力ビット数はハッシュ表の大きさに依存します。前述の
ソフトウェアのダイジェストのように 256 ビットという大きさのハッシュ値は使用できません。
32 ビットでもハッシュ表のエントリー数が 2^{32} 個になるので、現実的なアプリケーションではもっ
と小さなビット数を使用します。そのため、衝突が起こる可能性があります。衝突が発生する頻度
を小さくするには、データ数 n に対して適切なハッシュ表のエントリー数を設定する必要があり
ますが、アルゴリズムの話題からは逸れるので割愛します。

■ ハッシュ探索の概要

　ハッシュ探索では、指定したキーの要素を探索します。データとなる各要素はハッシュ表の中に
連結リストの要素として格納されています。そのため、ハッシュ探索アルゴリズムを、整数値とし
て指定したキーに対応する要素のオブジェクトを返す関数として定義します。

　ハッシュ表における要素を表現するために以下のような MyNode という名前のクラスを定義しま
す。キーと値を表すためのクラスメンバとして変数 key と val を定義します。また、片方向連結リ
ストに必要な次の要素へのポインタとして、クラスメンバ next を定義します。

```python
class MyNode:
    def __init__(self, key, val):
        self.key = key
        self.val = val
        self.next = None
```

　上記の書式でハッシュ表にデータとなるオブジェクトを格納します。ハッシュ表を表すクラスとして、MyHashTable を以下のように定義します。コンストラクタの引数である size はハッシュ表のエントリー数です。引数 size で指定した大きさの配列 tbl を生成して、ハッシュ表のエントリーを実装します。配列 tbl の各要素は、None で初期化します。

```python
class MyHashTable:
    def __init__(self, size):
        self.tbl = [None] * size
```

　要素を格納するときは、MyNode クラスのインスタンスを生成して、ハッシュ値 H(key) を計算します。ハッシュ値が要素を格納するインデックスなので、self.tbl[H(key)] が MyNode オブジェクトを格納する場所となります。もし、self.tbl[H(key)] にその他のオブジェクトが格納されていれば、連結リストの最後尾にオブジェクトを挿入します。

　探索方法は単純です。指定したキーを key とします。まず、ハッシュ関数を適応させて、ハッシュ値 H(key) を計算します。次にハッシュ値と同じインデックス（表の行）に要素があるかどうかを確認します。当該インデックスのエントリーが None であれば、ハッシュ表に指定したキーの要素が存在しないことを意味します。要素が存在すれば、当該インデックスのエントリーには連結リストへのポインタが格納されています。そのポインタから当該キーに対応する要素のオブジェクトを取得します。

　衝突が発生していなければ、連結リストの要素数は 1 つだけです。すなわち、ハッシュ値を計算し、当該インデックスの要素を確認するだけで探索が終了します。そのため、計算量が $O(1)$ となります。衝突が頻繁に発生しないようにハッシュ表を設計するので、通常は $O(1)$ で探索が終了しますが、運が悪いと $O(n)$ の時間がかかります。

　たとえば、すべての要素のハッシュ値が同じになったとしましょう。もちろん現実問題として、そのような事態は起こらないでしょうが、最悪のケースとして考える必要があります。この場合、すべての要素が同じエントリーに格納され、連結リストの大きさが n になります。そのため、指定したキーの要素を探索するためには、連結リストを先頭から順にたどる必要があるので $O(n)$ となります。

■ ハッシュ表の操作

　また、ハッシュ表はデータ構造なので、第 3 章で解説したように要素の挿入（insert）と削除（delete）を定義する必要があります。チェイン法を使用する場合、ハッシュ値を計算する手続きが必要であること以外は、連結リストへの挿入操作や削除操作と同様です。なお、ハッシュ表においてインデックスを指定した要素の取得（get）は定義しません。各要素はキーと値をもつことを前提としているため、インデックスを指定した要素の取得に意味がないからです。

　本書での実装例では、上記の MyHashTable クラスに探索を行う search メソッド、ハッシュ値を計算する _ _get_hash メソッド、要素の挿入を行う insert メソッド、要素の削除を行う delete メソッドを定義します。

🔳 5.3.3 チェイン法を用いたハッシュ探索の実装例

　ソースコード 5.5 (my_hash.py) にチェイン法を用いたハッシュ探索の実装例を示します。少し長いソースコードですが、1 つひとつ解説していきます。

ソースコード 5.5 ハッシュ表を用いた探索　　　　　　　　　　　　　　　`~/ohm/ch3/my_hash.py`

ソースコードの概要

1 行目〜 8 行目	連結リストの要素を表す MyNode クラスの定義
10 行目〜 91 行目	ハッシュ表を表す MyHashTable クラスの定義
15 行目と 16 行目	ハッシュ値を計算する __get_hash メソッドの定義
19 行目〜 31 行目	要素をハッシュ表へ挿入する insert メソッドの定義
34 行目〜 58 行目	指定したキーをもつ要素をハッシュ表から削除する delete メソッドの定義
61 行目〜 77 行目	指定したキーをもつ要素を探索する search メソッドの定義
93 行目〜 117 行目	main 関数の定義

```
01  class MyNode:
02      def __init__(self, key, val):
03          self.key = key
04          self.val = val
05          self.next = None
06
07      def to_string(self):
08          return "(" + str(self.key) + ", " + str(self.val) + ")"
09
10  class MyHashTable:
11      def __init__(self, size):
12          self.tbl = [None] * size
13
14      # ハッシュ値の計算
15      def __get_hash(self, key):
16          return key % len(self.tbl)
17
18      # 要素の追加
19      def insert(self, key, val):
20          # ハッシュ値を計算
21          hash_val = self.__get_hash(key)
22
23          # 要素を追加
24          n = MyNode(key, val)
```

```
25          if self.tbl[hash_val] == None:
26              self.tbl[hash_val] = n
27          else: # 衝突が発生
28              ptr = self.tbl[hash_val]
29              while ptr.next != None:
30                  ptr = ptr.next
31              ptr.next = n
32
33      # 要素の削除
34      def delete(self, key):
35          # ハッシュ値を計算
36          hash_val = self.__get_hash(key)
37
38          # 指定した要素を削除
39          prev_ptr = None
40          ptr = self.tbl[hash_val]
41          while ptr != None:
42              if ptr.key == key:
43                  if ptr.next != None:
44                      if prev_ptr != None:
45                          prev_ptr.next = ptr.next
46                      else:
47                          self.tbl[hash_val] = ptr.next
48                  else:
49                      if prev_ptr != None:
50                          prev_ptr.next = None
51                      else:
52                          self.tbl[hash_val] = None
53
54                  return None
55
56              # 次の要素を調べるためにポインタを更新
57              prev_ptr = ptr
58              ptr = ptr.next
59
60      # 要素の探索
61      def search(self, key):
62          # ハッシュ値を計算
63          hash_val = self.__get_hash(key)
64
65          # 指定した要素を取得
66          if self.tbl[hash_val] != None:
```

```
67              ptr = self.tbl[hash_val]
68              if ptr.key == key:
69                  return ptr
70
71              while ptr.next != None:
72                  ptr = ptr.next
73                  if ptr.key == key:
74                      return ptr
75
76          # 指定した要素が存在しない
77          return None
78
79      # ハッシュテーブルを文字列に変換
80      def to_string(self):
81          stringfied_tbl = ""
82          for i in range(0, len(self.tbl)):
83              if self.tbl[i] != None:
84                  stringfied_tbl += "tbl[" + str(i) + "] -> " + self.tbl[i].to_string()
85                  ptr = self.tbl[i]
86                  while ptr.next != None:
87                      ptr = ptr.next
88                      stringfied_tbl += " -> " + ptr.to_string()
89                  stringfied_tbl += "\n"
90
91          return stringfied_tbl
92
93  if __name__ == "__main__":
94      # 大きさが10のハッシュテーブルを生成
95      my_hash = MyHashTable(10)
96
97      # 6つの要素を追加
98      my_hash.insert(3, "Alice")
99      my_hash.insert(12, "Bob")
100     my_hash.insert(233, "Chris")
101     my_hash.insert(95, "David")
102     my_hash.insert(183, "Eav")
103     my_hash.insert(25, "George")
104     print("ハッシュ表の状態:")
105     print(my_hash.to_string())
106
107     # キー233に対応する要素を取得
108     x = my_hash.search(233)
```

```
109    if x != None:
110        print("取得した要素", x.to_string())
111    else:
112        print("指定したキーに対応する要素が存在しません。")
113
114    # キー233の要素を削除
115    my_hash.delete(233)
116    print("削除後のハッシュ表の状態:")
117    print(my_hash.to_string())
```

　MyNode オブジェクトの情報と MyHashTable オブジェクトがもつハッシュ表の情報を文字列として返す to_string メソッドをそれぞれのクラス内で定義しています。アルゴリズムに直接関係ないので、詳細は割愛します。

■ main 関数の説明

　93 行目～ 117 行目で main 関数を定義しています。まず、95 行目で、エントリー数が 10 のハッシュ表を生成します。生成したMyHashTableクラスのインスタンスを変数my_hashに格納します。

　98 行目～ 103 行目で 6 つの要素を my_hash に insert メソッドを使用して挿入します。挿入する要素は、それぞれ (3, "Alice") と (12, "Bob")、(233, "Chris")、(95, "David")、(183, "Eav")、(25, "George") です。104 行目と 105 行目の命令で、ハッシュ表の中身を表示します。

　108 行目からが本題です。整数値 233 をキーとしてもつ要素をハッシュ表の中から探索します。my_hash.search(233) と記述して search メソッドを実行し、探索結果を変数 x に格納します。233 をキーとしてもつ要素が存在すれば、変数 x に MyNode オブジェクトが格納されます。存在しなければ x の値が None になります。109 行目～ 112 行目で、変数 x の情報を表示します。

　削除操作の例として、115 行目では、整数値 233 をキーとしてもつ要素をハッシュ表から削除します。このために my_hash.delete(233) と記述して、delete メソッドを呼び出します。要素を削除したあとのハッシュ表の状態を 116 行目と 117 行目の命令で表示します。

■ get_hash メソッド（ハッシュ値の計算）の説明

　15 行目と 16 行目でハッシュ値を計算する _ _get_hash メソッドを定義しています。MyHashTable クラス内だけで使用するメソッドなので、メソッド名の前にアンダーバー (_) を 2 つ付けています。前述の説明では、$H(x) = x \bmod 10$ という数式でハッシュ値を計算していましたが、ここでは整数値 10 の代わりにハッシュ表のエントリー数を用います。main 関数の 93 行目で、MyHashTable のインスタンスを生成するときに、大きさを 10 と指定しているので、実質 10 で割った余りがハッシュ値になります。

■ insert メソッド（ハッシュ表への新しい要素の挿入）の説明

19行目〜31行目で新しい要素をハッシュ表へ挿入するinsertメソッドを定義しています。メソッドへの入力はキーと値なので、変数keyとvalを引数とします。まず、新しい要素を挿入するハッシュ表のインデックスを決めるために、21行目で _ _get_hash メソッドを適応して、keyに対応するハッシュ値を計算します。その結果を変数hash_valに格納します。

24行目で引数として与えられたkeyとvalからMyNodeオブジェクトを生成し、変数nに格納します。挿入処理は25行目〜31行目で行います。25行目のif文で、self.tbl[hash_val] がNoneかどうかを判定します。Trueであれば、当該インデックスに何もない状態です。この場合、26行目のself.tbl[hash_val]＝nという命令で、新しい要素のオブジェクトを格納します。変数nのn.nextはNoneで初期化されているので、特に何もする必要がありません。self.tbl[hash_val] が連結リストの先頭要素を参照し、連結リストには要素nが1つだけ含まれている状態です。

条件判定式のself.tbl[hash_val] == None がFalseだった場合、28行目〜31行目のelseブロックを実行します。新たに挿入する要素のkeyと同じハッシュ値になる要素がすでにハッシュ表に存在する状態なので、衝突が発生したことを意味します。この場合、self.tbl[hash_val] にある連結リストの最後尾に要素nを挿入します。挿入処理は連結リストと同様に、先頭から各要素のnextに格納されている次の要素へのポインタをたどっていきます。

main関数内の98行目〜103行目の挿入命令を実行したあとのmy_hash.tblの状態は**図5.9**に示すとおりです。

図5.9　要素の入力後のハッシュ表の状態

■ delete メソッド（ハッシュ表からの要素の削除）の説明

　34 行目〜 58 行目で指定したキーをもつ要素をハッシュ表から削除する delete メソッドを定義しています。引数としてキーを変数 key で受け取ります、まず、36 行目で削除したい要素の場所を調べる必要があるので、_ _get_hash メソッドを適応させて変数 key のハッシュ値を計算します。計算結果を変数 hash_val に格納します。

　削除処理は片方向連結リスト内の要素を削除する処理と同じです。片方向なので、第 3.2 節で解説した双方向連結リストからの要素の削除とは少し異なります。各要素は次の要素を参照するポインタをクラスメンバ next に保存していますが、1 つ前の要素へのポインタは保持していません。そのため、連結リストをたどっていくときに、前の要素を記録しておく必要があります。39 行目で、変数 prev_ptr を宣言し None で初期化し、40 行目で変数 ptr を self.tbl [hash_val] で初期化します。変数名のとおり prev_ptr が 1 つ前の要素のポインタ、ptr が現在参照中の要素のポインタとなります。

　41 行目〜 54 行目の while ループで、ptr が None でない限り繰り返し処理を行います。そもそも self.tbl [hash_val] が None の場合、ptr が None で初期化されるので、ループ内に 1 度も入らずに処理が終了します。また、self.tbl [hash_val] が参照する連結リスト内に変数 key の値をもつ要素が存在しない場合は、ループを繰り返したあとに ptr が None となり、while ループを抜けて、そのまま処理が終わります。すなわち、キーに対応する要素がハッシュ表にない場合は、何もせずにメソッドの処理が終了します。

　while ループに入ると、42 行目の if 文で ptr.key == key かどうかを判定します。False であれば、57 行目と 58 行目まで進み、prev_ptr と ptr を更新します。ここでは、連結リストの次の要素へポインタを移動させる処理をしています。

　True であれば、if ブロックの中に入って 43 行目〜 52 行目の命令を実行します。このとき変数 ptr が参照している要素が連結リストから削除する要素となります。if 文がネストされていることがわかります。これは削除したい要素が連結リストの先頭または最後尾かどうかを確認して個別に処理する必要があるため、複数の if 文で分岐処理を行っています。43 行目で ptr が参照する要素が最後尾の要素かどうかを判定し、44 行目または 49 行目で先頭の要素かどうかを判定します。そのため、合計で 4 つのケースがあります。

　ケース 1) ptr は最後尾の要素ではなく、先頭の要素でもない。
　ケース 2) ptr は最後尾の要素ではないが、先頭の要素である。
　ケース 3) ptr は最後尾の要素であるが、先頭の要素ではない。
　ケース 4) ptr は最後尾の要素かつ先頭の要素である（連結リストの要素が ptr だけ）。
　ptr が参照する要素が最後尾にあるかどうかの判定は、ptr != None でわかります。True であれば、最後尾の要素ではありません。先頭の要素であるかどうかの判定は、prev_ptr != None を調べます。True であれば、先頭の要素ではありません。

　要素の削除はハッシュ表のエントリー（self.tbl [hash_val]）または ptr が参照している 1 つ前の要素の情報（prev_ptr.next）を変更するだけです。ケース 1 は**図 5.10** に示す状態です。連結リストには 3 つの要素が含まれていますが、ptr が参照する要素の前後に 2 つ以上の要素がある場合も同様です。

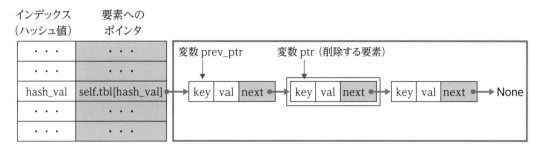

図 5.10 要素の削除ケース 1-1

図を見れば一目瞭然ですが、ptr が参照する要素を連結リストから削除する場合は、prev_ptr.next を ptr.next が参照するオブジェクトに設定すれば良いことがわかります。そのため、45 行目の prev_ptr.next = ptr.next という命令します。その後のハッシュ表の状態は**図 5.11** に示すとおりです。

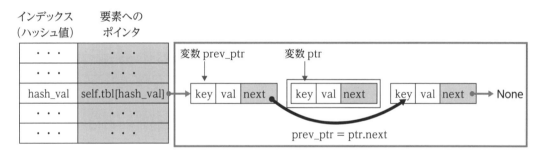

図 5.11 要素の削除ケース 1-2

ケース 2 の場合、ハッシュ表の状態は**図 5.12** に示すとおりです。ptr は連結リストの先頭要素なので、self.tbl[hash_val] が ptr.next を参照するように修正します。

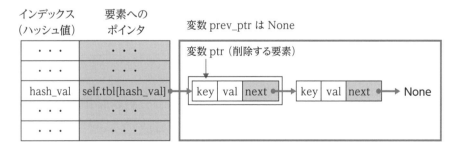

図 5.12 要素の削除ケース 2-1

47 行目の self.tbl[hash_val] ＝ ptr.next という命令を実行したあとのハッシュ表の状態を**図 5.13** に示します。ptr が参照する要素が連結リストから外れたことが確認できます。

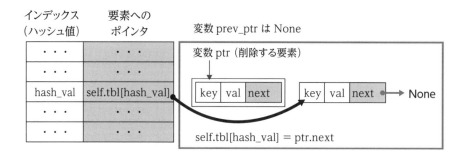

図 5.13　要素の削除ケース 2-2

ケース 3 の場合は**図 5.14** に示す状態になります。ptr が参照する要素は最後尾にあるので、1 つ前の要素の next を None に変更するだけです。

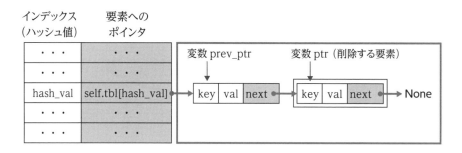

図 5.14　要素の削除ケース 3-1

50 行目の prev_ptr.next ＝ None を実行したあとのハッシュ表の状態を**図 5.15** に示します。

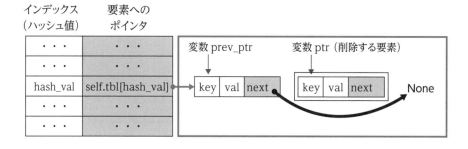

図 5.15　要素の削除ケース 3-2

　ケース4では、連結リストには ptr が参照する要素しか含まれていません。視覚化すると**図5.16** のようになります。ハッシュ表の当該エントリーを None にするだけです。

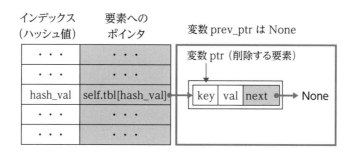

図5.16 要素の削除ケース 4-1

　52行目の self.tbl [hash_val] = None という命令を実行したあとのハッシュ表の状態を**図5.17** に示します。当該エントリーには何もない状態になります。

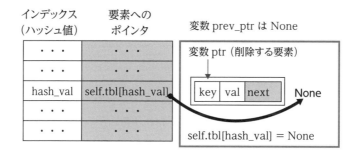

図5.17 要素の削除ケース 4-2

　要素の削除操作が終わると 54 行目の return None を実行します。これ以上 while ループを続行する必要がないので、ここでメソッドの処理を終了させるための命令です。

■ search メソッド（指定したキーの探索）の説明

　61 行目～ 77 行目で指定したキーを探索する search メソッドを定義しています。引数は探索したい要素のキーなので、変数 key で受け取ります。まず、63 行目で、_ _get_hash メソッドを呼び出して key のハッシュ値を計算します。計算結果を変数 hash_val に格納します。

　66 行目でハッシュ値に対応するハッシュ表のインデックスを調べます。hash_val がインデックスになるので、if 文を用いて self.tbl [hash_val] が None かどうかを判定します。None でなければ、連結リストの先頭要素へのポインタが sellf.tbl [hash_val] に格納されいますので、68 行目～ 74 行

目の if ブロック内に入り、条件によっては次の while ループに入っていきます。

67 行目でいったん self.tbl[hash_val] の値を変数 ptr に格納します。連結リストに 2 つ以上の要素があるケースに対応するためです。68 行目の if 文で、連結リストの先頭要素が指定したキーをもつ要素かどうかを確認します。条件判定式の ptr.key == key が True であれば、69 行目で ptr を戻り値として返します。この時点で、ptr は key と同じ値をもつ要素を参照しているので、MyNode オブジェクトが戻り値として返されます。

68 行目の ptr.key == key が False であれば、71 行目〜 74 行目の while ループで連結リストを前からたどりながら要素を探します。ptr.next が None にならない限り、72 行目の ptr = ptr.next を実行し、73 行目の if 文で、ptr が参照する要素が探索中の要素であるかどうか調べます。key と同じ値をもつ要素が存在すれば、74 行目で当該オブジェクトを戻り値として返します。

66 行目の if 文で、self.tbl[hash_val] != None: が False であれば、77 行目の命令が実行され、None が戻り値として返されます。また、True であったとしても、66 行目〜 74 行目の if ブロック内の処理でキーに対応する要素が見つからない可能性もあります。この場合も 77 行目の命令が実行されます。

■ ハッシュ探索プログラムの実行

ソースコード 5.5（my_hash.py）を実行した結果を**ログ 5.6** に示します。6 つの要素を挿入したあとのハッシュ表の状態が 3 行目〜 5 行目に表示されています。簡略化のため None のインデックスは表示していません。ハッシュ値の衝突が発生したエントリーでは、挿入した順番に要素が連結リストで接続されていることが確認できます。

7 行目では、整数値 233 をキーとしてもつ要素の探索結果が表示されています。その後、main 関数で当該要素を delete メソッドで削除しています。削除後のハッシュ表の状態は 9 行目〜 11 行目に表示されています。要素（233, Chris）は tbl[3] が参照する連結リストの先頭から 2 番目に格納されていましたが、10 行目に示すとおり正しく削除されていることが確認できます。

ログ 5.6　my_hash.py プログラムの実行

```
01  $ python3 my_hash.py
02  ハッシュ表の状態:
03  tbl[2] -> (12, Bob)
04  tbl[3] -> (3, Alice) -> (233, Chris) -> (183, Eav)
05  tbl[5] -> (95, David) -> (25, George)
06
07  取得した要素 (233, Chris)
08  削除後のハッシュ表の状態:
09  tbl[2] -> (12, Bob)
10  tbl[3] -> (3, Alice) -> (183, Eav)
11  tbl[5] -> (95, David) -> (25, George)
```

第6章

木構造

木構造 (tree structure) は階層構造をもったデータ
構造です。ディレクトリの構造やドメイン名、ソース
コードの構文解析や機械学習の一種である決定木など、
コンピュータシステムのあらゆる場面で木構造が用い
られていると言っても過言ではありません。

木構造は、ある要素から下の階層に位置する複数の要
素に枝分かれする構造をもち、要素の取得や挿入、削
除、探索などさまざまな動的な集合の操作を行えます。
簡略化のため本章では、各要素がもつ値は整数値で、
要素はそれぞれ異なる値をもつと仮定します。

6.1　木構造の用途

　木構造（tree structure）はコンピュータシステムのさまざまな場面で使用されています。たとえば、ディレクトリの構造は木構造（ディレクトリツリー）です。本書で解説するソースコードはオーム社のウェブページで配布しています。ファイルを展開すると ohm というディレクトリがあり、その下に ch1 や ch2 などのディレクトリが含まれています。さらにその下にはソースコードやテキスト（実行ログのファイル）などのファイルが含まれています。視覚化すると**図 6.1** のようになります。木構造の定義は次節で解説しますが、**階層構造**になっていることがわかります。

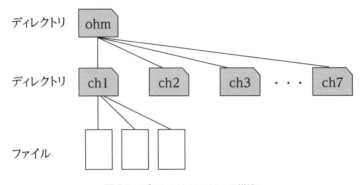

図 6.1　ディレクトリツリーの構造

　ドメイン名も木構造です。オーム社のウェブページのアドレスは www.ohmsha.co.jp です。ドメインは**図 6.2** に示すとおり、管理レベルによって階層化されています。jp は日本を表すドメインです。その下に営利組織の co やネットワークサービスの ne、学校の ac、政府機関の go などのドメインが定義されています。オーム社は企業なので co.jp のドメインの下に、会社名の ohmsha をドメイン名としてもちます。あるドメインの下に複数のドメイン名が存在し、階層構造になっています。

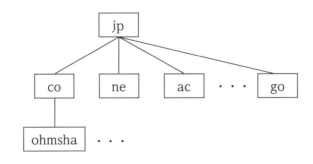

図 6.2　ドメイン名の構造

他にも例がたくさんあります。ソースコードからコンピュータが実行可能なファイルを生成するプログラムをコンパイラと呼びますが、コンパイラがソースコードの構文を解析するときには、構文木と呼ばれる木構造を用います。また、人工知能の分野では分類や回帰を行う**決定木**と呼ばれる手法があり、これも木構造を用いています。このように木構造は、コンピュータシステムの重要な場面で使用されています。

6.2 木構造の基本

木構造は**節点**（node）と**枝**（edge）から構成されます。**図 6.3** に示すとおり、一般的に節点を**円形**、枝を**線**で表します。各円形が木構造に含まれる要素になります。各要素はなんらかのデータをもちますが、本書では整数値をデータとします。**図 6.3** で示す各節点内に記述された整数値が要素の値です。

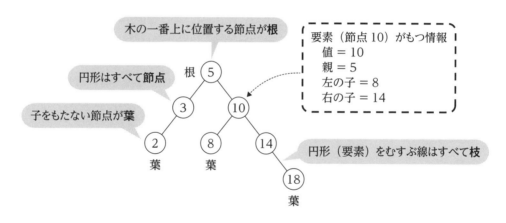

図 6.3　木構造の概念

木構造の一番上の階層にある節点を**根**（root）と呼びます。カタカナで**ルート**と呼ぶこともあります。1 つの木構造で根は 1 つだけです。また、木構造の一番下の階層にある節点を**葉**（leaf）と呼びます。**図 6.3** の木構造を上下にひっくり返して見ると、根から生えた幹が枝分かれしているように見えます。そのため、**木**と呼びます。**節**はデータ構造内の各データを表し、**枝**はデータ間の関係を表します。

木構造では節点同士が枝で接続されています。ある節点に接続されている下の階層の要素を**子**（child）と呼びます。たとえば、**図 6.3** の整数値 10 を値としてもつ節点の場合、左の子が 8 で右の子が 14 です。一方、葉となる節点は一番下の階層に位置するので、子をもちません。また、**図 6.3** では、子の数がたかだか 2 つですが、複数の子をもつことも可能です。本書での例では、**二分**

木（binary tree）と呼ばれる各節点がたかだか 2 つの子をもつ木構造を扱います。各接点の子の数が最大 k 個であれば、**k 平衡木**（k-balanced tree）と呼びます。

一方、ある節点に接続されている上の階層の要素を**親**（parent）と呼びます。たとえば、**図 6.3** の整数値 10 を値としてもつ節点の場合は整数値 5 をもつ節点が親となります。親はどのような木構造においても 1 つだけです。親が 1 つ以上であれば、それは木とは言えません。また、根となる節点は親をもちません。

さまざまな木構造が提案されています。たとえば、文字列の格納に適した**トライ木**や**プレフィックス木**、区間情報を保持するための**区分木**、データベース管理の索引で用いる **B 木**などがあります。本書では、探索やソートに適した木構造である**二分探索木**と**ヒープ**について解説します。

6.3　二分探索木

二分探索木（binary tree）は、各接点が 2 つの子をもち、平均 $O(\log n)$ の時間計算量で指定したキーを値としてもつ要素の探索ができる木構造です。なお、n は木に含まれる要素数です。実は、**図 6.3** はすでに二分探索木になっています。二分探索木では、各節点には 2 つの子があり、図に表した場合には、左側の子の値は接点より小さく、右側の子の値は接点より大きいものを置きます。

このような、木構造となるように与えられたデータを配置してから、探索を行います。

上記の性質によって二分探索が可能となります。**図 6.4** に示す木構造内から整数値 8 をもつ要素を探したいとします。探索は木の根から開始します。まず、整数値 8 と根の節点がもつ整数値 5 を比較します。8 > 5 なので、右の子である節点 10 に移動します。再度、値を比較します。8 < 10 なので、今度は左の子へ移動します。節点 8 の要素と整数値 8 を比較すると、同じ値であることがわかります。探索したい要素が見つかったので、これで探索が終了です。

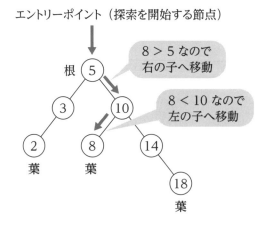

図 6.4　二分探索木における探索（整数値 8 をもつ要素を探索）

　探索にかかる計算量は階層の数に依存します。**木構造の階層の数**を**木の高さ**（**height**）、または**木の深さ**（**depth**）と呼びます。木の高さは平均で$\log n$なので、計算量は平均で$O(\log n)$です。ただし、最悪のケースでは木の高さがnとなります。たとえば、**図6.5**に示すように連結リストのようになった場合です。$[5, 6, 7, \cdots, 10]$という順番で要素を木に挿入するとこのようなケースが発生します。

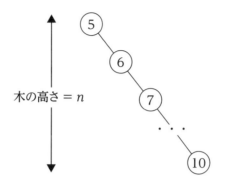

図6.5　木構造の階層の数（木の高さ）

　このように二分探索が行える木構造を二分探索木と呼びます。

6.3.1　二分探索木を実現するプログラムの概要

　前述のとおり、**要素を表す節点**は、値と3つのポインタをもちます。そのため、節点を表すクラスとしてMyNodeを以下のように定義します。値を変数val、親へのポインタを文字どおり変数parent、左の子へのポインタを木の見た目のように変数left、右の子へのポインタをこれも見た目のように変数rightとして定義します。3つのポインタ（parent、left、right）の初期化には、何にも入っていない状態であるNoneを入れます。

```python
class MyNode:
    def __init__(self, val):
        self.val = val
        self.parent = None
        self.left = None
        self.right = None
```

　二分探索木を表すMyBSTreeクラスを以下のように定義します。木構造のエントリーポイントとして変数rootをクラスメンバとして定義します（連結リストと同様）。このMyBSTree内に、さまざまなメソッドを定義します。

```
class MyBSTree:
    def __init__(self):
        self.root = None
```

　二分探索木は、MyNode オブジェクト同士をポインタで連結してデータの集合を構成し、根の節点へのポインタについては MyBSTree がエントリーポイントとして保持します。このあたりも連結リストと似ています。

■ 木構造の要素に対する操作（挿入や削除）をするには

　木構造はデータ構造の一種なので、これまでと同様に要素の挿入（insert）や削除（delete）を定義する必要があります。ただし挿入や削除操作を行う場合、二分探索木の性質を維持しながら、処理をする必要があります。

　一方、配列や連結リストのようにインデックスを指定して実行する要素の取得は、木構造では定義しません。そもそも、木構造にはインデックスというものが存在しません。その代わり木構造では、データ構造内の要素を 1 つひとつ取得する操作を定義します。これを一般的に**走査**（traverse）と呼びます。もしくは英語で**ツリーウォーキング**（tree-walking）と呼びます。

■ 要素を挿入するには

　MyBSTree オブジェクトを生成した時点では、木には何も入っていない状態です。そこに新しい要素を**挿入**すると、その節点が根となります。その直後に他の要素を挿入するときには、根にあたる節点がもつ値と新しい要素がもつ値の大小を比較します。もし、新しい要素がもつ値のほうが大きければ、根の節点の**右の子に新たな節点**が挿入されます。逆に小さければ、根の節点の**左の子に新たな節点**が追加されます。新たに挿入する要素はすべて木の葉になります。

　何もない状態から整数値 5 をもつ要素を木に挿入したとします。**図 6.6** のようになります。

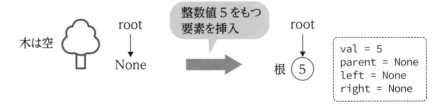

図 6.6　空の木に整数値 5 をもつ要素を挿入

　次に整数値 10 をもつ要素と整数値 3 をもつ要素を順番に挿入すると**図 6.7** のようになります。

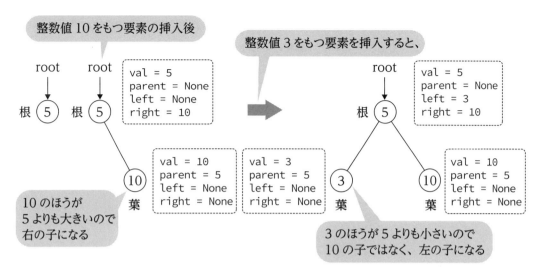

図 6.7 整数値 10 と 3 をもつ要素を挿入

　同じ整数値の集合でも挿入する順番によって木の構造が変わる場合があります。前項で用いた図になりますが、5、10、3、8、14、2、18 という順番で要素を挿入すると、**図 6.3** で示した二分探索木が生成されます。

　多少挿入する順番を変更しても木の状態は変化しませんが、大きく異なる順番で要素を挿入すると異なる二分探索木が生成されます。たとえば、整数値を 10、5、14、2、8、3、18 という順番で要素を挿入すると、**図 6.8** に示すに二分探索木が生成されます。

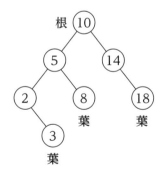

図 6.8 整数値 10、5、14、2、8、3、18 を順に挿入した場合の二分探索木

　実は、要素の挿入は挿入箇所を探索するために $O(\log n)$ の時間がかかるため、木の高さに依存します。そのため、計算量は $O(\log n)$ となります。

■ 要素を削除するには

要素の削除操作は少し複雑になります。整数値 x をもつ要素を表す節点 x を削除する場合、次の3つのケースに分類されます。

ケース1) 節点 x は子をもたない（節点は葉）

ケース2) 節点 x は1つだけ子をもつ

ケース3) 節点 x は左と右の子をもつ

ケース1は簡単です。節点 x は子をもたないので、節点 x の親から節点 x への**ポインタ**を削除するだけです。たとえば、**図6.9** に節点 x を含む木構造の抜粋を示します。節点 x の親を節点 p とします。節点 x が子をもたない場合は、節点 p の右の子へのポインタである rigth を **None** に変更するだけです。

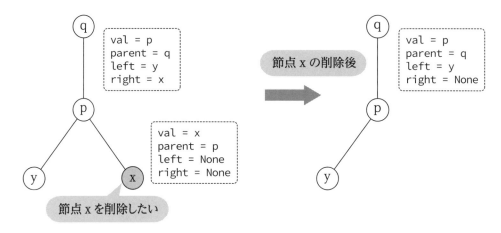

図6.9　削除操作のケース（1/3）

　ケース2も簡単です。節点 x は1つしか子をもたないので、節点 x の親から節点 x へのポインタを節点 x の子に変更するだけです。たとえば、**図6.10** に示すように、節点 x の親を節点 p、節点 x の左の子を節点 u とします。節点 p の right は x、節点 u の parent は x となっています。図に示すとおり節点 x を削除する場合は、節点 p の right を u に変更し、節点 u の parent を p に変更します。節点 x が右の子をもつ場合も同じような処理になります。

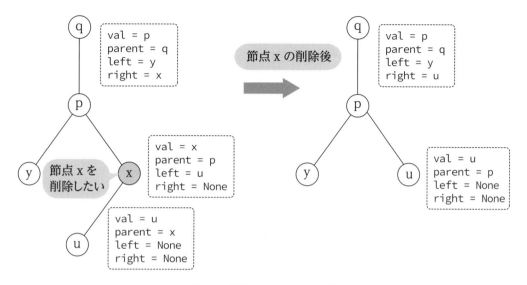

図 6.10 削除操作のケース（2/3）

　ケース 3 が複雑な処理になります。節点 x の左の子と右の子をそれぞれ節点 u と v とします。子は 2 つしかもてないため、二分探索木の性質を維持しながら、節点 u か v より下の階層にある節点を節点 x の場所に移動させる必要があります。

　本書では、節点 x の右の子より下の階層から節点を移動させる方法を解説します。**図 6.11** に示す木構造の根である節点 5 を削除したいとします。節点 5 の右の子に注目してください。点線で囲んだ箇所を見ると、節点 10 を頂点とした木として見なせます。この木の一部を**部分木**（sub-tree）と呼びます。ここでは右の部分木から一番小さな値をもつ節点を根（節点 5 の場所）に移動させます。一番小さな値の探索は簡単です。右の部分木の一番左側の節点が一番小さな値をもちます。節点 8 が右の部分木で一番小さな値をもつため、これを根に移動させます。節点 x の削除後の木の状態は、図内の左側のとおりです。二分探索木の性質が保たれていることが確認できます。

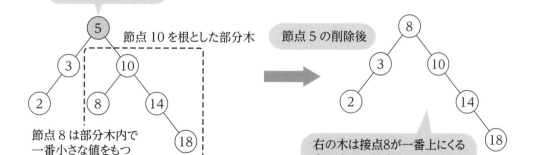

図 6.11 削除操作のケース（3/3）

複雑な処理になるので、変数の変更箇所については後ほどソースコードを見ながら解説します。

また、もし節点 x の左から節点を移動させたい場合は、左の部分木から一番大きな値をもつ節点を移動させます。処理内容は似たようなものになります。

要素の削除にかかる時間は $O(\log n)$ です。まず、削除する要素を探索する時間が木の高さに依存します。また、削除した後の節点の移動も木の高さに依存します。そのため、計算量は $O(\log n)$ となります。

■ 要素のを走査するには

全要素を列挙することを**木構造の走査**（traverse）といい、木構造内の節点を枝をたどりながら1つずつ訪れて、各要素がもつ値を得ます。二分探索木では要素の値の大小によって木が構成されているので、走査することによって、昇順または降順に要素を列挙することが可能です。本書では昇順に要素を走査する方法を解説します。

図 6.12 に例を示します。丸で囲んだ数字は節点を訪れる順番を表し、各要素がもつ値の表示は四角で囲んだ数字です。根である節点 5 から開始し、ポインタを小さい値をもつ節点へ移動させて値を表示させます。節点を訪れる順番は、節点 5、3、2、3、5、10、8、10、14、18、14、10、5 となります。要素がもつ値を表示させる順番は、2、3、5、8、10、14、18 となり、ソートされた状態になります。表示の数字は、**ソースコード 6.1**（my_tree.py）での表示順です。

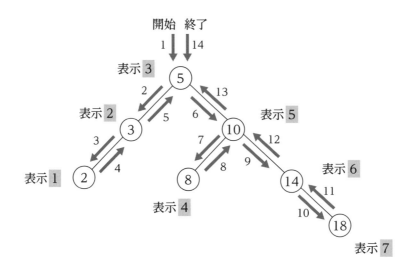

図 6.12　木構造内の要素の走査

節点を訪れて値を表示するルールは次のとおりです。根から開始して、左の子が None でない限りポインタを移動させます。そして左の子と右の子がともに None であれば、今いる節点に格納されている要素がもつ値を表示し、親へポインタを移動します。左の子はすでに訪れた状態なので、

今いる節点に格納されている要素がもつ値を表示し、次は右の子へポインタを移動させます。左の子と右の子を訪れた状態であれば、親に移動します。この動作を繰り返します。

　走査は、木構造内のすべての要素を 1 つずつ**探索**（**search**）するようなものです。

6.3.2　二分探索木の実装例

　ソースコード 6.1（my_tree.py）に二分探索木の実装例を示します。

ソースコード 6.1　二分探索木の実装　　　　　　　　　　　　`~/ohm/ch6/my_tree.py`

ソースコードの概要

1 行目〜 19 行目	木の節点を表す MyNode クラスの定義
21 行目〜 97 行目	二分探索木を表す MyBSTree クラスの定義
26 行目〜 44 行目	木に要素を追加する insert メソッドの定義
47 行目〜 60 行目	木から要素を削除する delete メソッドの定義
63 行目〜 71 行目	delete メソッド内で使用する transplant メソッドの定義
74 行目〜 79 行目	木に含まれる各要素を列挙する traverse メソッドの定義
82 行目〜 90 行目	指定したキーをもつ要素を探索する search メソッドの定義
93 行目〜 97 行目	木または部分木から一番小さな値をもつ要素を探索する search_min メソッドの定義
99 行目〜 132 行目	main 関数の定義

```python
01  class MyNode:
02      def __init__(self, val):
03          self.val = val
04          self.parent = None # 親
05          self.left = None    # 左の子
06          self.right = None   # 右の子
07
08      # 節点の情報を文字列に変換
09      def to_string(self):
10          str_parent = "None"
11          str_left = "None"
12          str_right = "None"
13          if self.parent != None:
14              str_parent = str(self.parent.val)
15          if self.left != None:
16              str_left = str(self.left.val)
17          if self.right != None:
18              str_right = str(self.right.val)
```

```
19            return "(" + str(self.val) + ", " + str_parent + ", " + str_left + "," + str_right + ")"
20
21   class MyBSTree:
22       def __init__(self):
23           self.root = None
24
25       # 要素の挿入
26       def insert(self, node):
27           # 挿入する節点を探索
28           parent = None
29           ptr = self.root
30           while ptr != None:
31               parent = ptr
32               if node.val < ptr.val:
33                   ptr = ptr.left
34               else:
35                   ptr = ptr.right
36
37           # 要素を挿入
38           node.parent = parent
39           if parent == None:
40               self.root = node
41           elif node.val < parent.val:
42               parent.left = node
43           else:
44               parent.right = node
45
46       # 要素の削除
47       def delete(self, node):
48           if node.left == None:
49               self.transplant(node, node.right)
50           elif node.right == None:
51               self.transplant(node, node.left)
52           else:
53               y = self.search_min(node.right)
54               if y.parent != node:
55                   self.transplant(y, y.right)
56                   y.right = node.right
57                   y.right.parent = y
58               self.transplant(node, y)
59               y.left = node.left
60               y.left.parent = y
```

```
61
62        # 節点の移動（delete関数内で使用）
63        def transplant(self, u, v):
64            if u.parent == None:
65                self.root = v
66            elif u.parent.left == u:
67                u.parent.left = v
68            else:
69                u.parent.right = v
70            if v != None:
71                v.parent = u.parent
72
73        # 木の走査
74        def traverse(self, node):
75            if node != None:
76                self.traverse(node.left)
77                print(node.val, end=" ")
78                #print(node.to_string())
79                self.traverse(node.right)
80
81        # 探索
82        def search(self, node, key):
83            if node == None or node.val == key:
84                return node
85            elif key < node.val:
86                return self.search(node.left, key)
87            else:
88                return self.search(node.right, key)
89
90            return node
91
92        # 最小値の探索
93        def search_min(self, node):
94            while node.left != None:
95                node = node.left
96
97            return node
98
99  if __name__ == "__main__":
100     # 二分探索木の生成と要素の挿入
101     my_tree = MyBSTree()
102     my_tree.insert(MyNode(13))
```

```
103      my_tree.insert(MyNode(7))
104      my_tree.insert(MyNode(10))
105      my_tree.insert(MyNode(22))
106      my_tree.insert(MyNode(16))
107      my_tree.insert(MyNode(3))
108      my_tree.insert(MyNode(15))
109      my_tree.insert(MyNode(19))
110      my_tree.insert(MyNode(23))
111
112      # 木の走査して値を列挙
113      print("初期状態:")
114      my_tree.traverse(my_tree.root)
115      print("")
116
117      # 整数値22をもつ要素の取得
118      x = my_tree.search(my_tree.root, 22)
119      if x != None:
120          print("要素が見つかりました: x = ", x.val)
121      else:
122          print("要素が見つかりませんでした。")
123
124      # 整数値22をもつ要素を削除
125      if x != None:
126          my_tree.delete(x)
127          # 要素削除後の木の状態を表示
128          print("要素の削除後:")
129          my_tree.traverse(my_tree.root)
130          print("")
131      else:
132          print("要素はNoneです。")
```

　9 行目〜19 行目で MyNode オブジェクトのクラスメンバの情報を文字列に変換するメソッドを定義していますが、アルゴリズムには直接関係ないので説明は省きます。また、93 行目〜97 行目で定義している search_min メソッドは簡単なので、特に説明は必要ないと思います。

■ main 関数の説明

　99 行目〜132 行目で main 関数を定義しています。101 行目で MyBSTree のインスタンスを作成し、変数 my_tree に代入します。102 行目〜110 行目で 9 つの要素を my_tree に挿入します。挿入する要素がもつ整数値は 13、7、10、22、16、3、15、19、23 です。113 行目〜115 行目の命令で現時点での木の中身を traverse メソッドで表示します。my_tree 内の各 MyNode がもつク

ラスメンバ val の値が昇順で表示されます。

　118 行目で、整数値 22 をもつ要素を探索します。my_tree.search(my_tree.root, 22) と記述してメソッドを実行します。引数は木の根である my_root と探索したい整数値 22 を指定します。探索結果として、整数値 22 をもつ節点の MyNode オブジェクトが変数 x に格納されます。整数値 22 をもつ節点が木の中に存在しなければ、変数 x には None が格納されます。119 行目～ 122 行目の処理で、変数 x の値である x.val を表示します。ここでは整数値 22 を指定しているので、120 行目の命令が実行され、要素が見つかったとの旨が表示されます。

　125 行目からは要素の削除処理をしています。削除したい要素は変数 x に格納されている MyNode オブジェクトです。125 行目の if 文で変数 x が None かどうかを判定します。None でなければ、if ブロックに入って 126 行目の命令で delete メソッドを実行します。delete メソッドでは引数が None の場合のエラー処理を行わないので、変数 x は MyNode オブジェクトが入っている必要があります。129 行目の命令で、traverse メソッドを用いて、木に含まれる各節点がもつ整数値を昇順に表示します。

　変数 x が None の場合は、125 行目の if 文の判定が False になります。この場合は 132 行目の命令で変数 x は None あることの旨を表示し、削除処理は行いません。

■ insert メソッド（木への新たな要素の挿入）の説明

　26 行目～ 44 行目で木に新たな要素を追加する insert メソッドを定義しています。引数として、新しい要素である MyNode オブジェクトを変数 node で受け取ります。28 行目～ 35 行目で新しい要素に対応する節点を挿入する場所を探し、38 行目～ 44 行目で節点の挿入を行います。

　新しい節点を木に挿入する場合、その節点は葉になります。木が空の場合は、新しい節点が根であり葉でもあります。そのため、挿入箇所を探索するときに、node の親となる節点を記録しておく必要があります。親となる節点を parent とします。まず、28 行目で変数 parent を宣言して、None で初期化します。29 行目で変数 ptr を宣言して、木の根である節点 self.root を格納します。ptr は現在参照中の節点を指します。

　30 行目～ 35 行目の while ループで挿入箇所を探索します。31 行目の parent = ptr という命令で、下の階層に進む前に、現在の ptr が参照している節点を記録します。32 行目の if 文で node.val < ptr.val を判定し、値の大小によって、左または右の部分木に進みます。True であれば、33 行目の命令で左の子に ptr を移動させ、False であれば、35 行目の命令で右の子に ptr を移動させます。

　while ループの終了後、変数 parent には node の親となる節点を参照している状態になります。また、parent が None であれば、木が空であることを意味します。また、while ループを抜けたあとは変数 ptr の値は必ず None です。以後は ptr は使用しません。

　節点の挿入は 38 行目～ 44 行目で行います。変数 parent は新しい節点を参照する node の親になる節点です。そのため、38 行目で node.parent に parent を代入します。39 行目～ 44 行目は if 文で 3 つのケースに分岐しています。39 行目の if 文の判定式である parent == None が True であれば、木が空であることを意味します。この場合は、40 行目の命令で my_tree.root が node を参照す

るようにします。木が空でなければ 41 行目に進み、node.val < parentl.val を判定します。True
であれば、parent の左の子として node を挿入するので、42 行目に示す命令で parent.left = node
を実行します。False であれば、44 行目の parent.right = node を実行し、node を parent の右の
子として挿入します。

　具体例を**図 6.13** に示します。まず、木が空の状態から整数値 13 をもつ要素を挿入します。木が
空なので self.root の値は None です。そのため、30 行目の wihile ループに入らず、parent の値も
None です。そのため、38 行目の命令で node.parent も None になり、40 行目の命令で self.root
が node を参照するようにします。

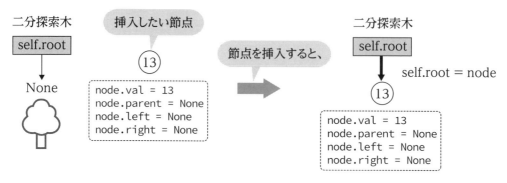

図 6.13　空の木に整数値 13 をもつ要素を挿入

　次に整数値 7 をもつ要素を木に挿入するときの状態を**図 6.14** に示します。挿入場所は節点 13 の
左の子です。30 行目〜 35 行目の while ループを抜けた時点で、parent が節点 13 を指している状
態になります。そして 38 行目の命令で node.parent の値が節点 13 を指す MyNode オブジェクト
になり、42 行目の命令で節点 13 の左の子である parent.left が node を参照するようにします。

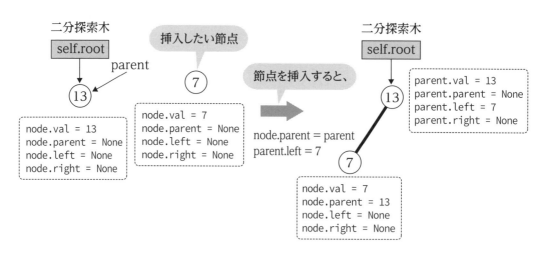

図 6.14　整数値 7 をもつ要素を挿入

また、二分探索木を解説するにあたって、各要素は異なる整数値をもつ、と仮定しましたが、ソースコード内では同じ値をもつ場合も対応できるようにしました。同じ値であれば、右の子に節点を追加するようにしています。

◼ transplant メソッド（要素の移動）の説明

47 行目〜 60 行目で木から要素を削除する delete メソッドを定義していますが、この中で使用する transplant メソッドについて先に解説します。

要素を移動させる transplant メソッドは 63 行目〜 71 行目で定義しています。引数は 2 つの節点の MyNode オブジェクトです。それぞれ、変数 u と v で受け取ります。変数 u は木から削除する節点、変数 v は節点 u の場所に移動させる節点を指します。なお、削除する要素である節点 u が木の葉であれば、節点 v は None の状態になります。

まず、64 行目〜 69 行目の命令で、節点 u の親の変数を変更します。

1）節点 u は親をもたない（節点 u は根）
2）節点 u は親の左の子
3）節点 u は親の右の子

といった 3 つのケースがあるので、if 文で制御します。64 行目の if 文で、u.parent が None かどうかを確認します。True であれば、節点 u は根です。この場合、**1** 65 行目で self.root = v という命令を実行して、節点 v を新しい根にします。視覚化すると**図 6.15** の状態になります。クラスメンバは変更する箇所だけ示しています。図では節点 v は節点 u の右の子になっていますが、左の子の場合でも同様の処理になります。なお、節点 v の親の情報の更新は、71 行目で行いますが、この箇所に関してはのちほど解説します。

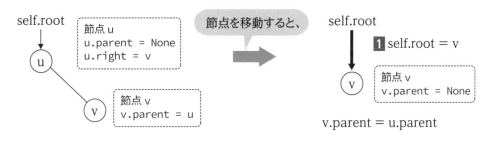

図 6.15　節点 u の場所に節点 v を移動させる例 1

66 行目の条件判定では、節点 u が親の左の子かどうかを判定しています。True であれば、**2** 67 行目の u.parent.left = v という命令で、節点 u の親の左の子を節点 v にします。その様子を**図 6.16** に示します。

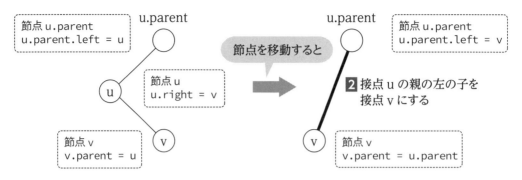

図 6.16　節点 u の場所に節点 v を移動させる例 2

66 行目の条件判定結果が False であれば、節点 u は親の右の子です。この場合、**3**69 行目の u.parent.right ＝ v という命令で、節点 u の親の右の子を節点 v にします。処理内容は**図** 6.17 に示すとおりです。

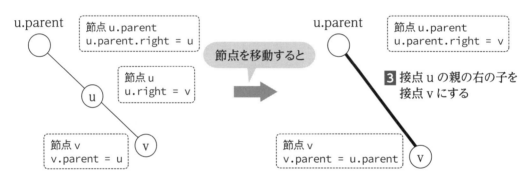

図 6.17　節点 u の場所に節点 v を移動させる例 3

70 行目と 71 行目で節点 v の親の情報を更新します。節点 u を削除するため、節点 v の親は節点 u の親になります。前述のとおり、節点 u が木の葉であれば、変数 v は None の状態なります。そのために 70 行目の if 文で v != None の判定結果を確認します。True であれば、71 行目の v.parent ＝ u.parent を実行して親の情報を更新します。すでに**図** 6.15 ～**図** 6.17 の中で示したとおりです。

■ delete メソッド（要素の削除）の説明

47 行目～ 60 行目で木から**要素を削除**する delete メソッドを定義しています。引数として削除する節点の MyNode オブジェクトを変数 node で受け取ります。

まず、48 行目の if 文で 3 つのケースに分岐していることがわかります。48 行目の判定式 node.left == None と 50 行目の判定式 node.right == Node では、それぞれ左の子、または右の子が None であるかどうかを判定しています。

48 行目の判定が True の場合は、節点 node がいる場所に節点 node の右の子である node.right

を移動させます。そのために 49 行目で、引数として削除する節点を node、削除する節点の場所に移動させる節点を node.right に指定して、transplant メソッドを実行します。両方の子が None の場合（節点 node は木の葉）も、48 行目の node.left == None で True になります。この場合、node.right は None ですが、transplant メソッド内で正しく処理できるようになっていますので、個別に処理をする必要はありません。

50 行目の判定式が True の場合は、節点 node がいる場所に節点 node の左の子である node.right を移動させます。具体的には引数として削除する節点を node、削除する節点の場所に移動させる節点を node.left に指定して、transplant メソッドを実行します。

48 行目と 50 行目の判定式がともに False だった場合は、52 行目から始まる else ブロックの処理をします。前項でも説明しましたが、節点 node は左と右の子の両方をもつので少し複雑な処理になります。まず、53 行目で search_min メソッドを呼び出し、節点 node の右側の部分木の中で一番小さな値をもつ節点を探索します。search_min メソッド内では、部分木内の一番左側の節点を取り出します。取り出した節点を表す MyNode オブジェクトを変数 y に格納します。

54 行目の if 文で、y.parent != node を判定します。ここでは節点 y の親が削除する要素の node であるかどうかを判定しています。False（親である）の場合は、節点 node の右の子が、右側の部分木で一番小さな値をもつことを意味します。言い換えると、節点 node の右の子は左の子をもたないことになります。この場合は処理が少し簡単になります。

たとえば、図 6.18 に示す状況が False となる例です。節点 13 が削除する要素である node です。親が節点 10、左の子が節点 7、右の子が節点 15 とします。節点 15 を根とした部分木から一番小さな値をもつ節点を節点 13 の場所に移動させます。部分木で一番小さな値をもつ要素は、節点 13 の右の子である節点 15 です。そのため、変数 y は節点 15 の MyNode オブジェクトを参照しています。そして y.parent は node です。言い換えると、節点 15 は左の子をもちませんので、節点 15 の親を節点 10 にして、左の子を節点 7 にすれば良いだけです（図 6.19 から図 6.20）。

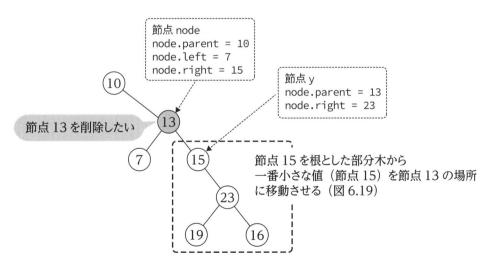

図 6.18　節点 node の右の子が左の子をもたない場合の例 1

　54 行目の if 文の判定が False の場合、58 行目へ進み、node と y を引数にして transplant メソッドを呼び出します。**1** 上記の図の例に transplant メソッドを適応させると**図6.19**の状態になります。

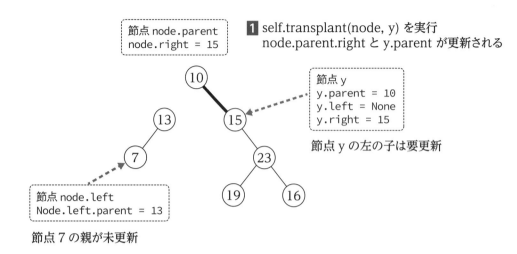

図 6.19　節点 node の右の子が左の子をもたない場合の例 2

　ただし、この時点では節点 15 の左の子が未更新です。変数で言うと y.left と node.left.parent を更新する必要があります。そのため、**1** 59 行目と 60 行目でそれぞれ y.left ＝ node.left と y.left.parent ＝ y を実行します。実行する命令の順番を間違えないように気をつけてください。命令実行後の状態は**図 6.20** に示すとおりです。

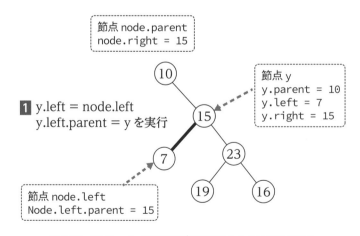

図 6.20　節点 node の右の子が左の子をもたない場合の例 3

　54 行目の if 文の判定式が True だった場合は、if ブロックの中に入り、55 行目〜 57 行目の命令を実行します。最終的に節点 y を節点 node の場所に移動するので、先に節点 y.right を節点 y の

場所に移動する必要があります。そのため、55 行目の transplant メソッドで節点 y の場所に節点 y.right を移動します。もし、節点 y が葉であれば、節点 y.right は None ですが、この場合も個別に分岐する必要はなく、transplant メソッド内で正しく処理できます。

たとえば、**図 6.21** に示す木から節点 13 を削除したいとします。変数 node は節点 13 を参照し、変数 y は節点 16 を参照することになります。まず、節点 16 の場所にその右の子である節点 19 を移動させます。節点 19 が存在しない場合でも、節点 16 の親である節点 22 の左の子の情報を更新しないと移動できないので、同様の処理を行います。

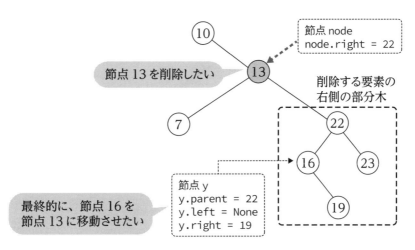

図 6.21　節点 node の場所に節点 y を移動する例 1

1 55 行目の transplant メソッド実行後の木の状態を**図 6.22** に示します。節点 y の場所に節点 y.right を移動させたので、節点 y（節点 16）が木から切り離された状態になっています。この時点では節点 y の変数は未更新です。

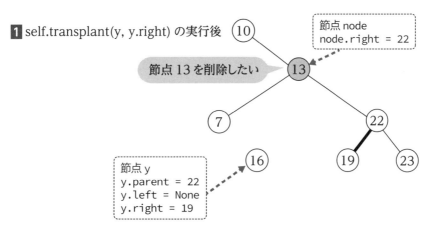

図 6.22　節点 node の場所に節点 y を移動する例 2

次に**1** 56 行目で、節点 16 の右の子（y.right）を node.right が指す節点 22 にし、**2** 57 行目で節点 22 の親（y.right.parent）を y が指す節点 16 にします。そのときの木の状態を**図 6.23**に示します。

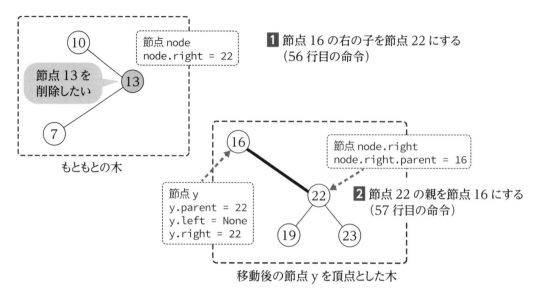

図6.23　節点 node の場所に節点 y を移動する例 3

この時点で、もともとの木と節点 y を根とした 2 つの木が存在する状態です。node.right と y.parent の情報が未更新なので、節点 y を節点 node の場所に transplant メソッドで移動します。また、節点 y の左の子の情報も更新します。そのために**1** 58 行目〜 60 行目の命令を実行します。処理内容はすでに説明したとおりです。最終的には木は**図 6.24**に示すように、節点 16 が節点 13 の場所に移動します。

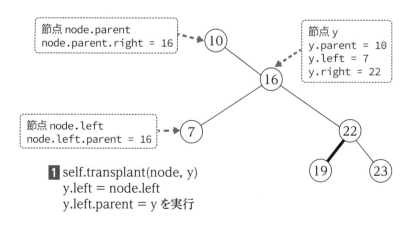

図6.24　節点 node の場所に節点 y を移動する例 4

◢ traverse メソッド（要素の走査）の説明

74 行目〜 79 行目で木に含まれる各要素の値を列挙する traverse メソッドを定義しています。再帰構造を用いてシンプルに記述されてます。引数として、現在参照している節点を表す変数 node を受け取ります。木構造に含まれるすべての節点を順番に訪れることは簡単です。左の子から枝をたどり、その次に右の子の枝をたどっていけばよいだけです。問題は、どのタイミングで現在参照中の節点である node の値を表示するかです。

前項の概要で木構造の**走査**は、小さな値をもつ要素から列挙する、と説明しました。現在参照している節点を node とすると、node.left を根とした部分木内の節点がもつ値は node.val より小さく、node.right を根とした部分木内の節点がもつ値は node.val より大きくなります。すなわち、node.left 内の節点の値をすべて列挙して、node.val を表示し、そのあとに node.right 内の節点の値をすべて列挙すれば、木構造内のすべての節点の値が昇順に列挙されます。

75 行目の if 文で変数 node が None かどうかを確認します。False であれば、何もせずにメソッドの処理を終了します。True であれば、if ブロック内に入り、76 行目で node.left を根とした部分木に対して traverse メソッドを適応します。77 行目で node.val の値を表示します。78 行目の命令が実行される前に、76 行目で再帰的に呼び出したメソッドの処理が終了します。そのため、node.val の値が表示する前に、node.left を根とした部分木内のすべての節点の値が表示されます。そして、79 行目で、node.right を根とした部分木内の節点の値を表示するために、traverse メソッドを適応します。

具体例を**図 6.25** に示します。木構造 my_tree に対して traverse メソッドを適応する場合、根を引数として渡すので❶コードに my_tree.traverse(my_tree.root) と記述し、実行させます。メソッド内では、my_tree.root は変数 node です。

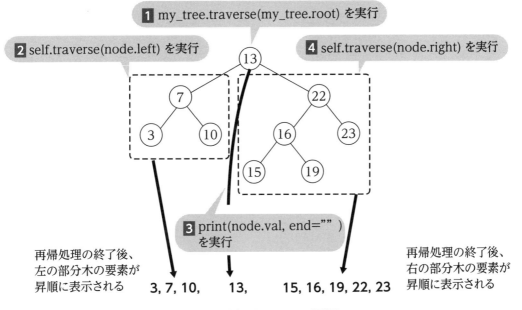

図 6.25 走査を行うときの再帰構造

まず、節点 7 を根とした左の部分木に対して**2**self.node.traverse(node.left) を実行します。再帰的に処理を繰り返していくと、3, 7, 10 と昇順に値が表示されます。そのあとに**3**print(node. val, end="") 命令で、変数 node の値を表示します。node は節点 13 のオブジェクトなので 13 という整数値が表示されます。

そのあとに**4**self.node.traverse(node.right) を実行して、節点 22 を根とした右の部分木内の節点の値を表示させます。再帰処理が終了すると、15, 16, 19, 22, 23 という整数値が昇順に表示されます。

81 行目はコメントアウトしています。各接点の MyNode オブジェクトの詳細情報を表示させたい場合は、この箇所をコメントインしてください。ターミナル (macOS) やコマンドライン (Windows) で木構造を視覚化することが難しいので、このように MyNode オブジェクトの val と parent、left、right の値を表示する命令を記述しています。

■ search メソッド（要素の探索）の説明

82 行目〜 90 行目で指定したキーをもつ要素を**探索**する search メソッドを定義しています。探索処理自体は簡単です。大小を比べて、左または右の子へ枝をたどっていけば良いだけです。これをプログラミング上で実装するときに少し工夫が必要です。ループ構造を使って実装する方法もありますが、再帰構造を用いたほうが圧倒的にスッキリします。

引数は根となる節点の MyNode オブジェクトとキーです。それぞれ変数 node と key で受け取ります。node は self.root が参照する二分探索木の根ではなくて、部分木の根です。これは search メソッドは再帰構造を用いて実装されているからです。

たとえば、**図 6.26** に示す木から整数値 19 をキーとして、要素を探索したいとします。main 関数内に**1**my_tree.search(my_tree.root, 19) と記述すると、木全体から節点 19 を探索することとなります。根の節点の値が 13 なので、もし整数値 19 が木の中に存在するならば、節点 22 を根とした右の部分木の中です。search メソッドは my_tree.root を変数 node で受け取るため、根の右の子へのポインタは node.right に格納されています。そのため、**2**self.search(node.right, 19) と記述して、右の部分木に対して探索をすれば良いのです。

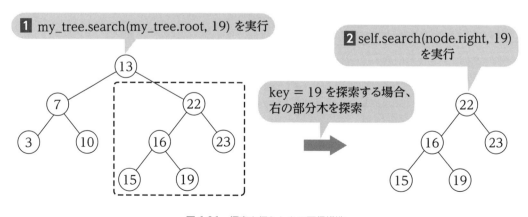

図 6.26　探索を行うときの再帰構造

　search メソッド内では、まず 83 行目の if 文で node == None または node.val== key かどう
かを確認します。node == None が True であれば、node を根とした部分木には key と同じ値を
もつ要素が存在しません。また、node.val== key が True であれば、node が参照する節点が探索
している要素になります。いずれかの場合、87 行目で None、または探索したオブジェクトを返し
ます。

　83 行目の if 文が False であれば、85 行目の elif 文に進みます。node が参照する節点がもつ値よ
り key のほうが小さければ、86 行目の命令を実行し、左側の部分木を探索します。そうでなければ、
88 行目の命令を実行し、右側の部分木を探索します。それぞれ、部分木の根を node.left か node.
right にして、search メソッドを再帰的に呼び出します。

　最終的に、木の中にキーと同じ値をもつ要素が見つかると、当該 MyNode オブジェクトが返され
ます。要素が存在しない場合は、None が返されます。

■ 二分探索木プログラムの実行

　ソースコード 6.1（my_tree.py）を実行した結果を**ログ 6.2** に示します。3 行目に 9 つの要素を挿
入したあとの木を走査した結果が表示されています。4 行目は整数値 22 をもつ要素を探索した結果
を表示し、6 行目はその要素を削除したあとの木を走査した結果を表示しています。

ログ 6.2　my_tree.py プログラムの実行

```
01  $ python3 my_tree.py
02  初期状態:
03  3 7 10 13 15 16 19 22 23
04  要素が見つかりました: x =   22
05  要素の削除後:
06  3 7 10 13 15 16 19 23
```

　9 つの要素を挿入した直後の二分探索木の状態を**図 6.27** に示します。図の左側の木が要素挿入後
の木の状態で、右側が整数値 22 をもつ要素を削除したあとの木の状態です。

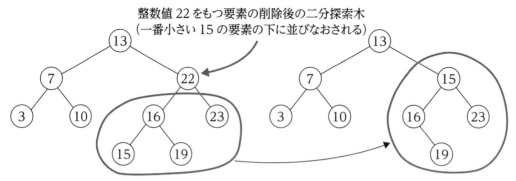

図 6.27　要素挿入後と削除後の二分探索木の状態

6.4　ヒープ (heap)

　ヒープ（heap）とは二分木を用いたデータ構造で、**最大ヒープ**（max heap）と**最小ヒープ**（min heap）の 2 つに分類されます。最大ヒープは、二分木において、子がもつ値よりも親がもつ値のほうが大きいか等しい、という性質をもつデータ構造です。言い換えると、木の根となる要素がデータ構造内で一番大きな値をもちます。最小ヒープはその反対です。本節では最大ヒープを用いてヒープの仕組みを解説します。

　ヒープは**優先度付きキュー**（priority queue）として使用できます。優先度付きキューの具体例は、次項で説明します。最大ヒープでは、一番大きな値をもつ要素の優先度が一番高くなります。一方、最小ヒープでは、一番小さな値をもつ要素の優先度が一番高くなります。本節では、整数値を要素としてヒープに格納し、値そのものを優先度とします。

　ヒープで用いる木構造は、**完全二分木**（complete binary tree）と呼ばれる二分木を用いるため、配列で表現することができます。さらに、二分木は構造化されているので、ヒープ内の要素を昇順にソートすることができます。ヒープを用いて要素をソートするアルゴリズムを**ヒープソート**（heap sort）と呼びます。

　また、他にも**フィボナッチヒープ**（Fibonacci heap）といったヒープ構造がありますが、一般的にヒープと言うと上記で説明した二分木を用いたヒープを指します。

　データ構造でいうヒープは、プログラムを実行するときにメモリ領域（静的領域やヒープ領域、スタック領域）などで出てくるヒープとは異なるので、注意してください。

　新しい専門用語がたくさん登場するので、1 つひとつ解説していきます。

6.4.1　ヒープが活躍する場面

　ヒープは、優先度付きキューとしてさまざまな用途に使用できます。**優先度付きキュー**とは、データの集合に含まれる各要素に優先度が付いているキューのことです。要素をデキューするときは、一番優先度が高い要素が取り出されます。思いつくだけでも、さまざまな用途が考えられます。

　たとえば、ラスベガスのホテルにチェックインするときに、長い列に並ばないといけません。先に列に並んだ人が先にチェックイン手続きができるのでキューのと同じです。ここに VIP が来たら、ホテルの支配人が列の先頭に割り込んで VIP が次にチェックインできるように案内します。VIP は一般の顧客よりも優先度が高いからです。

　また、ゲームなどのソフトウェアでも優先度付きキューは多用されます。たとえば、ドラゴンクエストなどのターン制の RPG ゲームでは、すばやさと呼ばれるスタータスをもとにバトルコマンドを実行できます。キャラと敵を優先度付きキューに入れ、すばやさの順番にキューからキャラ・敵をデキューしてバトルコマンドを実行する、といた処理になります。

　さらに、次章の第 7.7 節で解説する**ダイクストラ法**と呼ばれる最短経路を求めるアルゴリズム内でも優先度付きキューを用います。整数値の代わりに自分で定義した**クラス**（ユーザ定義クラスと呼ぶ）を要素としてヒープに格納し、優先度を定義します。次章でもヒープの仕組みを適応するので、本章でしっかりとポイントを抑えてください。

6.4.2　完全二分木を用いたヒープの概要

　ヒープは、完全二分木という類の木を用いるので、配列で表すことができます。そのため、以下のようにヒープを表す MyHeap クラスを定義します。クラスメンバとして変数 self.arr と self.size を定義します。引数として要素を含む配列を変数 arr で受け取り、self.arr を arr で初期化します。MyHeap 内でヒープの性質をもつように arr を変更するので、MyHeap のインスタンスを生成した時点で、引数 arr の要素の並びは気にしなくて構いません。また、self.size も 0 で初期化しておきます。

```
class MyHeap:
    def __init__(self, arr):
        self.arr = arr
        self.size = 0
```

　ヒープは抽象型のデータ構造です。これまでと同様にデータ構造に対する操作を MyHeap クラス内で定義する必要があります。第 3.3 節で解説した、一般的なキューは先入れ先出しの性質をもち、データ構造に対する操作としてエンキュー（挿入）とデキュー（取得と削除）を定義しました。**ヒープ、優先度付きキューは、挿入と取得・削除を含む 4 つの操作を定義します。**

1) **取得**（extract_max）：一番優先度が高い要素をヒープから取り出し、取り出した要素をヒープから削除する処理

157

2) **挿入**（**insert**）：優先度付きで、新しい要素をヒープに挿入する処理

3) **値の更新**（**increase_val**）：ヒープ内の要素の優先度を更新する処理

4) **ヒープ化**（**max_heapify**）：ヒープの性質を保つようする処理

　取得は優先度が一番高い要素を取得するので、extract_max という名称を付けます。なお、最小ヒープの場合は extract_min と呼びます。挿入処理は、新しい要素を優先度付きでヒープに insert します。値の更新は、すでにヒープ内にある要素の優先度を更新することです。一般的に increase_val という名称を付けます。一般的なキューとの違いは、これらの操作をしたあとにヒープの性質を維持しなければならないことです。ヒープの性質を維持させることをヒープ化（heapify）と呼びます。

　さらにヒープは、データ構造内の要素をソートすることができるので、本書では 5 つ目の操作として、ヒープソートを定義します。

5) **ヒープソート**（**heap sort**）：ヒープ内の要素を昇順にソートする

　また、ヒープ自体は二分木なので、各要素は親と左の子、右の子という関係があります。そのため、指定した要素の親と子のインデックスの取得（get_parent、get_left、get_right）を定義する必要があります。

🔲 配列を用いた完全二分木の表現

　完全二分木（**complete binary tree**）とは、木の高さを h とすると、木に含まれるすべての葉となる節点の高さが h または $h-1$、かつすべての葉を左寄せにした木のことです。ここで左寄せとは、一番下の階層にある葉の節点は左から順番に位置することを意味します。なお、木に含まれる要素数を n とすると、木の高さは $h = \lfloor \log_2 n \rfloor$ となります。たとえば、**図 6.28**(a) と (b) は完全二分木ですが、(c) は完全二分木ではありません。

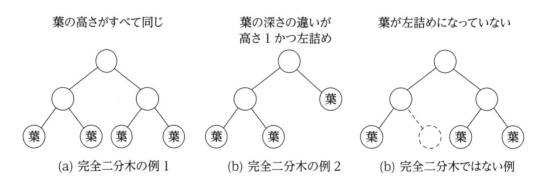

(a) 完全二分木の例 1　　　(b) 完全二分木の例 2　　　(b) 完全二分木ではない例

図 6.28　完全二分木とそうでない例

　前節で解説した二分探索木では、場合によってはそれぞれの葉の高さが大きく異なりますが、完全二分木ではその心配がありません。

　次に完全二分木と配列との関係を説明します。配列を変数 arr とし、木に含まれる要素数を変数 n とします。木に含まれる要素は、arr[0] から arr[n-1] に 1 つずつ格納されます。根となる要素が arr[0]、根の左の子が arr[1]、根の右の子が arr[2] に対応します。一般化すると、arr[index] に格納されている要素の左の子は arr[2 × (index+1)-1]、右の子は arr[2 × (index+1)] に格納されます。インデックスが n-1 を超える場合は、arr[index] の子はいません。また、arr[index] に格納されている要素の親は $\lfloor (index+1)/2 \rfloor$ -1 となります。当然、arr[0] は根なので、親はいません。

　図解すると一目瞭然なので、例を図 6.29 と図 6.30 に示します。図 6.29 に示す完全二分木を配列に変換すると図 6.30 のようになります。根から階層順に、かつ左から各節点を配列に対応させると、前述の要領で木の要素が配列に格納されていることがわかります。

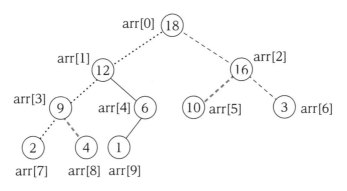

図 6.29　ヒープの例

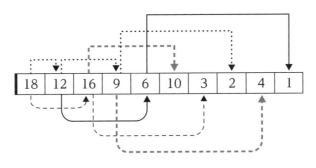

図 6.30　図 6.29 に示す二分木を配列で表した状態

　たとえば、arr[2] の節点の左の子は、2 × (2+1)-1=5 なので、arr[5] に格納されている節点 10 です。左の子は 2 × (2+1)=6 なので、arr[6] に格納されている節点 3 です。$\lfloor (2+1)/2 \rfloor$ -1=0 なので、親は arr[0] に格納されている節点 0 です。

　ヒープの実装は配列ですが、仕組みは完全二分木を見ながらのほうが理解しやすいです。

■ ヒープ化 (ヒープの性質の維持)

ヒープ化 (**heapify**) の処理はヒープ構造で最も実行頻度の高い処理です。なぜなら、要素の取得または挿入をするたびにヒープ化を実行して、ヒープの性質 (**最大ヒープ**の場合は親がもつ値は子がもつ値より大きいか等しい) を維持する必要があるからです。

最大ヒープにするメソッドを max_heapify と呼びます。ヒープ化を行う条件として、指定した節点の左の子を根とした部分木と右の子を根とした部分木がすでにヒープになっていることです。なお、中身がランダムな配列をヒープ化する場合は、ゼロからヒープを構成する処理 (create_max_heap と名付ける) となるため、別途解説します。

図 6.31 を見てください。節点 6 を根とした完全二分木があります。対応する配列 arr は [6, 18, 16, 9, 12] です。節点 6 の左と右の子がもつ値がそれぞれ 18 と 12 なので、ヒープの性質が満たされていません。ただし、節点 6 の左の子を根とした部分木と右の子を根とした部分木はすでにヒープになっています。ここで節点 6 を指定してヒープ化を実行します。

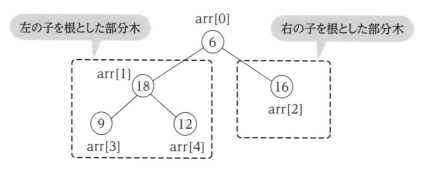

図 6.31　ヒープ化の例 1　この図はヒープの性質が満たされていない

ルールは単純です。当該節点と左の子と右の子の中で一番大きな値をもつ節点を親にするだけです。すでに当該節点が子よりも大きな値をもっていれば、入れ替えは行いません。上記の図の場合では、節点 6 と 18 と 12 の中で一番大きな値は 18 なので、節点 6 と 18 を受け入れます。そのあとの状態を**図 6.32** に示します。根となる節点 18 は左の子と右の子がもつ値より大きい状態です。

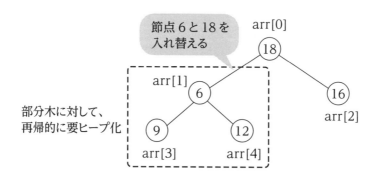

図 6.32　ヒープ化の例 2　左の部分木はヒープが満たされていない

　入れ替えを行っていない右の子を根とした部分木はこれ以上の処理は必要ありません。すでに節点 16 より下の階層はヒープになっているからです。入れ替えを行った左の子を根とした部分木は、節点を移動させたのでヒープの性質が満たされていません。そこで、**図 6.32** に示す節点 6 を根とした部分木に対して、ヒープ化を行います。同様の処理を木の高さ分だけ再帰的に繰り返します。

　再度ヒープ化を行った後の状態を**図 6.33** に示します。木全体がヒープの性質を満たしていることが確認できます。

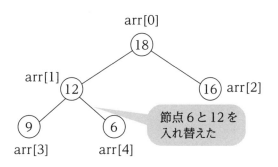

図 6.33　ヒープ化の例 3　ヒープが満たされた

　また、要素数を n としたときのヒープ化にかかる時間は木の高さに依存します。すなわち、対数時間でヒープ化が可能なので、計算量は、$O(\log n)$ です。

■ ランダムな配列からのヒープ構成

　中身がランダムな配列をゼロからヒープするメソッドを create_max_heap と名付けます。この場合は、木の下の階層から最大ヒープ化（max_heapify メソッド）を繰り返して適応します。

　図 6.34 に例を示します。配列で表すと [1, 3, 4, 6, 9, 10, 12, 16, 18] となり、ヒープの性質がまったく満たされていない状態です。葉となる節点は無視して、その 1 つ上の階層の節点に注目してください。節点 6 を根とした部分木と節点 4 を根とした部分木です。節点 6 の子は双方とも葉なので、左の子を根とした部分木と右の子を根とした部分木はすでにヒープ化さている、と見なせます。そこで節点 6 を根とした部分木に対してヒープ化を実行します。節点 4 を根とした部分木に対しても同様のことが言えるので、ヒープ化を行います。

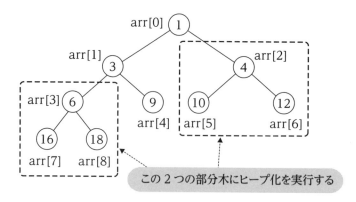

図 6.34　ランダムな配列をヒープ化する例 1

　節点 6 と節点 4 を根とした部分木に対してヒープ化を行ったときの状態を**図 6.35** に示します。節点 6 と 18 が入れ替わり、節点 4 と 12 が入れ替わっています。次は節点 3 を根とした部分木に注目してください。左の子である節点 18 を根とした部分木はすでにヒープになっています。右の子は葉なので、こちらもヒープになっています。そこで節点 3 を根とした部分木にヒープ化を実行します。

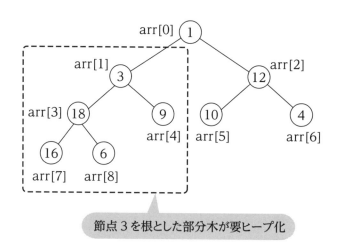

図 6.35　ランダムな配列をヒープ化する例 2

　ヒープ化後の状態を**図 6.36** に示します。節点 3 と 18 が入れ替わり、その処理の中で再帰的に呼び出されたヒープ化によって節点 3 と 16 が入れ替わります。見てのとおり、節点 18 を根とした部分木がヒープの性質を満たしている状態になります。

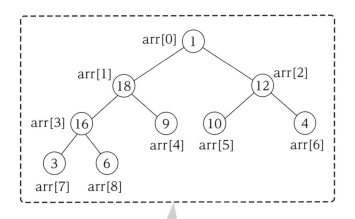

節点 1 を根とした木が要ヒープ化

図 6.36 ランダムな配列をヒープ化する例 3

最後に木の根である節点 1 に対してヒープ化を行います。図から確認できるように、左の子と右の子を根とした部分木はすでにヒープ化されています。これまでと同様にヒープ化を行うと**図 6.37** に示す状態になります。木全体がヒープの性質を満たしていることが確認できます。

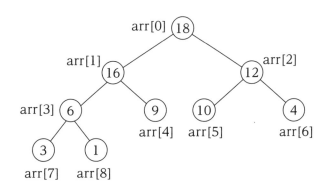

図 6.37 ランダムな配列をヒープ化する例 4 （木全体がヒープの性質を満たしている）

実際の処理は配列に対して行います。要素の約半分が葉となるので、配列 arr の前半分に対してヒープ化を繰り返すことによってランダムな配列をヒープ化できます。具体的な処理はソースコードを用いて解説します。

ランダムに並んだ配列のヒープ化の計算量は $O(n \log n)$ です。ヒープ内の約半分の要素（$\frac{n}{2}$）に対して、ヒープ化を実行します。ヒープ化の計算量が $O(\log n)$ なので、合計で $O(n \log n)$ となります。

■ 要素の取得と削除 (キューなので取得後に削除も実行する)

ヒープは優先度付きキューとして使用できます。再度、**図6.29**の木構造を見てください。この完全二分木では、各要素がもつ値はその子がもつ値よりも大きいので、ヒープの性質を満たしています。ここで優先度を各要素がもつ値と定義すると、一番大きな値をもつ要素が木の根に位置します。そして木の根は、完全二分木を配列で表したときに先頭要素であるarr[0]に位置します。

そのため、要素の取得 (extract_max) は、単純にarr[0]にある要素にアクセスすることです。ただし、**キューの一種なので、取り出した要素はデータ構造内から削除する必要があります**。そのために、arrの最後尾のインデックスにある要素をいったんarr[0]に移動させます。この時点でヒープの性質を失うため、ここで前述のヒープ化を行います。そうすると要素が1つ減った状態でヒープが再構成されます。

例を**図6.38**に示します。対応する配列arrは [18, 12, 16, 9, 6] となります。木の根 (arr[0]) に格納されている整数値18が一番優先度が高い要素なので、取り出します。最後尾の要素であるarr[4]の整数値6をarr[0]に移動させて、arr[4]は削除します。

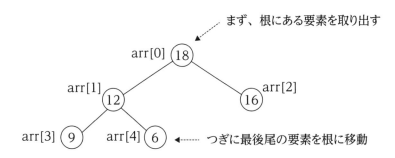

図6.38　ヒープから要素の取得をするときの処理

要素を取り出したあとのヒープは**図6.39**に示す状態になります。配列で表すと [6, 12, 16, 9] です。図に示す木のとおり、整数値の6が木の根に位置しており、ヒープの性質が保たれていません。ここで節点6を根とした木に対してヒープ化を実行します。

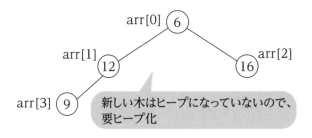

図6.39　ヒープから節点18を取り出し、最後尾の節点6を根に移動させたときの状態

ヒープ処理は前述のとおりです。配列で表現するとヒープは、[16, 12, 6, 9] となります。

要素の取得に必要な計算量は $O(\log n)$ です。要素の取得自体は $O(1)$ ですが、取り出した要素を削除したあとにヒープ化を行う必要があります。そのため、$O(\log n)$ の時間がかかります。

◾ 優先度の更新

優先度の更新処理では、各要素がもつ値（優先度）を増加させて、ヒープ化を行います。値を減少させるときも似たような処理になります。本書では優先度を増加させる処理のみを解説します。

値を増加させるとヒープの性質が満たされなくなる可能性があります。そのため、優先度を増加させた後に、ヒープの性質を維持する処理をしなければなりません。子より親のほうが大きな値をもつようにするだけなので、処理内容は非常に単純です。木構造内の値を更新した節点の親の値と比較し、更新した値が親の値よりも大きければ、上の階層に移動させるだけです。これを繰り返します。

例を**図 6.40** に示します。図に示す木はヒープの性質が満たされている状態です。ここで、葉である節点 1 の値を 17 に変更したいとします。値を変更するとヒープの性質が満たされなくなります。

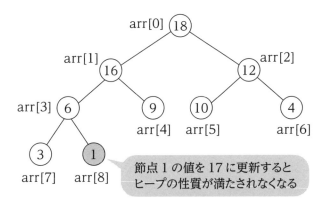

図 6.40　優先度を変更する例 1

節点 1 の値を 17 に変更するので、以降は節点 17 と呼びます。**図 6.41** に示すとおり、値を増加させた節点から開始して、各節点の親がもつ値と比較していきます。17 > 6 なので、節点 6 と 17 を入れ替えます。次に、その上の階層にある節点の値と比較すると、17 > 16 なので、節点 16 と 17 を入れ替えます。最後に木の根である節点 18 と比較しますが、17 < 18 なので入れ替えは行いません。

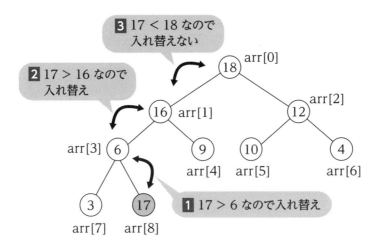

図 6.41　優先度を変更する例 2

ヒープ化したあとの木の状態を**図 6.42** に示します。優先度を更新した節点 17 は、木の根である節点 18 の左の子になります。ヒープの性質が満たされていることが確認できます。

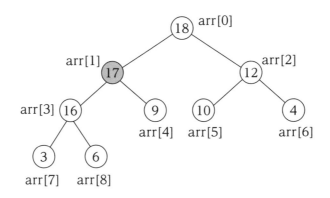

図 6.42　優先度の変更とヒープ化を行ったときの状態

優先度の更新にかかる計算量は $O(\log n)$ です。値を更新する要素に対応する節点が、どの階層に属するである節点かによって実際の計算量が異なります。最悪ケースでは、葉となる節点の値を更新することになります。この場合、計算量が木の高さに依存するため、対数時間となります。

◾ ヒープへの要素の挿入

ヒープへの新しい要素の挿入は優先度の更新に少し手を加えるだけです。新しい要素がもつ値を val とします。

最大ヒープでは、各節点は子より大きな値をもちます。なので、新しい要素の値を−∞（マイナス無限大）にして、配列 arr の最後尾に格納します。そして、新しく挿入した要素の値を本来の値である val に更新します。すなわち、arr 最後尾の要素の値を−∞から val に増加させた、という処理と同じです。

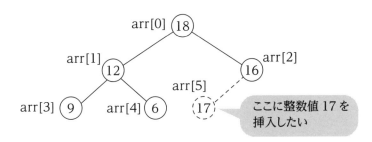

図 6.43　ヒープに新たな要素を挿入する例 1

たとえば、**図 6.43** に示すヒープに整数値の 17 を新しい要素として挿入したいとします。ヒープに対応する配列 arr の中身は [18, 12, 16, 9, 6] です。図内では点線で表している節点と枝を arr[5] の箇所に追加します。

新しい要素の値を−∞と設定して、arr[5] の箇所に新たな節点を加えた木を**図 6.44** に示します。新しく挿入した要素は葉となり、かつ優先度が−∞なので、どの節点よりも値が小さくなります。そのため、ヒープの性質が保たれています。

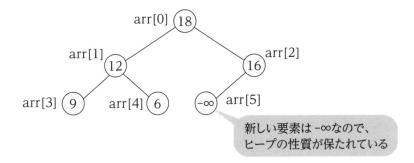

図 6.44　ヒープに新たな要素を挿入する例 2

ここで、arr[5] の値を 17 に変更する、といった処理を行います。処理内容の概要は優先度の更新で説明したとおりです。

なお、要素の挿入処理に必要な計算量は、木の高さに依存するため、$O(\log n)$ となります。

■ ヒープソート

ヒープソート（**heap sort**）はヒープに格納された要素を $O(n \log n)$ の計算量で昇順にソートする

アルゴリズムです。本書では最大ヒープの要素を昇順に並べ替える方法を説明します。

　図 6.45 にソート前のヒープの中身を示します。対応する配列 arr は [18, 12, 16, 9, 6] となり、ヒープの性質が満たされています。

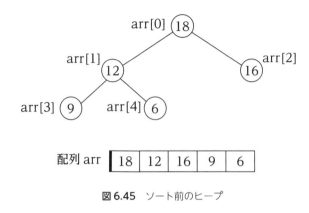

図 6.45　ソート前のヒープ

これをヒープソートで並び替えて、図 6.46 に示す状態にします。

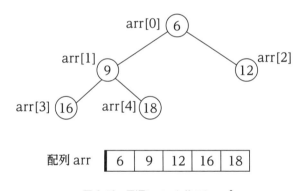

図 6.46　昇順にソート後のヒープ

　ヒープ構造では、木の根（配列の先頭要素）が一番大きな値（優先度）をもちます。そのため、配列の先頭要素 arr [0] と最後尾の要素 arr [n-1] を交換し、部分配列 arr [0:n-2] に対してヒープ化を行います。同様の処理を繰り返すと配列が昇順にソートされます。以下に骨格を示します。

```
for i in range(n - 1, 0, -1):
    arr[0] と arr[n - 1] の値を交換
    n = n - 1
    arrをヒープ化
```

　図 6.45 に示すように、木の根（arr[0]）に位置する節点 18 の値は一番大きな値です。そのため、

ソート後は、必ず最後尾の arr [4] の場所に移動します。移動後、部分配列 arr [4:4] はソート済み になります。節点 18（arr [0]）と節点 6（arr [4]）の要素を交換し、配列の大きさを 1 減らしたとき の状態を**図 6.47** に示します。

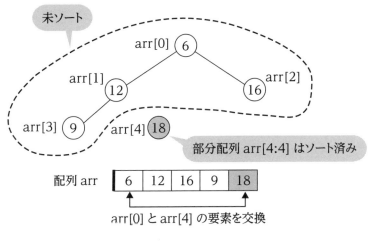

図 6.47 ヒープソートの概要 1

節点 18 はソート済みになり、その他の節点から構成される部分木は未ソートのままです。節点を 入れ替えたことで、**図 6.47** 内の点線で囲んだ部分木はヒープの性質を失っています。そのため、こ の部分木（arr [0:3]）に対してヒープ化を行います。上記の骨格となる擬似コードの 4 行目の命令に 相当します。

ヒープ化を行ったあとの木の状態を**図 6.48** に示します。節点 16 と節点 6 の場所が入れ替わってい ることが確認できます。また、木の根である節点 16 が一番大きな値をもっていることが確認できます。

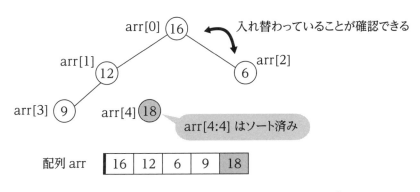

図 6.48 ヒープソートの概要 2 未ソートの部分木をヒープ化

骨格となる擬似コードの for ループの先頭に戻り、同様の処理を繰り返します。**1** 木の根 （arr [0]）と最後尾の葉（arr [3]）の要素を交換します。この時点で部分配列 arr [3:4] の中身が

[16, 18] となりソートされた状態になります。このときの状態を**図 6.49** に示します。

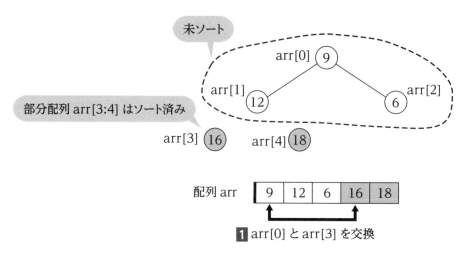

図 6.49　ヒープソートの概要 3

図 6.49 の点線で囲んだ部分配列 arr [0:2] に対応する部分木に関しては、また、ヒープの性質が失われたので、再度ヒープ化します。同様の処理を繰り返すと、最初の方で示した**図 6.46** のとおり、配列全体がソートされます。

　ヒープソートの計算量に関しては、骨格の擬似コードで示したとおり、for ループで $O(n)$ の時間がかかり、ループ内のヒープ化で $O(\log n)$ かかります。そのため、計算量が $O(n \log n)$ となります。

◼️ 6.4.3　ヒープの実装例

　ソースコード 6.3（my_heap.py）にヒープの実装例を示します。大きな値をもつ要素が木構造の上の階層に位置する最大ヒープを実装したプログラムです。

ソースコード 6.3　ヒープの実装　　　　　　　　　　　　　　`~/ohm/ch6/my_heap.py`

ソースコードの概要

7 行目〜 10 行目	配列内の 2 つの要素を交換する swap 関数の定義
12 行目〜 101 行目	MyHeap クラスの定義
19 行目〜 33 行目	最大ヒープ化を行う max_heapify メソッドの定義
36 行目〜 39 行目	最大ヒープを生成する create_max_heap メソッドの定義
42 行目と 43 行目	配列 arr について、arr [index] の親のインデックスを返す get_parent メソッドの定義
46 行目と 47 行目	配列 arr について、arr [index] の左の子のインデックスを返す get_left メソッドの定義
50 行目と 51 行目	配列 arr について arr [index] の右の子のインデックスを返す get_right メソッドの定義

54 行目～ 67 行目	ヒープ内で一番優先度が高い要素を取得し、取り出した要素を削除する extract_max メソッドの定義
70 行目～ 73 行目	新たな要素を挿入する insert メソッドの定義
76 行目～ 86 行目	要素がもつ値を更新する increase_val メソッドの定義
89 行目～ 97 行目	ヒープソートを実行する heap_sort メソッドの定義
103 行目～ 120 行目	main 関数の定義

```
01  import math
02
03  # 無限大の定義
04  INFTY = 2**31 - 1
05
06  # スワップ関数
07  def swap(arr, i, j):
08      tmp = arr[i]
09      arr[i] = arr[j]
10      arr[j] = tmp
11
12  class MyHeap:
13      def __init__(self, arr):
14          self.arr = arr
15          self.size = 0
16          self.create_max_heap()
17
18      # 最大ヒープ化
19      def max_heapify(self, index):
20          # arr[index]、arr[left]、arr[right]の中から一番大きな値をもつ節点を調べる
21          left = self.get_left(index)
22          right = self.get_right(index)
23          if left < self.size and self.arr[left] > self.arr[index]:
24              largest = left
25          else:
26              largest = index
27          if right < self.size and self.arr[right] > self.arr[largest]:
28              largest = right
29
30          # 節点の交換とヒープ化
31          if largest != index:
32              swap(self.arr, index, largest)
33              self.max_heapify(largest)
34
```

```
35        # 最大ヒープの生成
36        def create_max_heap(self):
37            self.size = len(self.arr)
38            for i in range(math.floor(self.size / 2) - 1, -1, -1):
39                self.max_heapify(i)
40
41        # 親のインデックスを取得
42        def get_parent(self, index):
43            return math.floor((index + 1) / 2) - 1
44
45        # 左の子のインデックスを取得
46        def get_left(self, index):
47            return 2 * (index + 1) - 1
48
49        # 右の子のインデックスを取得
50        def get_right(self, index):
51            return 2 * (index + 1)
52
53        # 取得
54        def extract_max(self):
55            # ヒープが空の場合
56            if self.size < 1:
57                print("ヒープは空です。")
58                return None
59
60            # 要素の取り出しと、最大ヒープ化
61            max = self.arr[0]
62            self.arr[0] = self.arr[self.size - 1]
63            self.arr.pop(self.size - 1) # 最後の要素を削除
64            self.size -= 1
65            self.max_heapify(0)
66
67            return max
68
69        # 挿入
70        def insert(self, val):
71            self.size += 1
72            self.arr.append(-INFTY)
73            self.increase_val(self.size - 1, val)
74
75        # 優先度の更新
76        def increase_val(self, index, val):
```

```
77              # 現在値より値が小さい場合
78              if self.arr[index] > val:
79                  print("値が増えていません。")
80                  return None
81
82              # 要素の値の更新
83              self.arr[index] = val
84              while index > 0 and self.arr[self.get_parent(index)] < self.arr[index]:
85                  swap(self.arr, index, self.get_parent(index))
86                  index = self.get_parent(index)
87
88      # ヒープソート
89      def heap_sort(self):
90          # ソート
91          for i in range(self.size - 1, 0, -1):
92              swap(self.arr, 0, i)
93              self.size -= 1
94              self.max_heapify(0)
95
96          # ヒープの大きさを配列の大きさに戻す
97          self.size = len(self.arr)
98
99      # 文字列に変換
100     def to_string(self):
101         return str(self.arr[:self.size])
102
103 if __name__ == "__main__":
104     # ランダムな配列を生成
105     arr = [6, 3, 18, 8, 1, 13]
106     my_heap = MyHeap(arr)
107     print("最大ヒープ化後のヒープ: ", my_heap.to_string())
108
109     # 先頭要素を取得
110     x = my_heap.extract_max()
111     print("取り出した要素: ", x)
112     print("要素の削除後のヒープ: ", my_heap.to_string())
113
114     # 新たな要素として整数値10を挿入
115     my_heap.insert(10)
116     print("要素の挿入後のヒープ: ", my_heap.to_string())
117
118     # ソート
```

```
119    my_heap.heap_sort()
120    print("ソート後のヒープ: ", my_heap.to_string())
```

　ソースコード内で floor 関数を使用するため、1 行目で **math モジュール**をインポートします。4 行目は無限大の定義です。また、7 行目〜 10 行目の swap 関数は、arr [i] と arr [j] の値を入れ替えます。42 行目〜 51 行目で定義した get_parent メソッドと get_left メソッド、get_right メソッドは、前節で解説したとおりの内容なので解説は省略します。

　MyHeap クラスのコンストラクタは 13 行目〜 16 行目で定義しています。ヒープを表す完全二分木に対応する配列は、クラスメンバ self.arr に格納されます。self.size はヒープ内の要素数を表します。多くの場合、配列の大きさである len(arr) で代用できますが、heap_sort メソッド内ではヒープ内の未ソートである部分木の大きさを参照するために必要なので、このように self.size を定義しました。また、16 行目の self.create_max_heap() という命令で、配列 arr をヒープ化します。

■ main 関数の説明

　103 行目〜 120 行目で main 関数を定義しています。105 行目で変数 arr を宣言して、[6, 3, 18, 8, 1, 13] で初期化します。ランダムな配列になっています。106 行目で変数 my_heap を宣言し、MyHeap クラスのインスタンスを生成します。変数として配列 arr を渡します。MyHeap クラスのコンストラクタ内の 16 行目で、create_max_heap メソッドが呼び出され、自動的にヒープ化されます。107 行目で、my_heap.to_string() が出力する文字列を print 関数で表示します。ここでは my_heap がもつ配列 arr の中身が表示されます。ヒープ化されているため、配列の並びが [18, 8, 13, 3, 1, 6] となります。具体的にどのような過程でそうなったのかについては、create_max_heap メソッドの説明の箇所で説明します。

　110 行目では extrace_max メソッドで優先度が一番高い要素を取り出し変数 x に格納します。同時に取り出した要素はヒープから削除されます。111 行目と 112 行目で、変数 x の値を表示するともに要素削除後のヒープの中身を表示します。整数値 18 が取り出され、ヒープの中身は [13, 8, 6, 3, 1] となります。

　115 行目は insert メソッドで、整数値 10 をもつ要素をヒープに追加します。116 行目で要素追加後のヒープの中身を表示します。整数値 10 をヒープへ挿入してヒープ化した場合、配列 arr は [13, 8, 10, 3, 1, 6] となります。

　119 行目で heap_sort メソッドを実行します。ヒープ内の配列 arr が昇順に並び替えられるので、120 行目の命令で [1, 3, 6, 8, 10, 13] と表示されるはずです。

■ max_heapify メソッド（最大ヒープ化）の説明

　19 行目〜 33 行目で最大ヒープ化を行う max_heapify メソッドを定義しています。引数として、ヒープ化を実行する部分木の根に対応する配列のインデックスを変数 index で受け取ります。21 行目〜 28 行目は節点 index と節点 left と節点 right の中で一番大きな値をもつ節点を調べています。

そして、31 行目～ 33 行目で一番大きな値をもつ節点と節点 index の値を交換します。

　まず、21 行目で変数 left に self.arr［index］の左の子のインデックスを get_left メソッドで調べます。同様に右の子のインデックスは 22 行目の変数 right に格納します。23 行目の if 文の条件判定式に left < self.size という式が含まれています。配列のインデックスの範囲は 0 ～ self.size-1 です。もし index が子をもたなければ、left の値が self.size 以上になります。左の子をもつかどうかを判定し、True であれば self.arr［left］> self.arr［index］を判定します。True であれば、24 行目で変数 largest に left を代入します。False であれば、else ブロック内の 26 行目で、largest に index の値を格納します。

　27 行目の if 文の条件判定式も同様です。self.arr［index］が右の子をもつかどうかを調べ、self.arr［index］と self.arr［left］の大きい方の値と self.arr［right］を比べます。True であれば、self.arr［right］が一番大きな値をもつので、28 行目で largest の値を right にします。

　31 行目の if 文では largest と index の値が異なるかどうかを確認します。False であれば、節点の移動（配列の要素の交換）が生じないので、これでヒープ化の処理は終了です。True であれば、節点 index と節点 largest（節点 left と right のうち値が大きい方）の交換を行います。実際には配列に対して操作を行うので、self.arr［index］と self.arr［largest］の値を交換します。このために 32 行目の命令で swap 関数を用います。

　max_heapify メソッドは、create_max_heap メソッドと extract_max メソッド内で使用されます。処理内容は前項のヒープの概要で解説したとおりなので、具体例は次の create_max_heap メソッドの具体例で解説します。

◾ create_max_heap メソッド（最大ヒープの生成）の説明

36 行目～ 39 行目で最大ヒープを生成する create_max_heap メソッドを定義しています。前項の説明では、二分木の葉の 1 つ上の階層の節点から順にヒープ化を行う、と説明しました。self.size の値を n とした場合、配列 arr のインデックスで表すと $\lfloor n/2 \rfloor$ -1 になります。すなわち、arr［0: $\lfloor n/2 \rfloor$ -1］に含まれるすべての要素の節点に対して下の階層から max_heapify メソッドを実行します。

　まず、37 行目の命令で、クラスメンバ self.size に配列の大きさである len(self.arr) の値を代入します。38 行目の for ループのループカウンタの範囲を range(math.floor(self.size/2) -1, -1, -1) としています。self.arr［math.floor(self.size/2) -1］から self.arr［0］までの配列のインデックスに対して、39 行目の max_heapify(i) を実行します。

　main 関数内の 105 行目で生成した配列 arr である [6, 3, 18, 8, 1, 13] からヒープを生成する具体例を示します。MyHeap クラスのコンストラクタ内で、create_max_heap を生成する前の配列 arr を二分木で表すと**図 6.50** のようになります。38 行目の for ループ開始前の状態です。

　create_max_heap メソッドを呼び出し、37 行目の命令で self.size の値を配列の大きさ（この例の場合は 6）に設定し、38 行目の for ループへ進みます。ループカウンタ i は 2 から 0 の整数値をとります。図のとおり、arr［3:5］の節点は二分木の葉になっています。この箇所はすでにヒープに

なっているので飛ばします。部分配列 arr [0:2] に対応する各節点に対して max_heapify メソッドを実行します。

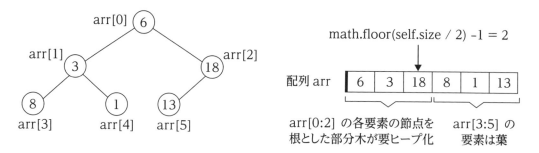

図 6.50　最大ヒープの生成の例 1　create_max_heap() 実行 for ループ開始前の状態

38 行目から始まる for ループの 1 回目のイテレーションが終了したときの状態を**図 6.51** に示します。1 回目のループでは 39 行目の max_heapify(2) を実行し、19 行目のメソッドへ実行制御が移ります。max_heapify メソッド内の引数 index の値は 2 です。21 行目と 22 行目で左と右の子のインデックスを調べます。変数 left は 5 になり、変数 right は self.size-1 より大きな値になります。右の子は存在しないので、ここでは無視します。self.arr [index] と self.arr [index].left を比較すると self.arr [index] のほうが大きいことがわかります。そのため、31 行目の if 文の条件判定式では、index == largest となります。判定結果が False なので、何もせずに処理を終えます。二分木において節点 18 を根とした部分木を見ても、すでにヒープの性質を満たしているので、何もしなくて良いことがわかります。**図 6.50** と**図 6.51** を比べても、配列 arr の中身に変化はありません。

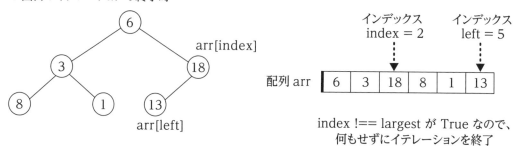

図 6.51　最大ヒープの生成の例 2

create_max_heap メソッドに制御が戻り、2 回目のイテレーション（i の値が 1）に進みます。2 回目のイテレーションが終了したときの状態を**図 6.52** に示します。**図 6.51** と見比べながら、どのようにヒープの中身が変わるかを説明していきます。

　図の配列を見ると index が 1、left が 3、right が 4 です。二分木を確認すると、self.arr [1] と

self.arr[3]とself.arr[4]の中で一番大きな値をもつのはself.arr[3]に場所にある整数値8です。そのため、**1**largestの値がleftの3になります。31行目のif文がTrueになるので、**2**self.arr[index]とself.arr[largest]の値をswap関数で交換します。配列の要素を交換したので、33行目の命令のとおり再帰的にself.max_heapify(largest)を実行します。largestの値が3なので、self.max_heapify(3)を実行することとなりますが、self.arr[3]は二分木の葉なので、すでにヒープ化されている状態です。何もせずにメソッドの処理が終了します。

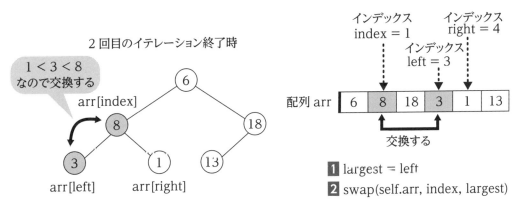

図6.52 最大ヒープの生成の例3

　ループカウンタiの値を0として、3回目のイテレーションに入り、self.max_heapify(0)を実行します。leftとrightの値はそれぞれ1と2です。self.arr[index]とself.arr[left]とself.arr[right]の中で一番大きな値はself.arr[right]の18です。そのため、変数largestにrightの値である整数値2を代入して、swap関数でself.arr[index]とself.arr[largest]の値を交換します。3回目のイテレーションで39行目のself.max_heapify(0)を実行したときのヒープの状態を**図6.53**に示します。配列arrの中身が更新されています。

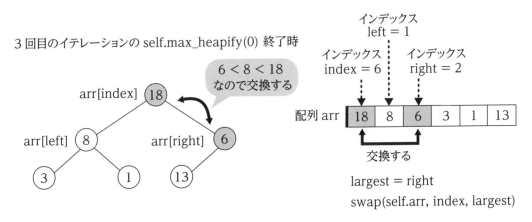

図6.53 最大ヒープの生成の例4

　要素の交換が行われたので、再帰的に self.max_heapify(2) を実行します。self.arr [2] に対応する節点 6 を根とした部分木はヒープの性質が満たされていません。そのため、同様の処理を行います。self.arr [index] より self.arr [index].left の値のほうが大きいので、要素の交換を行います。そのあとのヒープの状態を**図 6.54** に示します。arr [2] と arr [5] が交換されている（前記の処理で、節点 6 と 13 が入れ替わっている）ことを確認してください。

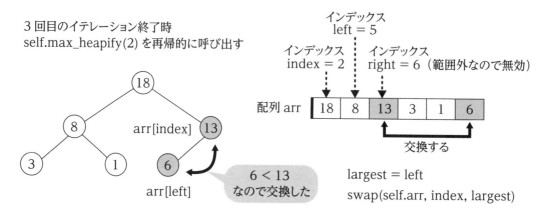

図 6.54　最大ヒープの生成の例 5

　変数 largest の値は 5 になります。要素の交換を行ったため、再度、self.max_heapify(5) が呼び出されます。self.arr [5] は葉なので、何もせずに制御が create_max_heap メソッドに戻ってきます。これで 3 回目のイテレーションは終了です。

　3 回目のイテレーションを終えると for ループを抜けます。最終的なヒープの中身はさきほどの**図 6.54** と同じです。二分木を見ると、ヒープの性質が満たされていることが確認できます。また、配列 arr は [18, 8, 13, 3, 1, 6] となります。

■ extract_max メソッド（一番優先度が高い要素の取得と、取得した要素を削除）の説明

　54 行目〜 67 行目でヒープ内で一番優先度が高い要素を取得し、取得した要素を削除する extract_max メソッドを定義しています。56 行目の if 文で、ヒープが空かどうかを確認します。空であれば、取り出す要素がないので、if ブロックの中に入り、エラーメッセージを表示して処理を終了します。

　ヒープに要素が含まれていれば、61 行目以降の処理を続行します。配列 arr の先頭要素が優先度が一番高い（値が一番大きい）要素なので、61 行目に示すように変数 max に self.arr [0] の値を保存します。取り出した要素はヒープ内から削除する必要があります。62 行目で配列の最後尾の要素を先頭にコピーし、63 行目で最後尾の削除します。配列として使用している Python の標準ライブラリのリストには、pop メソッドが提供されています。このメソッドは指定したインデックスの要

素を取り出して削除する処理を実行します。ここでは最後尾の要素を削除したいだけなので、self.arr.pop(len(self.size) –1) と記述しています。ヒープから要素を1つ取り出したので、64行目でself.size の値を1減らします。

最後尾の要素を先頭に移動させたので、この時点でヒープの性質が失われています。そこで65行目の命令で max_heapify メソッドを呼び出し、ヒープ構造に全体に対してヒープ化を行います。最後の67行目で、変数 max に保存しておいた要素を戻り値として返します。

具体例を**図6.55**に示します。**1**create_max_heap メソッドで構成したヒープから一番優先度の高い要素は self.arr [0] に格納されているので、それを取り出します。**2**取り出した要素は削除するので、最後尾にある self.arr [self.size–1] を self.arr [0] にコピーして、**3**最後尾の要素を削除します。

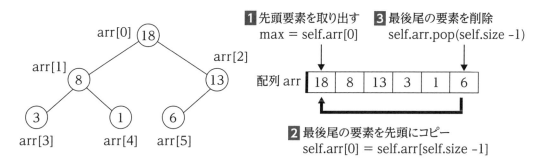

図6.55 extract_max メソッドの例1

要素の取り出しと、削除が終わった後のヒープの状態を**図6.56**に示します。最後尾にあった整数値6が self.arr [0] に移動し、配列の大きさが1つ小さくなっています。二分木のほうも同様に変更されています。

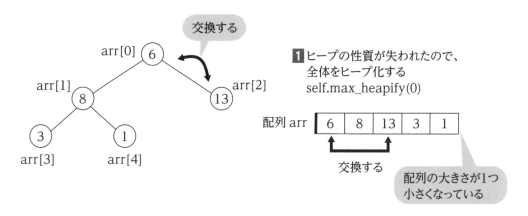

図6.56 extract_max メソッドの例2

この時点でヒープの性質を失っているので、二分木全体に対して**1**self.max_heapify(0) を実行

し、ヒープ化します。そのあとの状態を**図 6.57** に示します。取り出した要素が削除され、二分木と
配列が再構成されていることが確認できます。

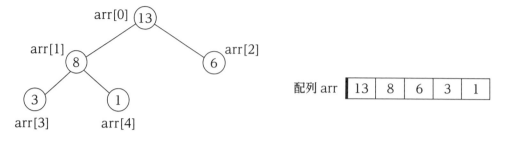

図 6.57　extract_max メソッドの例 3　取り出した要素が削除され、二分木と配列が再構成された

■ insert メソッド（新たな要素の挿入）の説明

70 行目〜 73 行目で新たな要素を挿入する insert メソッドを定義しています。引数として、新し
い要素である整数値を変数 val で受け取ります。要素数が 1 つ増えるため、71 行目で self.size の値
を 1 増加させます。72 行目では、いったん −∞ を値としてもつ要素を配列 arr の最後尾に挿入します。
そして、73 行目の increase_val メソッドで新たに追加した要素の値を本来の値である val に変更
します。以後の処理は、次に説明する increase_val メソッドと同じです。

■ increase_val メソッド（要素がもつ値の更新）の説明

76 行目〜 86 行目で要素がもつ値を更新する increase_val メソッドを定義しています。引数とし
て、値を変更したい配列のインデックスと変更後の値をそれぞれ変数 index と val で受け取ります。
78 行目〜 80 行目では、self.arr [index] の値と val の値を比較して、val のほうが値が小さければ
処理を中断します。値を減少させる場合は処理内容が異なるため、increase_val メソッドでは対応
できないからです。変数 val の値のほうが大きい場合は、処理を続行します。

83 行目で self.arr [index] の値を val に更新します。ここでヒープの性質が失われる可能性がある
ので、前項の説明のとおり、二分木の根に向かって節点を交換していきます。84 行目の while 文を用
いて繰り返し処理を行います。ソースコード内では配列に対して処理を行うので、self.arr [index]
とその親である self.arr [self.get_parent(index)] の値を比較して交換処理を行います。

while 文の条件式に index ＞ 0 が含まれています。index の値が 0 であれば、self.arr [index] は
二分木の根となるため、これ以上ループを続ける必要はありません。そのため、index ＞ 0 が False
であれば、ループを抜けます。もう片方の条件式は、self.arr [index] の値がその親の値よりも大き
いかどうかです。False であれば、すでにヒープの性質を満たしていることを意味するので while
ループを抜けます。False の場合は、if ブロックの中に入り、85 行目で self.arr [index] とその親の
値を swap 関数で交換します。86 行目で index の値をその親のインデックスに更新し、ループを繰

り返します。

　図 6.58 に示すヒープに整数値 10 をもつ新たな要素を挿入する例を示します。たとえば、main
関数内で my_heap.insert(10) を実行したとします。70 行目の insert メソッドから処理が始まりま
す。self.arr の中身を [13, 8, 6, 3, 1] とします。まず、71 行目と 72 行目で、配列 arr の大きさを 1 つ
増やして、負の無限大の値（−∞）をもつ要素を挿入します。self.arr が [13, 8, 6, 3, 1, −∞] となる
ため、配列の大きさである self.size の値が 6 になります。その後の 73 行目で self.increase_val(5, 10)
を実行します。すなわち、self.arr[5] に格納されいてる −∞ の値を整数値 5 に更新します。

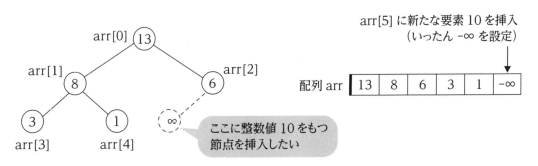

図 6.58 insert メソッドと inrease_val メソッドの例 1

　プログラムの制御が 76 行目の increase_val メソッドに移ります。**1** 引数の index と val の値は
それぞれ 5 と 10 です。−∞ を整数値の 10 に変更するため、78 行目の if 文の条件判定は False と
なり、78 行目〜80 行目の処理は飛ばします。**2** 83 行目の self.arr[index] = val という命令で、
self.arr[5] の値を 10 にします。84 行目の while ループを開始する前のヒープの状態を**図 6.59** に
示します。

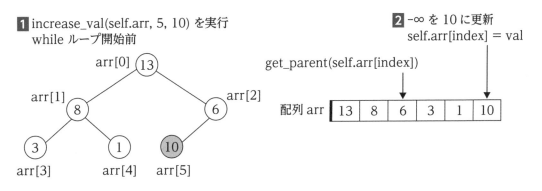

図 6.59 insert メソッドと inrease_val メソッドの例 2

　while ループで self.arr[5] の親であるインデックスを計算します。親のインデックスは 2 です。
self.arr[5] と self.arr[2] を比べると self.arr[5] のほうが大きいことがわかります。while ループ

の条件判定が True なので、ループ内に入ります。85 行目の命令で、self.arr [5] と self.arr [2] を交換します。86 行目で index の値をその親のインデックスに更新し、ヒープを表す二分木の上の階層へ進みます。1 回目のイテレーション終了時の状態を図 6.60 に示します。配列の中身が変わっていることを確認してください。

1 回目のイテレーション終了時

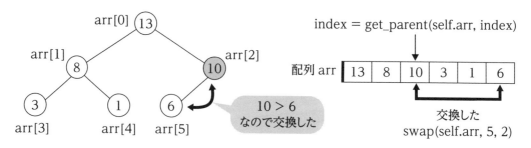

図 6.60　insert メソッドと inrease_val メソッドの例 3

　2 回目のイテレーションでは、index の値が 2、その親のインデックスは 0 です。**1** self.arr [0] の値が self.arr [2] の値よりも大きいので、while ループの条件判定が False になります。そのため、ループを抜けます。図 6.61 に示す二分木のとおり、すでにヒープの性質を満たしています。

2回目のイテレーション終了時

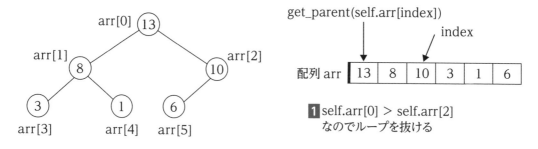

図 6.61　insert メソッドと inrease_val メソッドの例 4

　以上で、要素の挿入処理と優先度の更新処理は終了です。配列 arr の中身は [13, 8, 10, 3, 1, 6] となります。

heap sort メソッド（ヒープソートの実行）の説明

　89行目～ 97行目でヒープソートを実行する heap sort メソッドを定義しています。self.arr はヒープの性質を満たすように並んでいますが、ヒープソートは self.arr を昇順に並べ替えます。前項の

概要で解説したとおり、self.arr の最後尾の要素から順番を確定していきます。

91 行目の for ループで self.size-1 から 1 になるまで -1 ずつイテレーションします。ループカウンタ i は、未ソートの部分配列の最後尾のインデックスを指します。ヒープ内で一番大きな値は常に self.arr [0] に格納されています。そのため、92 行目で self.arr の先頭要素と未ソートの部分配列の最後尾の要素を交換し、93 行目で self.size を 1 減らします。self.size の値を減らすだけで、self.arr から要素を削除するわけではありませんので注意してください。

要素の交換を行うとヒープの性質が失われるので、94 行目で max_heapify メソッドでヒープ化します。このときにインデックスの 0 を指定しているため、二分木の根からヒープ化を行いますが、self.size の値が self.arr の大きさより小さくなっているはずなので、実際にはソート済みの節点を除いた部分木 (self.arr [0:self.size-1]) に対してヒープ化の処理をすることとなります。最後に 97 行目で self.size の値を len(self.arr) の値に戻します。

配列 arr が [13, 8, 10, 3, 1, 6] のときに、heap_sort メソッドを実行する具体例を示します。**図 6.62** に 91 行目の for ループ開始前のヒープの状態を示します。

ループ開始前

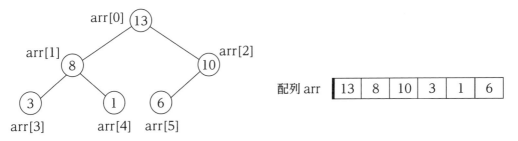

図 6.62 heap_sort メソッドの例 (1/6)

1 回目のイテレーションでは、ループカウンタ i の値は 5 です。ループに入り、92 行目〜 93 行目の処理が終わったときの配列 arr の状態を**図 6.63** の右側の上に示します。**1** self.arr [0] にあった整数値 13 と self.arr [5] にあった整数値 6 の場所が入れ替わります。self.size の値を 1 つ減らし、未ソートの部分配列として arr [0:4] を参照するようにします。そして 94 行目の **2** self.max_heapify (0) を実行します。max_heapify メソッド内で self.size を参照しますが、値が 4 となっているので、部分配列 arr [0:4] に対してヒープ化が行われます。1 回目のイテレーションが終了したときの二分木の状態と配列の中身をそれぞれ**図 6.63** の左側と右側の下に示します。なお、図内の灰色で塗りつぶした二分木の節点と配列の要素はソート済みであることを意味します。以降、同じ要領でイテレーション毎のヒープの状態を示します。

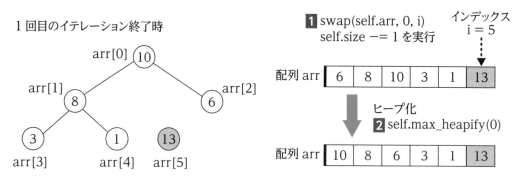

図 6.63　heap_sort メソッドの例（2/6）

2 回目のイテレーションに入り、**1**self.arr [0] と値を self.arr [4] の値を交換し、**2**ヒープ化を行います。2 回目のイテレーション終了後の状態を**図 6.64** に示します。

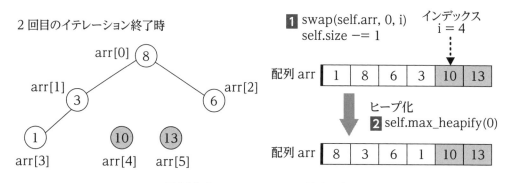

図 6.64　heap_sort メソッドの例（3/6）

以降も同様の処理を繰り返します。3 回目と 4 回目のイテレーション終了後の状態を**図 6.65** と**図 6.66** に示します。イテレーション毎に、配列の中身がどのように変化するかを確認してください。

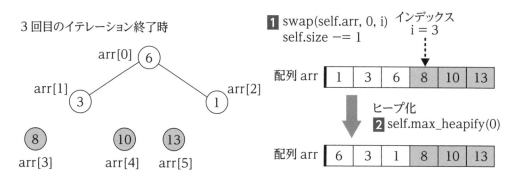

図 6.65　heap_sort メソッドの例（4/6）

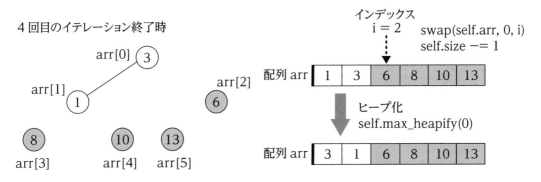

図 6.66　heap_sort メソッドの例（5/6）

5 回目のイテレーション終了後の状態を図 6.67 に示します。for ループはループカウンタ i の値が 1 のときが最後のイテレーションになります。部分配列 arr[1:5] をソートした時点で、self.arr[0] の値は self.arr[1] ～ self.arr[5] のどの値よりも小さくなります。そのため、ループカウンタ i が 0 の場合のイテレーションを繰り返す必要はありません。

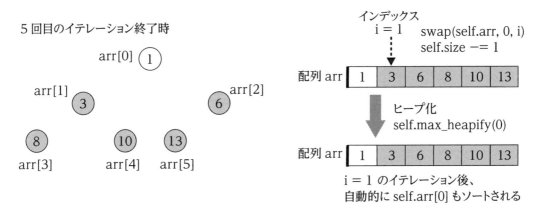

図 6.67　heap_sort メソッドの例（6/6）

図 6.67 で示す二分木と配列から確認できるように、各要素が昇順にソートされています。

■ ヒープの実装プログラムの実行

ソースコード 6.3（my_heap.py）をコンパイルして実行した結果をログ 6.4 に示します。2 行目で MyHeap のインスタンスを生成したあとのヒープの中身が表示されています。すでにヒープ化された状態になっています。create_max_heap メソッドの説明で示した図 6.54 で示した配列と同じです。

3 行目は extract_max メソッドで取り出した要素の値を表示しています。2 行目で示した配列の

先頭要素（優先度が一番高い要素）が 18 なので、3 行目でも整数値の 18 が表示されます。取り出した整数値 18 をもつ要素はヒープから削除されます。そのときのヒープの中身が 4 行目に表示されています。少しページを戻って**図 6.57** を参照していただくと、説明どおりの結果が表示されていることが確認できます。

ログ 6.4　my_heap.py プログラムの実行

```
01  $ python3 my_heap.py
02  最大ヒープ化後のヒープ：  [18, 8, 13, 3, 1, 6]
03  取り出した要素：  18
04  要素の削除後のヒープ：  [13, 8, 6, 3, 1]
05  要素の挿入後のヒープ：  [13, 8, 10, 3, 1, 6]
06  ソート後のヒープ：  [1, 3, 6, 8, 10, 13]
```

　5 行目はヒープに整数値 10 をもつ新たな要素を追加した後のヒープの中身です。**図 6.61** で示したとおりです。最後の 6 行目は、ヒープソートを適応したあとの状態を示しています。5 行目で表示された配列が、6 行目で昇順にソートされていることが確認できます。

第 **7** 章
グラフアルゴリズム

本章では、グラフ（graph）と呼ばれる抽象型のデータ構造と、グラフに対するアルゴリズムとして、幅優先探索や深さ優先探索、ダイクストラ法について解説します。

グラフは、情報サービスを提供するアプリケーションで使用されるデータ構造です。たとえば、ソーシャルネットワークやコンピュータネットワークなどを抽象化してグラフとして表現します。また、一般道路や鉄道会社、航空会社などの交通サービスでは、交通網や路線、空路などを抽象化してグラフ構造にします。さらに入力されたキーワードの意味を解析するために、知識グラフと呼ばれるグラフ構造が Google の検索エンジンで用いられています。Google の例は、本書の執筆時点の話です。

7.1 グラフの用途

　グラフは**頂点**（vertex）と**辺**（edge）で構成されます。各頂点と辺がデータ構造内の要素を表します。視覚化すると頂点は円形で辺は線です。木構造も円形と線で表すので、木構造はグラフの特殊な例と言えます。

　それではソーシャルネットワークを**グラフ構造**で表現してみます。Alice と Bob、Chris、David、Elizabeth という 5 人の学生がいたとします。グラフ構造ではこれらの学生を抽象化し、頂点として表します。そしてソーシャルネットワークにおける関係をグラフの辺として表します。関係に関しては、さまざまな意味で定義できますが、ここでは友達関係を辺として表します。**図 7.1** に例を示します。

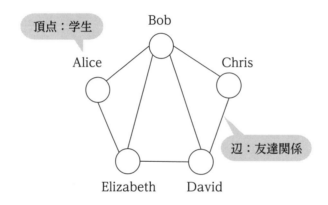

図 7.1　ソーシャルネットワークをグラフ構造で表した例

　辺で接続されている Alice と Bob、Alice と Elizabeth、Bob と Chris、Bob と David、Bob と Elizabeth、Chris と David、David と Elizabeth がそれぞれ友達同士です。

　同様にコンピュータネットワークもグラフ構造に抽象化することができます。インターネットにアクセスするパソコンやスマートフォン、アクセスポイントやルータと呼ばれる中継機がグラフ内の頂点となります。これらの通信機器が有線ケーブル、または無線で直接接続されていれば、頂点を辺で結びます。

　また、路線や空路のグラフ化はわかりやすい例です。路線であれば、駅を頂点で表し、隣接する駅を辺で接続します。空路であれば、空港を頂点で表し、直行便が飛んでいる空港同士を辺で接続します。一方、道路の場合は少し違う方法でグラフ構造にします。道路の交差点を頂点とし、道路で繋がっている隣接する交差点を辺で結びます。たとえば、**図 7.2** に示す道路を**抽象化してグラフ構造にする**と、図 7.3 のようなグラフになります。

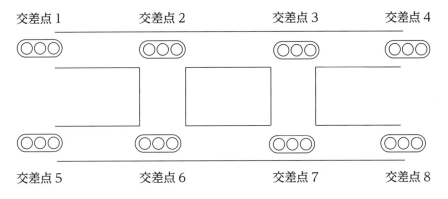

図 7.2　道路の例

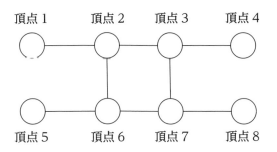

図 7.3　図 7.2 に示す道路を抽象化し、グラフ構造で表した例

　グラフアルゴリズムでは、与えられたグラフ内で**探索**などを行います。**幅優先探索**や**深さ優先探索**は、ある頂点を始点としてグラフ内の到達可能なすべての頂点を探索します。その結果、ある頂点から他の頂点への**経路**などを明らかにできます。ソーシャルネットワークであれば、Alice が Chris と友達を介して繋がっているかどうかを調べることができます。**図 7.1** では、Alice は Bob を介して Chris と繋がっています。Alice を表す頂点を始点として、**探索アルゴリズムを適応することによって、これらの関係が明らかになります。**

　また、グラフ上のある頂点から他の頂点への**最短経路**を求めるためのアルゴリズムとして、7.7 節で解説するダイクストラ法があります。路線グラフにおいて、ある駅から他の駅への最短経路を探索するときなどに用いられます。最短経路の「最短」という意味ですが、これもさまざまな意味として定義できます。たとえば、所要時間が一番短い経路や運賃が一番安い経路などです。辺の重みを定量化して、最短経路の意味を定義することができます。

　このようにグラフ構造は、さまざまな情報サービスを実現するために利用されるデータ構造です。

7.2　グラフ構造の基本

グラフ構造は、頂点へ向かう方向もつか、もたないか（方向性の有無）によって、無向グラフと有向グラフの 2 種類に分けられます。また、グラフ構造をプログラミング上で実現する方法として、**マトリクスを用いた方法**と**クラスを用いた方法**の 2 種類があります。本節と第 7.3 節、第 7.4 節では、これらの違いを確認しながら、グラフを用いたプログラムの説明をします。

7.2.1　無向グラフと有向グラフ

グラフには、**無向グラフ**（undirected graph）と**有向グラフ**（directed graph）があります。無向グラフは前節の例で解説したような、辺に方向性がないグラフのことです。

一方、有向グラフは辺に方向性があるグラフのことです。たとえば、道路をグラフ構造で表したいとします。交通量が多い都市部や十分な幅員が確保できな場所などでは、片側通行の道路を見かけると思います。このような場合は有向グラフで道路網を抽象化することができます。

たとえば、前節で説明した道路の**図 7.2** を見てください。交差点 2 と交差点 6 を結ぶ道路は一方通行と仮定し、交差点 6 から交差点 2 にしか進めないとします。同様に交差点 3 から交差点 7 の道も一方通行とします。その他の道路は往復方向に進むことができる道路とします。この道路を有効グラフで表すと**図 7.4** のようになります。片側通行の道路は、辺で結ばれた頂点の片方からもう片方へしか進めないことが表現できていることが確認できます。

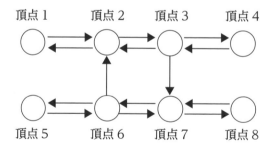

図 7.4　有向グラフの例

実は、無向グラフは有向グラフの特殊な例です。無向グラフ内で頂点 i から頂点 j の辺があれば、方向性をもつ頂点 i から頂点 j への辺と頂点 j から頂点 i への辺存在すると見なせば、すべての無向グラフは有向グラフで表すことができるからです。

7.3　隣接行列を用いたグラフの表現

プログラム内でグラフ構造を扱うには、頂点を表す変数と辺を表す変数を定義する必要があります。ここでは、まず頂点と円を行列に見立てた**隣接行列**（adjacent matrix）を用いた方法を説明します。また、単純にマトリクスと呼ぶ場合もあります。一般に、グラフ理論などでは隣接行列を用います。

複数の行と列から構成される行列の各要素は行と列のインデックスを指定して識別します。たとえば、i 番目の行、j 番目の列に位置する要素は、(i, j) と記述します。この点では 2 次元配列と似ています。

グラフ内の頂点の数を n とした場合、グラフの構造を表す隣接行列は、n 行と n 列の行列になります。各行と各列のインデックスをグラフ内の各頂点に割り当てます。簡略化のために、グラフ内の頂点の識別子は 0 から始まる整数値とし、頂点 i がインデックス i に対応するものとします。行列の (i, j) の値は 0 または 1 のいずれかです。もし、頂点 i と頂点 j が辺で結ばれていたら、(i, j) の値が 1 となります。そうでなければ 0 となります。

7.3.1　隣接行列を用いた無向グラフ

たとえば、**図 7.5** に、識別子 0 ～ 4 をもつ 5 つの頂点が辺で接続されているグラフを示します。このグラフを行列で表すと同図の右側の行列になります。頂点 0 は頂点 1 と頂点 4 と繋がっていますので、行列の (0, 1) と (0, 4) の値が 1 に設定されます。その他の頂点とは接続されていないので、(0, 2) と (0, 3) は 0 となっています。また、(0, 0) は 0 です。本書の例では、ある頂点から出て同じ頂点に戻ってくる辺は存在しないので、(i, i) は 0 です。

他の頂点に関しても同じルールで (i, j) の値が設定されています。また、無向グラフの場合は (i, j) が 1 であれば、(j, i) も 1 です。辺に方向性が無いので、頂点 i から頂点 j への辺が存在すれば、頂点 j から頂点 i への辺も存在します。

図 7.5　頂点間の関係を行列で表現（有向グラフの場合は列から行、行から列への方向がある。辺があるときに 1 が入る）

辺の追加と削除は簡単です。新たに辺を追加したい2つの頂点をiとjとします。隣接行列の (i, j) と (j, i) の値を1にすれば良いだけです。逆に辺を削除したい場合は (i, j) と (j, i) の値を0にするだけです。

頂点の追加と削除は要注意です。新たな頂点を追加、または既存の頂点を削除すると、隣接行列の大きさが変わります。そのため、再度、隣接行列を作り直す必要があります。そのため、隣接行列を用いたグラフの表現は、動的なグラフ構造に不向きです。

■ 隣接行列を用いた無向グラフの実装例

隣接行列を用いた方法では、2次元の配列でグラフ構造を定義することができます。**ソースコード 7.1**（undir_graph.py）に隣接行列を用いた無向グラフの例を示します。無向グラフを生成して、隣接行列を表示するプログラムです。

ソースコード 7.1　マトリクスを用いた無向グラフの実装　　`~/ohm/ch7/undir_graph.py`

ソースコードの概要

2 行目～ 4 行目	2 つの頂点を接続するための connect 関数の定義
7 行目～ 17 行目	隣接行列を表示する pretty_print 関数の定義
19 行目～ 36 行目	main 関数の定義

```python
01  # 頂点iとjを辺で接続
02  def connect(graph, i, j):
03      graph[i][j] = 1
04      graph[j][i] = 1
05
06  # グラフ情報の表示
07  def pretty_print(graph, n):
08      print("   ", end = "")
09      for i in range(0, n):
10          print(i, " ", end = "")
11      print("")
12
13      for i in range(0, n):
14          print(i, " ", end = "")
15          for j in range(0, n):
16              print(graph[i][j], " ", end = "")
17          print("")
18
19  if __name__ == "__main__":
```

```
20      # 頂点の数
21      N = 5
22
23      # 隣接行列の生成と初期化
24      graph = [[0 for i in range(0, N)] for j in range(0, N)]
25
26      # 辺の設定
27      connect(graph, 0, 1)
28      connect(graph, 0, 4)
29      connect(graph, 1, 2)
30      connect(graph, 1, 3)
31      connect(graph, 1, 4)
32      connect(graph, 2, 3)
33      connect(graph, 3, 4)
34
35      # グラフの情報を表示
36      pretty_print(graph, N)
```

■ main 関数の説明

19 行目〜 36 行目で main 関数を定義しています。21 行目でグラフ内の頂点の数を定義するために、変数 N を宣言して整数値 5 で初期化します。24 行目で隣接行列を表す 2 次元配列 graph を宣言し、すべての要素を整数値 0 で初期化します。配列の大きさは N × N です。

初期化状態では、どの頂点も接続されていない状態なので、27 行目〜 33 行目の命令で connect 関数を呼び出しながら頂点を接続します。グラフの状態は**図 7.5** と同じです。5 つの頂点と 7 つの辺で構成されます。

36 行目で pretty_print 関数を呼び出して、隣接行列である変数 graph の中身を表示します。

■ connect 関数（2 つの頂点の接続）の説明

2 行目〜 4 行目で 2 つの頂点を接続するための connect 関数を定義しています。引数として、グラフを表す 2 次元配列を変数 graph、2 つのインデックスを変数 i と j で受け取ります。頂点 i と j を接続する処理なので、3 行目と 4 行目でそれぞれ graph [i] [j] = 1、graph [j] [i] = 1 という命令を実行しています。

■ pretty_print 関数（隣接行列の中身の表示）の説明

データ構造とは関係ありませんが、7 行目〜 17 行目で pretty_print 関数を定義しています。関数内では、隣接行列の中身をインデックス付きで表示します。単純に数字を文字列として並べるだけでなく、行列の要素がわかりやすく表示されるようにしています。このようにきれい (pretty) に表

示 (print) する処理を一般的に pretty print と呼びます。

　図 7.6 に示すように、筆者の環境では行と列の各要素がきれいに表示されることを確認しましたが、環境によっては若干異なるかもしれません。

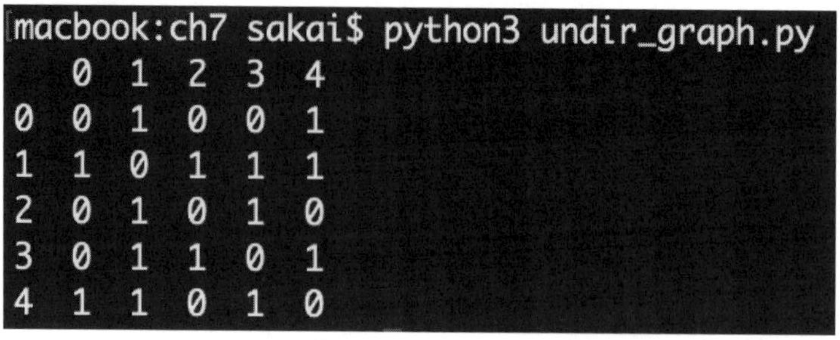

図 7.6　pretty_print 関数の実行結果

■ 隣接行列を用いた無向グラフの例題プログラムの実行

　ソースコード 7.1 (undir_graph.py) を実行した結果を**ログ 7.2** に示します。**図 7.5** で示した行列と同じであることが確認できます。なお、2 行目の整数値 0 ～ 4 は隣接行列のインデックスで、3 行目～ 7 行目の 1 つ目の数値である 0 ～ 4 も隣接行列のインデックスを表します。

ログ 7.2　undir_graph.py プログラムの実行

```
01  $ python3 undir_graph.py
02      0  1  2  3  4
03  0   0  1  0  0  1
04  1   1  0  1  1  1
05  2   0  1  0  1  0
06  3   0  1  1  0  1
07  4   1  1  0  1  0
```

7.3.2　隣接行列を用いた有向グラフ

　有向グラフの場合も無向グラフと同じように隣接行列を定義します。ただし無向グラフと異なり、辺に方向性があるので (i, j) の値が 1 であっても (j, i) の値が 1 とは限りません。有向グラフでは、頂点 i から頂点 j に辺が存在する場合にだけ (i, j) の値が 1 となります。

　たとえば、**図 7.7** に、識別子 0 ～ 4 をもつ 5 つの頂点が方向性をもつ辺で接続されているグラフを示します。このグラフを行列で表すと同図の右側の行列になります。行のインデックスは辺の始点を指し、列のインデックスは辺の終点を指します。頂点 0 から頂点 1 と頂点 4 に繋がっています

ので、行列の (0, 1) と (0, 4) の値が 1 に設定されます。ただし、頂点 1 から頂点 0、頂点 4 から頂点 0 への辺は存在しないので、(1, 0) と (4, 0) の値は 0 です。他の頂点に関しても同じルールで (i, j) の値が設定されています。

図7.7 隣接行列を用いた有向グラフの例

有向グラフにおける辺の追加と削除は、方向性があるため、無向グラフの操作とは少し異なります。たとえば、頂点 i から頂点 j へ向かう辺を新たに追加したい場合は、隣接行列の (i, j) の値を 1 にします。方向性があるので、(j, i) の値は変更しません。また、頂点 i から頂点 j にある既存の辺を削除する場合は、隣接行列の (i, j) の値を 0 にします。同様に (i, j) の値は変更しません。

頂点の追加と削除は、無向グラフと同様に隣接行列の大きさが変わるので、隣接行列自体を再計算する必要があります。

▪ 隣接行列を用いた有効グラフの実装例

ソースコード 7.3 (dir_graph.py) に隣接行列を用いた有効グラフの例を示します。有効グラフを生成して、隣接行列を表示するプログラムです。

ソースコード 7.3 マトリクスを用いた有向グラフの実装　　　`~/ohm/ch7/dir_graph.py`

ソースコードの概要	
2 行目～ 3 行目	2 つの頂点を接続するための connect 関数の定義
6 行目～ 16 行目	隣接行列を表示する pretty_print 関数の定義
18 行目～ 36 行目	main 関数の定義

2 行目～ 3 行目の connect 関数は無向グラフの**ソースコード 7.1** (undir_graph.py) とは少し異なります。方向性があるので、頂点 i から頂点 j への辺を加えますが、その反対方向へは辺を加えません。また、6 行目～ 16 行目の pretty_print 関数は**ソースコード 7.1** (undir_graph.py) と同じです。

```python
01  # 頂点iとjを辺で接続
02  def connect(graph, i, j):
03      graph[i][j] = 1
04
05  # グラフ情報の表示
06  def pretty_print(graph, n):
07      print("   ", end = "")
08      for i in range(0, n):
09          print(i, " ", end = "")
10      print("")
11
12      for i in range(0, n):
13          print(i, " ", end = "")
14          for j in range(0, n):
15              print(graph[i][j], " ", end = "")
16          print("")
17
18  if __name__ == "__main__":
19      # 頂点の数
20      N = 5
21
22      # 隣接行列の生成と初期化
23      graph = [[0 for i in range(0, N)] for j in range(0, N)]
24
25      # 辺の設定
26      connect(graph, 0, 1)
27      connect(graph, 0, 4)
28      connect(graph, 1, 2)
29      connect(graph, 1, 3)
30      connect(graph, 2, 4)
31      connect(graph, 2, 3)
32      connect(graph, 3, 2)
33      connect(graph, 4, 3)
34
35      # グラフの情報を表示
36      pretty_print(graph, N)
```

■ main 関数の説明

18 行目〜36 行目で main 関数を定義しています。20 行目の隣接行列の大きさ初期化と 23 行目の 2 次元配列の初期化は前項と同じです。変数名をそれぞれ、N と graph とします。

　26 行目〜 33 行目で 8 つの辺をグラフに追加しています。たとえば、26 行目の connect(graph, 0, 1) では、頂点 0 から頂点 1 への辺を変数 graph に追加します。36 行目で隣接行列である変数 graph の中身を表示します。**図 7.7** と同じ隣接行列が生成されます。

■ 隣接行列を用いた有効グラフの例題プログラムの実行

　ソースコード **7.3**（dir_graph.py）を実行した結果を**ログ 7.4** に示します。2 行目〜 7 行目に隣接行列のインデックスと各要素の値が表示されています。**図 7.7** と同じであることが確認できます。

ログ 7.4　dir_graph.py プログラムの実行

```
01  $ python3 dir_graph.py
02      0  1  2  3  4
03  0   0  1  0  0  1
04  1   0  0  1  1  0
05  2   0  0  0  1  1
06  3   0  0  1  0  0
07  4   0  0  0  1  0
```

　隣接行列を用いたグラフでは、頂点の関係を保存するために 2 次元配列を用いますが、接続されていない頂点同士も 0 という値を記録する必要があります。頂点数を n とした場合、ある頂点に隣接する頂点を走査するのに $O(n)$ の時間がかかります。そのため、隣接行列を用いた手法は、頂点の数が億を超えるような大規模なグラフ構造の表現には向いていません。そこで頂点を表すクラスを定義し、各頂点のオブジェクトが隣接する頂点の情報だけをもつようにすれば、大規模なグラフを扱うことができます。

7.4　クラスを用いた無向グラフの表現

　本節では**クラスを用いた無向グラフ**の表現を解説します。隣接行列と同様に有向グラフの場合もほぼ同じですので、クラスを用いた有向グラフの実装例の説明は割愛します。

　クラスを用いたグラフの表現では、頂点を表すクラスとして以下のような MyVertex を定義します。クラスメンバは、識別子を表す id と隣接頂点（adjacent vertices）の識別子を表す adj です。引数として、頂点の識別子を変数 id で受け取り、3 行目の self.id = id で識別子を初期化します。すなわち、識別子 id はインスタンスを作成したときに初期化します。隣接頂点の情報は、インスタンス生成時には空で随時追加します。

```
class MyVertex:
    def __init__(self, id):
        self.id = id
        self.adj = set()
```

　クラスメンバ adj がセット（set）で初期化されています。Python には標準ライブラリとして、集合を扱うデータ型である set 型が用意されています。set 型は重複しない要素の集合を含み、和集合や積集合などの集合演算が可能になります。また、連結リストと異なり、セットの要素に順番はありません。このようにデータの集合を扱う機能を一般的に**コレクション**（collection）と呼びます。

　上記のクラスの定義の 4 行目で self.adj = set() と記述すると、空のセットが生成されます。要素をセットに追加するときには、変数名 .add（引数）、という書式で add メソッド実行します。本節の例では、self.adj が含む値は頂点の識別子を表す整数値となります。

　set 型に関しては、必要に応じて使用方法を説明しますが、詳しい情報を知りたい読者は、**Python の公式 API ドキュメント**[*1] を参照してください。

　たとえば、頂点 0 と 1 を生成して、それらを辺で接続したい場合は以下のように記述します。ここで変数 v と u は、それぞれ頂点 0 と 1 を表す MyVertex オブジェクトです。

```
v = MyVertex(0)
u = MyVertex(1)
v.adj.add(1)
u.adj.add(0)
```

　頂点の追加は、新たな MyVertex オブジェクトを生成するだけです。辺の追加と削除は該当する頂点の self.adj を変更することによって行います。たとえば、上記の頂点 0 と 1 からなるグラフに、頂点 2 を追加し、頂点 0 と 2 を追加したいとします。以下のような処理になります。

```
v = MyVertex(0)
u = MyVertex(1)
v.adj.add(1)
u.adj.add(0)
# ここで頂点2を生成し、頂点0と接続する
w = MyVertex(2)
v.adj.add(2)
w.adj.add(0)
```

　頂点 2 を表す MyVertex オブジェクトの変数を w として宣言します。この時点で頂点 2 がグラフに存在する状態ですが、他の頂点と接続されていません。頂点 0 を表す MyVertex オブジェクトは変数 v なので、v.adj.add(2) と w.adj.add(0) を実行し、それぞれのオブジェクトの変数 adj を更新します。

[*1] Python3.8.1 ドキュメント , https://docs.python.org/ja/3/

頂点と辺の削除は、隣接する頂点のself.adjから当該頂点の識別子を削除します。前述の頂点0と1と2からなるグラフから、頂点2を削除したいとします。頂点2は頂点0と辺で接続されています。頂点2と0のself.adjから当該識別子を削除します。v.adj.remove(2) と w.adj.remove(0) を実行するだけです。頂点2を表す変数 w は、グラフのどの頂点からも接続されていない状態になります。

7.4.1 クラスを用いた無向グラフの実装例

ソースコード 7.5 (my_graph.py) にクラスを用いた無向グラフの実装例を示します。隣接行列を用いた無向グラフで使用した**図 7.5** と同じグラフを生成します。

ソースコード 7.5 クラスを用いた無向グラフの実装　　　　　`~/ohm/ch7/my_graph.py`

ソースコードの概要

2 行目〜 9 行目	頂点を表す MyVertex クラスの定義
12 行目〜 14 行目	2 つの頂点 i と j を辺で接続するための connect 関数の定義
16 行目〜 37 行目	main 関数の定義

```python
01  # 頂点
02  class MyVertex:
03      def __init__(self, id):
04          self.id = id
05          self.adj = set()
06
07      # 頂点の情報を表示
08      def to_string(self):
09          return str(self.id) + ", adj = " + str(self.adj)
10
11  # 2つの頂点を互いに接続
12  def connect(vertices, i, j):
13      vertices[i].adj.add(j)
14      vertices[j].adj.add(i)
15
16  if __name__ == "__main__":
17      # 頂点の数
18      N = 5
19
20      # 頂点の生成
21      vertices = []
22      for i in range(0, N):
23          vertices.append(MyVertex(i))
```

```
24
25        # 辺の設定
26        connect(vertices, 0, 1)
27        connect(vertices, 0, 4)
28        connect(vertices, 1, 2)
29        connect(vertices, 1, 3)
30        connect(vertices, 2, 4)
31        connect(vertices, 2, 3)
32        connect(vertices, 3, 2)
33        connect(vertices, 4, 3)
34
35        # 各頂点の表示
36        for i in range(0, N):
37            print(vertices[i].to_string())
```

■ MyVertex クラスの説明

　2 行目～ 9 行目で頂点を表す MyVertex クラスを定義しています。コンストラクタに関しては、すでに説明したとおりです。8 行目～ 9 行目の to_string メソッドは、MyVertex オブジェクトがもつ id と adj の値を文字列に変換します。頂点の情報を見たいときに使用します。

■ connect 関数（2 つの頂点の接続）の説明

　12 行目～ 14 行目で 2 つの頂点を接続するための connect 関数を定義しています。引数として、頂点を含む配列を変数 vertices、2 つのインデックスを変数 i と j で受け取ります。頂点 i と j を接続する処理なので、13 行目と 14 行目でそれぞれ vertices[i].adj.add(j) と vertices[j].adj.add(i) を実行します。vertices[i] は MyVetex オブジェクトなので、vertices[i].adj と記述すると、MyVertex クラス内で定義したクラスメンバの adj にアクセスできます。そして set 型のメソッドである add を呼び出し、vertices[i].adj に引数で指定した識別子を追加します。

　※有向グラフの場合であれば、片方向にだけ辺で接続するので、14 行目の命令は必要ありません。

■ main 関数の説明

　18 行目で頂点の数として変数 N を宣言し、整数値 5 で初期化します。21 行目～ 23 行目で頂点を生成します。変数 vertices を宣言して、空のリスト（配列として用いる）で初期化します。そして for ループを用いて、識別子 0 ～ 4 をもつ頂点として MyVertex のオブジェクトを生成します。

　26 行目～ 33 行目で辺を追加します。connect 関数を呼び出し、引数として頂点を含む配列 vertices と 2 つの頂点の識別子を渡します。36 行目と 37 行目の処理では、for ループを用いて vertices[0] ～ vertices[4] の情報を to_string メソッドで表示します。

■ クラスを用いた無向グラフの例題プログラムの実行

ソースコード 7.5 を実行した結果を**ログ 7.6** に示します。2 行目～ 6 行目に各頂点の識別子である id の値と隣接する頂点の識別子の集合である adj の中身が表示されています。adj の情報をもとに頂点を線で結ぶと、**図 7.5** に示すグラフと同じグラフができると思います。

ログ 7.6 my_graph.py プログラムの実行

```
01  $ python3 my_graph.py
02  0, adj = {1, 4}
03  1, adj = {0, 2, 3}
04  2, adj = {1, 3, 4}
05  3, adj = {1, 2, 4}
06  4, adj = {0, 2, 3}
```

これまでにデータ構造に対する基本的な操作として、要素の取得（get）や挿入（insert）、削除（delete）を解説しました。グラフ構造においては、頂点と辺が要素になるので、変数 vertices に新しい MyVertex オブジェクトを追加する処理や MyVertex オブジェクトのクラスメンバ adj に隣接頂点の識別子を追加する処理が挿入にあたります。グラフ構造は抽象型であり、実装方法によって具体的な処理内容は変わってきます。

以降のグラフアルゴリズムの解説では、クラスを用いた方法を使用します。

7.5 幅優先探索

幅優先探索（BFS:breath first search）は、ある頂点を**始点**（**source**）として、そこから到達可能なすべての頂点への**経路**（**path**）を探索するアルゴリズムです。始点から辺をたどり各頂点を訪れますが、その順番が始点から近い順番になります。そのため、"幅優先"と呼びます。

前述の交通網の例であれば、ある地点から他の地点への経路が存在するかどうかなどを効率的に調べることができます。

■ 7.5.1 幅優先探索と深さ優先探索

次節で解説する"深さ優先"という似たような単語がありますので、まず幅優先と深さ優先の違いについて説明します。**図 7.8** に示すグラフを見てください。説明のしやすさのために**木構造**を用いていますが、実は木構造もグラフの一種です。

頂点 10 を始点として、到達可能な頂点をすべて探索するとします。ここで頂点 10 から各頂点へ

の**距離** (distance) を定義します。ここではすべての辺が同じ重みをもつと仮定します。すなわち、頂点 10 から頂点 5 と 14 への距離は 1、頂点 10 から頂点 2 と 12 への距離は 2、頂点 10 から頂点 8 への距離は 3 となります。つまり、各頂点へ移動するときに経由する辺の数が距離となります。

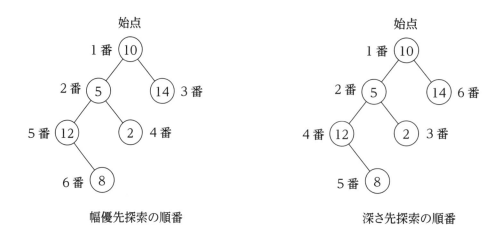

図 7.8　幅優先探索と深さ優先探索の違い

　幅優先探索は距離が近い頂点から探索します。**図 7.8** の左側のグラフに頂点 10 から各頂点を訪れる順番を示します。また、距離が同じであれば、頂点の識別子が小さい方を優先します。この場合、10、5、14、2、12、8 という順番に探索します。

　深さ優先探索の場合は、始点から見て距離が遠い頂点へできるだけ移動し探索をします。これ以上深く移動できなくなれば、すでに訪れた頂点へいったん戻ってきます。同様に、距離が同じであれば、本書の例では識別子が小さい頂点を優先します。**図 7.8** の右側のグラフに深さ優先探索の例を示します。頂点 10 から頂点 5 へ移動し、次は頂点 2 に移動します。ここで頂点 2 は頂点 5 以外に隣接する頂点をもたないので、これ以上深く移動できなくなります。いったん頂点 5 へ戻ってきて、頂点 12 と頂点 8 を探索します。行き止まりになると、頂点 10 へ戻ってきて、最後に頂点 14 を探索します。そのため、探索の順番は 10、5、2、12、8、14 となります。

7.5.2　幅優先探索の概要

　それでは、幅優先探索をプログラム内で実装する方法の概要を説明します。前節で解説したクラスを用いたグラフの表現と同様に MyVertex クラスを定義します。クラスメンバとして識別子を表す変数 id と隣接頂点の識別子の集合である adj を定義します。

■ キューを用いた頂点の走査

　各頂点を幅優先で訪れるためには、第 3.3 節で解説したキューを用います。以下に示す擬似コー

ドを見てください。具体的な処理はもう少し複雑になるので、概要を説明するために擬似的なコードで記述しています。1行目で変数 q を宣言して、リスト（キューとして用いる）で初期化します。始点となる頂点を指す MyVertex オブジェクトを src とします。始点なので、**図 7.9** では 10 が入ります。キューは初期化したときに、src だけを含んでいる状態になります。

```
q = [src]
while len(q) != 0:
    q からデキューした要素を頂点 u とする
    u の識別子を表示
    u.adj 内で未だ訪れていない頂点の識別子をqにエンキュー
```

2行目～5行目の while ループで、キューの要素をデキューして変数 u に格納します。頂点 u の識別子を表示し、頂点 u の隣接頂点の集合 u.adj の中で未だ訪れていない頂点の識別子を変数 q にエンキューします。これをキューが空になるまで繰り返します。

図 7.8 で示したグラフで頂点 10 から上記の擬似コードを実行した場合のキューの中身の変化を**図7.9** に示します。while ループ開始前と各イテレーション終了時のキューの状態と訪れた頂点の識別子を示しています。

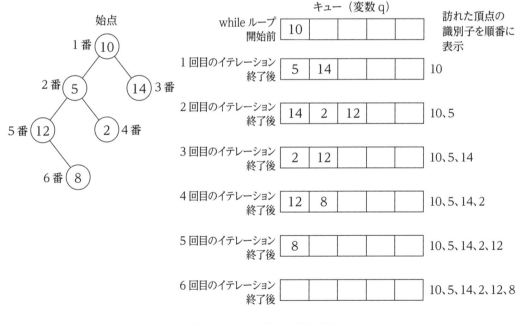

図 7.9 キューを用いた幅優先探索

まず、q は 10 だけを含みます。while ループに入り、キューの要素をデキューします。頂点 10 が

変数 u に格納されます。整数値 10 を表示して、10 の隣接端末の識別子をキューにエンキューします。この時点で q の中身は 5 と 14 になります。

　次のイテレーションでは、キューの先頭にある頂点 5 がデキューされます。頂点 5 の識別子を表示して、未だ訪れていない頂点 5 の隣接頂点の情報をキューにエンキューします。頂点 10 はすでに訪れています。そのため、頂点 2 と 12 を q にエンキューします。なお、識別子の小さい方からエンキューしています。この時点で q の中身が [14, 2, 12] となります。

　次のループでは頂点 14 がデキューされます。先入れ先出しの性質をもつキューを用いているので、頂点 10 の隣接頂点である頂点 14 が先に処理されます。すなわち、頂点 10 から見て距離が 1 の頂点を先に処理してから、距離が 2 である頂点 2 と 12 を処理します。

　図 7.9 に示すように、同様の処理を進めていくと、頂点を訪れた順番が 10、5、14、2、12、8 となります。この順番と**図 7.8** の左側の木構造のグラフで探索する順番を比べると、同じであることが確認できると思います。

◼ すでに走査した頂点と距離と経路の管理

　幅優先探索では、識別子 id と隣接する頂点の識別子の集合 adj に加えて、3 つのクラスメンバを定義します。以下の MyVertex クラスの定義を見てください。5 行目～ 7 行目で追加したクラスメンバを 1 つひとつ解説していきます。

```
class MyVertex:
    def __init__(self, id):
        self.id = id
        self.adj = set()
        self.color = WHITE
        self.dist = INFTY
        self.pred = None
```

　キューからデキューした頂点に隣接する頂点をキューにエンキューするときに、すでに訪れた頂点かどうかを確認する仕組みが必要です。このために、各頂点に 3 つの状態を識別するクラスメンバを用意します。クラスメンバ名を color として宣言し、値は WHITE、GLAY、BLACK のいずれかとします。なお、WHITE と GLAY と BLACK は、以下のように別途グローバル変数をソースコードの冒頭で定義します。

```
WHITE = 0
GALY = 1
BLACK = 2
```

　なぜ color という名前をつけるのかというと、コンピュータサイエンスの分野では、状態を示す識別子に color という名前をつけることが多いからです。実際、図で説明するときに、白色と

灰色と黒色で図形を塗りつぶすことによって、状態の違いを視覚化できます。**3 つの状態ですが、WHITE は未だ訪れていない状態 (一度もキューにエンキューしたことがない状態)、GLAY はキューに入っているが未処理の状態、BLACK はキューからデキューされて隣接する頂点をすべて走査し終えた状態**を表します。

　最終的に幅優先探索で行うことは、始点から到達できるすべての頂点の距離と経路を調べることです。そのため、クラスメンバとして始点からの距離を記録する変数 dist (distance を省略して dist と名付ける) を定義します。初期値として 1 を表す変数を設定します。上記の定義では、self.dist = INFTY となっていますが、INFTY という名前のグローバル変数を別途ソースコードの冒頭で定義します。距離の計算は、隣接頂点をキューにエンキューするときに設定します。

　一方、経路を調べるためには、各頂点が始点へ繋がる頂点の識別子を記録する必要があります。これを**先行頂点**(**predecessor**)と呼びます。変数 pred(predecessor を省略して pred と名付ける)をクラスメンバとして定義します。再度、**図 7.8** を見てください。木構造になっているので、始点である頂点 10 から探索を始めると、かならず親から子へ頂点をたどります。そのため、各頂点は親となる頂点を pred に保存しておけば、各頂点から始点への経路がわかります。変数 pred の設定は距離と同様に、キューに入れるときに行います。

7.5.3　幅優先探索の実装例

　ソースコード 7.7 (my_bfs.py) に幅優先探索のプログラムを示します。8 つの頂点と 10 個の辺から構成されるグラフを生成し、ある頂点から到達可能なすべての頂点への経路を探索するプログラムです。

ソースコード 7.7　幅優先探索アルゴリズム　　　　　`~/ohm/ch7/my_bfs.py`

ソースコードの概要

2 行目〜 4 行目	頂点の探索状態を表すグローバル変数を定義
9 行目〜 23 行目	グラフ内の頂点を表す MyVertex クラスの定義
26 行目〜 43 行目	幅優先探索を実行する bfs 関数の定義
46 行目〜 53 行目	2 つの頂点間の経路を表示する print_path 関数の定義
56 行目〜 58 行目	2 つの頂点を辺で接続する connect 関数の定義
60 行目〜 91 行目	main 関数の定義

　63 行目〜 65 行目で定義している connect 関数は、前節と同じです。

```
01  # 状態の種類を定義
02  WHITE = 0
03  GRAY = 1
```

```
04  BLACK = 2
05
06  # 無限大の定義
07  INFTY = 2**31 - 1
08
09  class MyVertex:
10      def __init__(self, id):
11          self.id = id
12          self.adj = set()
13          self.color = WHITE
14          self.dist = INFTY
15          self.pred = None
16
17      # 頂点の情報を表示
18      def to_string(self):
19          str_pred = "None"
20          if self.pred != None:
21              str_pred = str(self.pred)
22
23          return str(self.id) + ", adj = " + str(self.adj) + ", " +
    str(self.color) + ", " + str(self.dist) + ", " + str_pred
24
25  # 幅優先探索
26  def bfs(vertices, src):
27      # 始点頂点の初期化
28      src.color = GRAY
29      src.dist = 0
30      src.pred = None
31
32      # 探索
33      q = [src]
34      while len(q) > 0:
35          u = q.pop(0)
36          for i in u.adj:
37              v = vertices[i]
38              if v.color == WHITE:
39                  v.color = GRAY
40                  v.dist = u.dist + 1
41                  v.pred = u.id
42                  q.append(v)
43          u.color = BLACK
44
```

```
45   # 経路を表示
46   def print_path(vertices, src, v):
47       if src.id == v.id:
48           print(src.id, end = " ")
49       elif v.pred == None:
50           print("\n経路が存在しません。")
51       else:
52           print_path(vertices, src, vertices[v.pred])
53           print(v.id, end = " ")
54
55   # 頂点を接続
56   def connect(vertices, i, j):
57       vertices[i].adj.add(j)
58       vertices[j].adj.add(i)
59
60   if __name__ == "__main__":
61       # 頂点の数
62       N = 8
63
64       # 頂点の生成
65       vertices = []
66       for i in range(0, N):
67           vertices.append(MyVertex(i))
68
69       # 辺の設定
70       connect(vertices, 0, 1)
71       connect(vertices, 0, 7)
72       connect(vertices, 1, 6)
73       connect(vertices, 1, 2)
74       connect(vertices, 2, 3)
75       connect(vertices, 2, 5)
76       connect(vertices, 3, 4)
77       connect(vertices, 3, 5)
78       connect(vertices, 4, 5)
79       connect(vertices, 5, 6)
80
81       # 頂点3を始点として探索
82       bfs(vertices, vertices[3])
83
84       # 頂点3から頂点7の経路を表示
85       print("頂点3から頂点7への経路: ", end = "")
86       print_path(vertices, vertices[3], vertices[7])
```

```
87        print("")
88
89        # 各頂点の表示
90        for i in range(0, N):
91            print(vertices[i].to_string())
```

◼ main 関数の説明

　60 行目〜 91 行目で main 関数を定義しています。62 行目で頂点の数を宣言し、65 行目〜 67 行目で頂点 0 〜 7 を表す MyVertex クラスのインスタンスを生成します。70 行目〜 79 行目でグラフに辺を追加します。生成したグラフは**図 7.10** のようになります。

　82 行目の bfs(vertices, vertices[3]) という命令で、頂点 3 から幅優先探索を実行します。引数として、グラフ内の頂点の集合である vertices と、始点となる頂点の MyVertex オブジェクトである vertices[3] を指定します。bfs 関数の処理が終了すると、頂点 3 から到達可能なすべての頂点の dist と pred が設定されます。

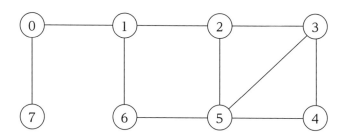

図 7.10　ソースコード 7.7 で生成するグラフ

　85 行目〜 87 行目では、print_path 関数を用いて頂点 3 から頂点 7 の経路を表示します。引数として、vertices と 2 つの頂点の MyVertex オブジェクトである vertices[3] と vertices[7] を渡します。今回は頂点 3 から幅優先探索を行ったので、第 2 引数は vertices[3] である必要があります。第 3 引数は頂点 0 〜頂点 2、頂点 4 〜頂点 7 のどれでも構いません。本書の例では vertices[7] を引数として指定します。

　90 行目と 91 行目では、グラフ内の各頂点の識別子 id と隣接頂点 adj、探索状態 color、距離 dist、先行頂点 pred の情報を表示します。これは bfs 関数の実行後、各頂点に正しい値が設定されているかを確認するためのものです。

◼ bfs 関数（幅優先探索の実行）の説明

　26 行目〜 43 行目で幅優先探索を実行する bfs 関数を定義しています。引数として、頂点の集合を変数 vertices、始点となる頂点の MyVertex オブジェクトを変数 src で受け取ります。28 行目〜

30 行目で頂点 src の情報を更新します。頂点 src 自身がキューにエンキューされるので、src.color の値を GLAY にします。距離は当然 0 なので、src.dist ＝ 0 という命令を実行します。そして頂点 src は探索の始点なので src.pred は None になります。

33 行目〜 43 行目ですが、前項の概要で解説したキューを用いた幅優先探索の骨格を具体化したものです。33 行目で**変数 q** を宣言して、要素として src だけを含むリストを生成します。このリストをキューとして用います。34 行目の while ループをキューが空になるまで繰り返します。

35 行目の u ＝ q.pop(0) では、変数 u にキューである変数 q の先頭要素をデキューします。なお、Pyhton の標準ライブラリで提供している pop メソッドは、インデックスを指定して要素を取り出します。取り出した要素はキューから削除されます。なお、プログラミング言語によってメソッドの名前と動作が微妙に異なるので、気をつけてください。ここでは先頭の要素を取り出すので、インデックスに 0 を指定します。

36 行目〜 42 行目の for ループで、キューから取り出した頂点 u の隣接頂点である u.adj を 1 つひとつ調べていきます。ループカウンタの変数 i が u.adj に含まれる頂点の識別子です。37 行目で v ＝ vertices [i] を実行して、頂点 u に隣接している頂点 v の MyVertex オブジェクトを取り出します。37 行目はなくても構いませんが、ループ内の記述を簡略化するために実行します。また、set 型の場合、u.adj に含まれる要素が昇順に走査されて、ループカウンタ i に値が入ります。

キューに入れる頂点の識別子は、未だ訪れていない頂点だけです。そのため、38 行目の if 文で v.color が WHITE かどうかを判定します。WHITE であれば、if ブロックの中に入り、頂点 v をキューにエンキューする処理をします。39 行目で、頂点 v の color を GLAY にします。頂点 v が 2 回以上キューにエンキューされるのを防ぐためです。40 行目で頂点 src から頂点 v までの距離を設定します。辺を 1 つ経由する毎に距離が 1 増えるので、u.dist+1 が v.dist の値となります。41 行目で、先行頂点となる v.pred の値を u.id に設定します。そして、42 行目で v を変数 q にエンキューします。

for ループを抜けると、頂点 u に隣接するすべての頂点をキューにエンキューした状態になります。すなわち、頂点 u を探索し終えたことを意味します。そのため、43 行目の u.color ＝ BLACK という命令で、頂点 u の探索状態を更新します。

キューが空になると、34 行目の while ループの判定式が False になり、ループを抜けます。ループを抜けた時点で、頂点 src から到達することができるすべての頂点の color の値が BLACK になります。また、dist は 1 以上かつ∞以下の整数値、pred は頂点の識別子になります。

本書での例は、すべての頂点が間接的に辺で接続されていますが、もしグラフが 2 つの部分グラフに分割されている場合は、始点から到達できない頂点の dist は∞のままです。到達できないから距離が無限大なのです。また、pred も初期値のままになるので値は None です。

具体例を示すために、ソースコード内で生成したグラフの状態がどのように変化するかを図解します。各頂点の変数 color と dist と pred の値、探索時に用いるキュー（33 行目で宣言した変数 q）の中身を確認しながらトレースしてみてください。

まず、**図 7.11** に 34 行目の while ループに入る前の状態を示します。キューには頂点 3 が含まれており、vertices [3].color が GLAY、vertices [3].dist が 0、vertices [3].pred は None です。**color に関しては、頂点を表す円形を白色、灰色、黒色に色分けして状態を示します。**

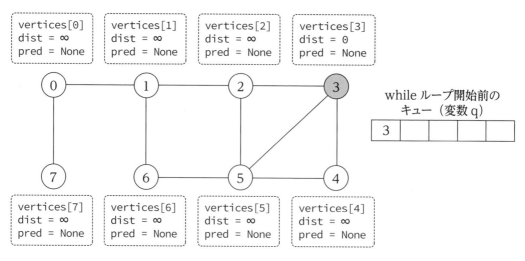

図 7.11　while ループ開始前の状態

　while ループに入ると変数 q の先頭要素がデキューされ、頂点 3 の隣接頂点を調べます。color が WHITE である隣接頂点がキューにエンキューされるため、頂点 2 と 4、5 がエンキューされます。**図 7.12** に 1 回目のイテレーションが終了した時点での状態を示します。vertices[2] と vertices[4] と vertices[5] の color と dist と pred が更新されています。

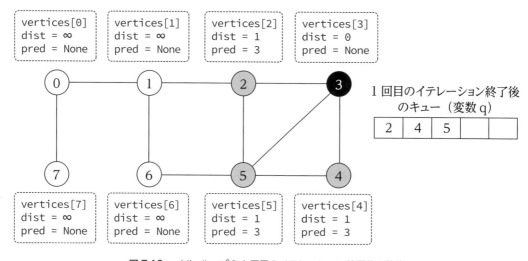

図 7.12　while ループの 1 回目のイテレーション終了後の状態

　2 回目のイテレーションでは、q の先頭要素である頂点 2 がポップされます。頂点 2 は頂点 1 と 5 に隣接しています。頂点 5 の探索状態がすでに GLAY なので、無視します。そのため、頂点 1 だけがキューにエンキューされます。2 回目のイテレーションが終了したときの状態を**図 7.13** に示します。vertices[2].color と vertices[1] の各変数が更新されます。

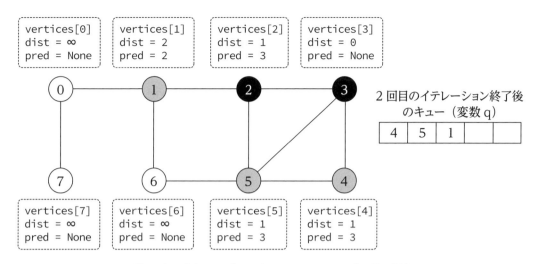

図 7.13 while ループの 2 回目のイテレーション終了後の状態

3 回目のイテレーションでは、頂点 4 がデキューされますが、頂点 4 に隣接する頂点の中で探索状態が WHITE の頂点はありません。そのため、vertices[4].color が BLACK に更新されますが，それ以外の変化はありません。3 回目のイテレーション終了時の状態を**図 7.14** に示します。

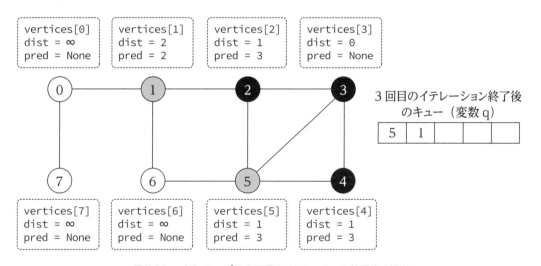

図 7.14 while ループの 3 回目のイテレーション終了後の状態

4 回目のイテレーションでは頂点 5 がデキューされます。隣接頂点で、ある頂点 6 の探索状況が WHITE なので、頂点 6 をキューに入れて変数の値を更新します。**図 7.15** に 4 回目のイテレーションが終了したときの状態を示します。

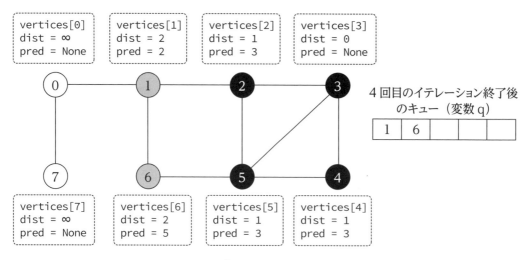

図 7.15　while ループの 4 回目のイテレーション終了後の状態

　5 回目のイテレーションも同様に処理します。頂点 1 がデキューされ、頂点 0 がエンキューされます。各頂点の状態は**図 7.16** に示すとおりです。

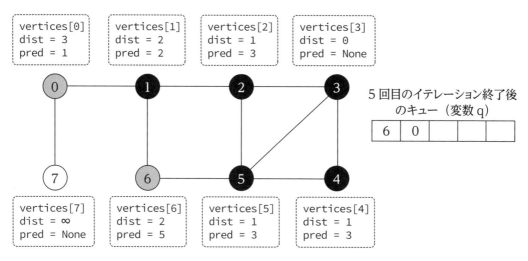

図 7.16　while ループの 5 回目のイテレーション終了後の状態

　6 回目のイテレーションでは、頂点 6 がデキューされますが、キューにエンキューする頂点が存在しないので、vertices[6].color を BLACK に変更するだけです。6 回目のイテレーション終了時の状態を**図 7.17** に示します。

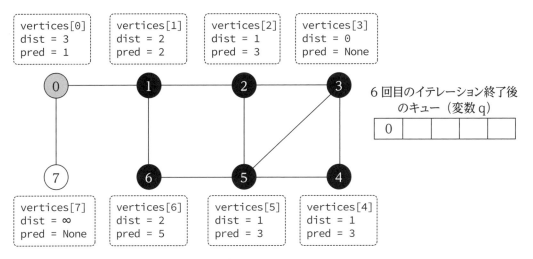

図7.17　whileループの6回目のイテレーション終了後の状態

　7回目のイテレーションも同様です。最後に頂点7がエンキューされます。**図7.17**に7回目の
イテレーションが終了したときの状態を示します。

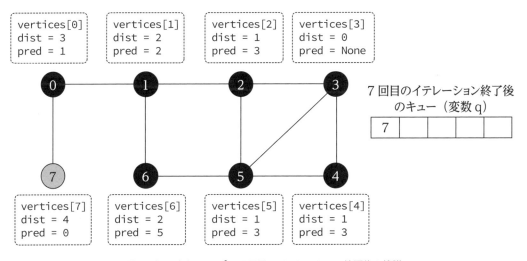

図7.18　whileループの7回目のイテレーション終了後の状態

　8回目のイテレーションで、頂点7がキューから取り出されますが、キューに入れる頂点が存在
しません。そのため、vertices[7].colorの値をBLACKに変更するだけです。ここでキューである
変数qが空になります。そのため、34行目のlen(q) > 0がFalseになり、whileループを抜けます。
ループ終了後の状態を**図7.19**に示します。

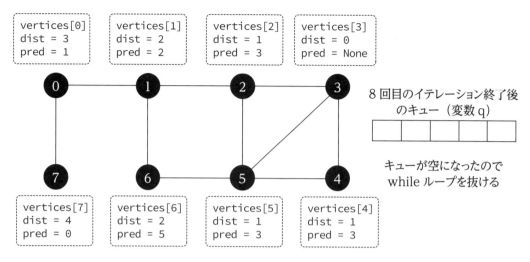

図7.19　while ループの 8 回目のイテレーション終了後の状態

　すべての頂点の color の値が BLACK になっていることが確認できます。また、すべての頂点の dist の値は、頂点 3 へ移動するときに経由する辺の数になっています。

　さらに、始点である頂点 3 の vertices[3].pred を除いて、pred の値が 0 〜 7 のいずれかの数値になっています。

■ print_path 関数（2 つの頂点間の経路の表示）の説明

　46 行目〜 53 行目では、2 つの頂点間の経路を表示する print_path 関数を定義しています。引数として始点となる頂点の MyVertex オブジェクトを変数 src、終点となる頂点の MyVertex オブジェクトを変数 v で受け取ります。頂点 src から頂点 v への経路に含まれる頂点の識別子を表示しますが、始点から中継する頂点を列挙するのではなくて、終点となる頂点 v から始点へ向かって中継する頂点を列挙します。

　図 7.20 に print_path 関数の再帰構造を示します。頂点 src から頂点 v まで移動するには頂点 v の先行頂点である v.pred を必ず通過します。そのため、print_path(vertices, src, v) を実行することは、print_path(vertices, src, vertices[v.pred]) を実行して、v.id を表示することと同じです。再帰処理を v.id と src.id が同じになるまで繰り返すことによって、頂点 src から頂点 v までの経路を表示することができます。

　print_path(vertices, src, v) を実行すると、まず 47 行目の if 文で頂点 v と頂点 src が同じであるかどうかを判定します。True であれば、48 行目で頂点 v は始点なので src.id を表示して関数を終了します。False であれば、49 行目の elif 文で v.pred が None かどうかを判定します。もし、始点である頂点 src 以外の pred が None であれば、頂点 src から頂点 v へは到達不可能なことを意味します。そのため、True であれば 50 行目で経路が存在しないことの旨を表示します。47 行目と 49 行目の判定式がともに False であれば、else ブロックに入ります。52 行目と 53 行目の命令を実行し、再帰的に同様の処理を行います。

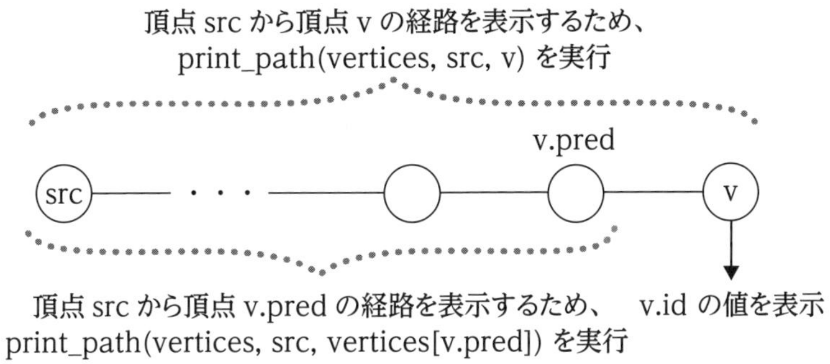

頂点 src から頂点 v の経路を表示するため、
print_path(vertices, src, v) を実行

v.pred

src ─── ・・・ ─── ○ ─── ○ ─── v

v.id の値を表示

頂点 src から頂点 v.pred の経路を表示するため、
print_path(vertices, src, vertices[v.pred]) を実行

図 7.20　print_path 関数の再帰構造

　たとえば、頂点 3 から頂点 7 への経路を表示したいとします。bfs 関数終了後のグラフの状態を表した**図 7.19** を見てください。頂点 7 の先行頂点である vertices[7].pred の値が 0 となっています。頂点 0 の先行頂点である vertices[0].pred の値は 1 となっています。すなわち、vertices[7].pred、vertices[0].pred、vertices[1].pred、vertices[2].pred をたどっていくと、7、0、1、2、3、という順番になることがわかります。表示される順番は反対になるので、3、2、1、0、7 という順番で識別子が表示されます。

■ 幅優先探索の実装プログラムの実行

　ソースコード 7.7（my_bfs.py）を実行した結果を**ログ 7.8** に示します。2 行目に頂点 3 から頂点 7 への経路が表示されています。print_path 関数の解説のとおりの経路が表示されていることが確認できます。

ログ 7.8　my_bfs.py プログラムの実行

```
01  $ python3 my_bfs.py
02  頂点3から頂点7への経路: 3 2 1 0 7
03  0, adj = {1, 7}, 2, 3, 1
04  1, adj = {0, 2, 6}, 2, 2, 2
05  2, adj = {1, 3, 5}, 2, 1, 3
06  3, adj = {2, 4, 5}, 2, 0, None
07  4, adj = {3, 5}, 2, 1, 3
08  5, adj = {2, 3, 4, 6}, 2, 1, 3
09  6, adj = {1, 5}, 2, 2, 5
10  7, adj = {0}, 2, 4, 0
```

　3 行目以降は、各頂点の id と adj、color、dist、pred が表示されています。これらの情報をもとに探索結果を視覚化すると、**図 7.21** に示すようになります。実は、幅優先探索で探索した頂点を視

覚化すると木構造になります。これを幅優先木 (breath first tree) と呼びます。始点である頂点 3 を根として、階層が下に行くたびに距離 dist が 1 増えます。なお、図内での線は pred をもとに 2 つの頂点を接続しています。また、グラフがチェーンのようになっていれば、幅探索木は分岐せずに伸びていきます。

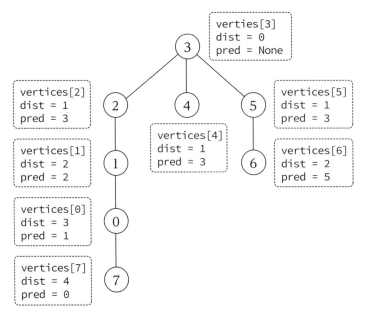

図 7.21　頂点 3 から探索した場合の幅優先木

　このように幅優先木を視覚化すると始点から到達可能な各頂点への経路が明確になります。また、異なる頂点を始点として探索した場合、異なる幅優先木になります。

■ 幅優先探索の計算量

　グラフ内の頂点の数を V、辺の数を E とすると、幅優先探索の計算量は $O(V+E)$ となります。**ソースコード 7.7** の 34 行目の while ループでは、各頂点を 1 度だけキューである変数 q に入れます。そのため、while ループの繰り返し回数は、頂点数と同じになるため、$O(V)$ となります。

　36 行目の for ループでは、各頂点の隣接頂点を走査しています。頂点 i と j を接続する辺があった場合、vertices[i].adj の中に頂点 j が含まれており、vertices[j].adj の中に頂点 i が含まれています。そのため、合計で for ループの繰り返し回数は $2E$ 回なので、$O(E)$ となります。

　while ループの中の for ループが含まれていますが、for ループの繰り返し回数である $O(E)$ は、while ループ全体をとおして $O(E)$ です。そのため、アルゴリズム全体の計算量が $O(V+E)$ となります。

7.6 深さ優先探索

深さ優先探索は、始点からより深く頂点をたどることによって、到達可能なすべての頂点を探索するアルゴリズムです。前節で幅優先探索との違いを説明したときに用いた**図 7.8** の例を確認してください。

7.6.1 深さ優先探索の概要

深さ優先探索は**再帰構造**を用いて実装します。そのため、探索状態を記録するための変数が若干増えます。以下のようなクラスメンバを含んだ MyVertex クラスの定義をします。幅優先探索と比べると、dscv と cmpl が新たなクラスメンバとして定義されています。また、変数 id と adj、pred は幅優先探索と同じです。

```python
class MyVertex:
    def __init__(self, id):
        self.id = id
        self.adj = set()
        self.color = WHITE
        self.dscv = INFTY
        self.cmpl = INFTY
        self.pred = None
```

探索状態を表す color は、WHITE、GLAY、BLACK の 3 つの状態のうち、いずれかの値を取ります。WHITE は未だ訪れていない頂点、GLAY はすでに訪れたが隣接頂点の探索が終了していない頂点、BLACK は隣接頂点の探索が終了した頂点を意味します。初期状態ではすべての頂点が WHITE ですが、探索終了時には始点から到達可能なすべての頂点の color が BLACK になります。

新しく追加した変数 dscv（discovered を省略して dscv）は、初めて頂点を訪れたタイムスタンプ（timestamp）を保存します。すなわち、color が WHITE から GLAY に変化するときのタイムスタンプが dscv に保存されます。タイムスタンプは 0 からはじまる整数値で、始点となる頂点から開始して、辺を経由する毎に 1 つずつ増えていきます。

一方、変数 cmpl（completed を省略して cmpl）は、その頂点の隣接頂点の走査が終了したときのタイムスタンプが保存されます。すなわち、color が GLAY から BLACK に変化するときのタイムスタンプです。

■ 頂点を訪れる順番とタイムスタンプ

前節の幅優先探索との比較で用いた**図 7.8** の右側のグラフを見てください。頂点 10、5、2、12、8、14 という順番に訪れます。これにタイムスタンプの情報を加えたグラフを**図 7.22** に示します。

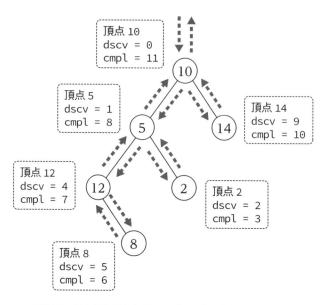

図 7.22　深さ優先探索を用いてグラフ内の頂点を訪れる順番

タイムスタンプを 0 として、頂点 10 から探索を開始します。頂点 10 の dscv は 0 です。隣接頂点が 2 つ以上ある場合は、識別子が小さい頂点から走査します。そのため、次は頂点 5 を探索します。ここで頂点 5 の dscv が 1 に設定されます。次は頂点 2 に進みます。頂点 2 の dscv は 2 です。ここで、頂点 2 はこれまでに訪れていない頂点に隣接していません。そのため、頂点 2 の探索はここで終了です。そのため、頂点 2 の cmpl が 3 に設定されて、もと来た場所の頂点 5 に戻ります。次は頂点 12 に進み、頂点 12 の dscv の値が 4 になります。以降も同様に処理が進みます。

図内の辺をたどっていくと、辺を経由した回数が合計で 10 回になります。そのため、頂点 14 の cmpl の値が 10 になります。最後に始点である頂点 10 の探索完了時間である cmpl の値が 11 になります。

■ 再帰構造の骨格

深さ優先探索では再帰構造を用いますので、その骨格を以下に示します。引数の vertices をグラフ内の頂点を表す MyVertex オブジェクトの集合、変数 u は参照中の頂点である MyVertex オブジェクト、変数 time はタイムスタンプとします。

```
def dfs(vertices, u, time):
    変数の更新
    for i in u.adj:
        if 隣接頂点のcolorがWHITE:
            変数の更新
            dfs(vertices, vertices[i], time)
            変数の更新
    変数の更新
```

　細かい変数の更新は無視して、3行目のforループを見てください。ここで頂点uの隣接頂点を1つずつ走査します。ループカウンタがiなので、隣接する頂点のMyVertexはvertices[i]です。もし、vertices[i]のcolorがWHITE（未探索の状態）であれば、再帰的にdfs関数を呼び出します。第2引数にvertices[i]を指定します。

　視覚化すると**図 7.23** のようになります。図の左側に示すように、**1** 頂点10を始点として、dfs(vertices, vertices[10], 0) を実行します。現在探索中の頂点は10なので、vertices[10].colorはGLAYです。3行目のforループで、隣接する頂点5をまず走査します。

　変数などを更新して、**2** dfs(vertices, vertices[5], 1) を呼び出します。図の左側の点線で囲んだ箇所を見ると、colorがWHITEで構成される部分グラフになっていることがわかります。関数の再帰呼び出しでは、図の右側に示すように、この部分グラフに対して、頂点5から深さ優先探索を実行しているのです。

1 dfs(vertices, vertices[10], 0) を実行

2 再帰的に dfs(vertices, vertices[5], 1) を実行

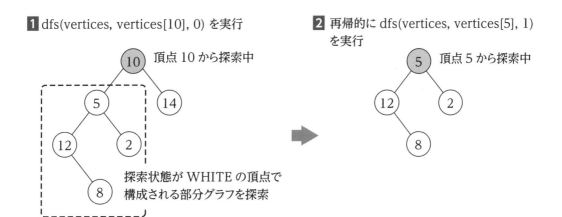

図7.23　深さ優先探索の再帰構造

　点線で囲んだ部分グラフの探索がすべて終了すれば、いったん頂点10に戻ってきて、隣接頂点である頂点14の探索を行います。このように再帰構造を用いて、深さ優先探索を実装できます。

▚ 7.6.2　深さ優先探索の実装例

　ソースコード 7.9（my_dfs.py）に深さ優先探索の実装例を示します。前節と同様に 8 つの頂点と 10 個の辺から構成されるグラフを生成し、ある頂点から到達可能なすべての頂点への経路を探索するプログラムです。

ソースコード 7.9　深さ優先探索アルゴリズム　　　　　　　　`~/ohm/ch7/my_dfs.py`

ソースコードの概要

2 行目〜 4 行目	頂点の探索状態を表すグローバル変数を定義
9 行目〜 24 行目	グラフ内の頂点を表す MyVertex クラスの定義
27 行目〜 39 行目	深さ優先探索を実行する dfs 関数の定義
42 行目〜 49 行目	2 つの頂点間の経路を表示する print_path 関数の定義
52 行目〜 54 行目	2 つの頂点を辺で接続する connect 関数の定義
56 行目〜 87 行目	main 関数の定義

　2 行目〜 4 行目のグローバル変数の宣言と 7 行目の無限大の定義、42 行目〜 49 行目の print_path 関数、52 行目〜 54 行目の connect 関数は幅優先探索と同じです。

```
01  #  状態の種類を定義
02  WHITE = 0
03  GRAY = 1
04  BLACK = 2
05
06  #  無限大の定義
07  INFTY = 2**31 - 1
08
09  class MyVertex:
10      def __init__(self, id):
11          self.id = id
12          self.adj = set()
13          self.color = WHITE
14          self.dscv = INFTY
15          self.cmpl = INFTY
16          self.pred = None
17
18      #  頂点の情報を表示
19      def to_string(self):
20          str_pred = "None"
```

```
21        if self.pred != None:
22            str_pred = str(self.pred)
23
24        return str(self.id) + ", adj = " + str(self.adj) + ", " + str(self.
   color) + ", " + str(self.dscv) + ", " + str(self.cmpl) + ", " + str_pred
25
26 # 深さ優先探索のサブ関数
27 def dfs(vertices, u, time):
28     u.dscv = time
29     time += 1
30     u.color = GRAY
31     for i in u.adj:
32         v = vertices[i]
33         if v.color == WHITE:
34             v.pred = u.id
35             dfs(vertices, v, time)
36             time = v.cmpl + 1
37     u.color = BLACK
38     u.cmpl = time
39     time += 1
40
41 # 経路を表示
42 def print_path(vertices, src, v):
43     if src.id == v.id:
44         print(src.id, end = " ")
45     elif v.pred == None:
46         print("\n 経路が存在しません。")
47     else:
48         print_path(vertices, src, vertices[v.pred])
49         print(v.id, end = " ")
50
51 # 頂点を接続
52 def connect(vertices, i, j):
53     vertices[i].adj.add(j)
54     vertices[j].adj.add(i)
55
56 if __name__ == "__main__":
57     # 頂点の数
58     N = 8
59
60     # 頂点の生成
61     vertices = []
```

```
62      for i in range(0, N):
63          vertices.append(MyVertex(i))
64
65      # 辺の設定
66      connect(vertices, 0, 1)
67      connect(vertices, 0, 7)
68      connect(vertices, 1, 6)
69      connect(vertices, 1, 2)
70      connect(vertices, 2, 3)
71      connect(vertices, 2, 5)
72      connect(vertices, 3, 4)
73      connect(vertices, 3, 5)
74      connect(vertices, 4, 5)
75      connect(vertices, 5, 6)
76
77      # 頂点5を始点として探索
78      dfs(vertices, vertices[5], 0)
79
80      # 始点頂点5から頂点7の経路を表示
81      print("頂点5から頂点7への経路: ", end = "")
82      print_path(vertices, vertices[5], vertices[7])
83      print("")
84
85      # 各頂点の表示
86      for i in range(0, N):
87          print(vertices[i].to_string())
```

■ main 関数の説明

　56 行目～ 87 行目で main 関数を定義しています。幅優先探索の**ソースコード 7.7**（my_bfs.py）と同じグラフを生成するので、ほとんど同じです。違いは 78 行目に示す dfs 関数で探索を行う箇所だけです。また、今回は頂点 5 を始点として探索をするため、82 行目の print_path 関数への引数を変更しています。

　実行結果として、頂点 5 から頂点 7 への経路を表示します。さらにグラフ内の各頂点の情報として、id と adj、color、dscv、cmpl、pred を表示します。

■ dfs 関数（軸優先探索の実行）の説明

　27 行目～ 39 行目で幅優先探索を実行する dfs 関数を定義しています。引数として、頂点の集合を変数 vertices、始点となる頂点の MyVertex オブジェクトを変数 u、タイムスタンプを変数 time で受け取ります。

　頂点 u は、初めて訪れる頂点なので、28 行目で u.dscv に現在のタイムスタンプである time の値を代入して、30 行目で u.color を GLAY に設定します。また、29 行目で time の値を 1 増やします。

　31 行目〜 36 行目の for ループで、頂点 u に隣接する頂点を 1 つずつ走査します。前項で解説した深さ優先探索の骨格を具体的に記述したものです。32 行目で変数 v に vertices[i] の MyVertex オブジェクトを代入します。以降の記述を完潔にするために変数 v を用います。

　33 行目の if 文で、頂点 v が未探索 (v.color が WHITE) かどうかを判定します。False であれば頂点 v は無視して次のイテレーションへ進みます。True であれば if ブロックに入ります。34 行目で頂点 v の先行頂点を u に設定します。35 行目で dfs 関数を再帰的に呼び出します。ここでは第 2 引数に頂点 v の MyVertex オブジェクト、第 3 引数に現在のタイムスタンプを指定します。頂点 v と color が WHITE のである頂点の集合から構成される部分グラフの探索をします。探索が終了すれば、36 行目に処理が戻ってきます。この時点では頂点 v から到達可能な部分グラフの頂点をすべて探索し終えた状態なので、dfs 関数の内部で頂点 v の探索終了時間を示す v.cmpl がすでに設定されています。そのため、現在のタイムスタンプを time = v.cmpl+1 に更新します。ループ処理を用いて、u.adj に含まれるすべての頂点に対して同様の処理を行います。

　ループを抜けると頂点 u のすべての隣接頂点を走査し終えた状態になります。そのため、37 行目で u.color を BLACK に変更して、探索終了状態にします。38 行目の u.cmpl = time という命令で探索終了時間に現在のタイムスタンプを設定して、39 行目で time の値を 1 増やします。

　頂点 5 を始点として、深さ優先探索を実行したときの具体例を**図 7.24 〜 7.39** に示します。まず、**図 7.24** に、dfs(vertices, vertices[5], 0) を実行して、31 行目の for ループに入る前の状態を示します。図の左側がグラフ内の各頂点の状態、右側がスタックの状態です。

　main 関数から dfs(vertices, vertices[5], 0) を実行したため、スタックの底に main 関数が格納され、その上に dfs(vertices, vertices[5], 0) が格納されている状態です。なお、スタックの一番上の要素が実行中の関数です。スタックによる再帰関数の管理は、第 3.4 節で解説したスタックの使用例を参照してください。

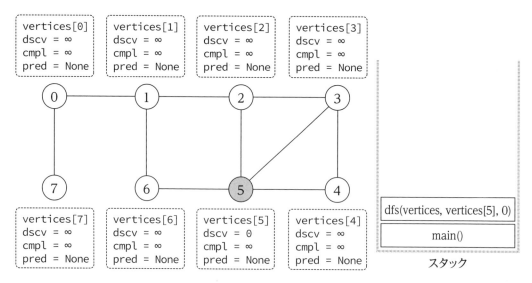

図 7.24　タイムスタンプが 0 のときのグラフの状態

　31 行目〜 36 行目の for ループで、頂点 5 に隣接する頂点を走査します。頂点 2 は、初めて訪れる頂点なので、35 行目で再帰的に dfs(vertices, vertices[2], 1) を実行します。第 2 引数が頂点 2 を表す MyVertex オブジェクトです。この時点でタイムスタンプである変数 time の値は 1 になっているはずです。dfs(vertices, vertices[2], 1) を 31 行目の for ループの直前まで処理を進めたときの状態を**図 7.25** に示します。vertices[2] の color と dscv と pred の値が更新されていることに注目してください。また、実行中の関数が dfs(vertices, vertices[2], 1) なので、スタックの一番上に当該関数が格納されています。

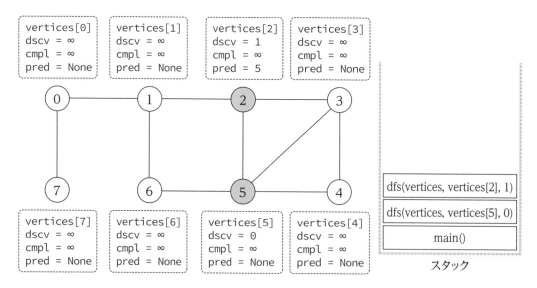

図 7.25　タイムスタンプが 1 のときのグラフの状態

同様に処理を進めていきます。次は頂点 1 を探索するために dfs(vertices, vertices[1], 2) が呼び出されます。そのときの状態を**図 7.26** に示します。vertices[1] の変数とスタックの中身の変化に注意しながらトレースしてください。

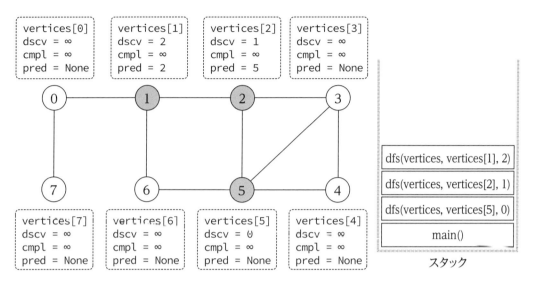

図 7.26 タイムスタンプが 2 のときのグラフの状態

頂点 1 の次は頂点 0 へ進みます。視覚化すると**図 7.27** の状態になります。

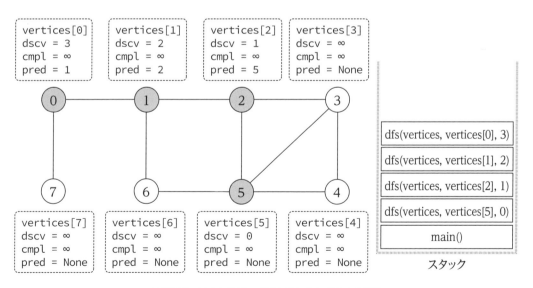

図 7.27 タイムスタンプが 3 のときのグラフの状態

　さらに頂点 7 へ進みます。そのときの状態を**図 7.28**に示します。いま、dfs(vertices, vertices[7], 4) を実行している状態です。グラフから読み取れるように、頂点 7 の隣接頂点で color が WHITE の頂点は存在しません。そのため、31 行目の for ループを抜けて、37 行目へ進みます。37 行目と 38 行目の命令で、u.color と u.cmpl の値を更新します。ここで変数 u は vertices[7] を指しています。39 行目で変数 time の値を更新して、関数を終了します。

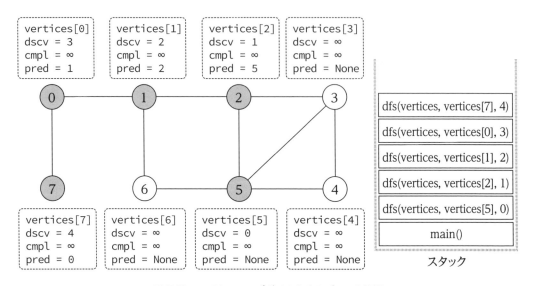

図 7.28　タイムスタンプが 4 のときのグラフの状態

　dfs(vertices, vertices[7], 4) の終了時点での状態を**図 7.29**に示します。頂点 7 を表す vertices[7] の color が BLACK になり、cmpl の値が 5 になります。また、関数の実行が終了したので、プログラムの制御が関数の呼び出し元へ戻します。そのために dfs(vertices, vertices[7], 4) をスタックからポップします。図の右側のスタックの一番上が、dfs(vertices, vertices[7], 4) の呼び出し元である dfs(vertices, vertices[0], 3) になります。

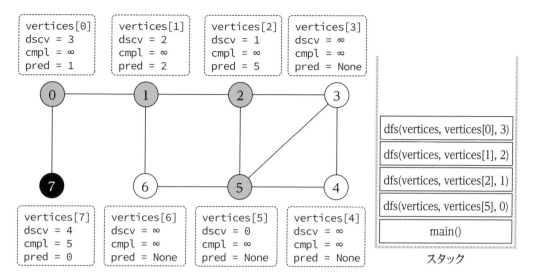

図7.29 タイムスタンプが 5 のときのグラフの状態

dfs(vertices, vertices[7], 4) が終了すると、呼び出し元である dfs(vertices, vertices[0], 3) の 35 行目に処理が戻ってきます。変数 u は頂点 0 である vertices[0] を参照しています。これ以上走査する隣接頂点がいないので、for ループを抜けます。37 行目〜 39 行目の処理を実行して、dfs(vertices, vertices[0], 3) を終了します。そのときの状態を**図 7.30** に示します。1 つ前の図と同様に頂点 0 の color と cmpl、スタックの中身が変化していることを確認してください。

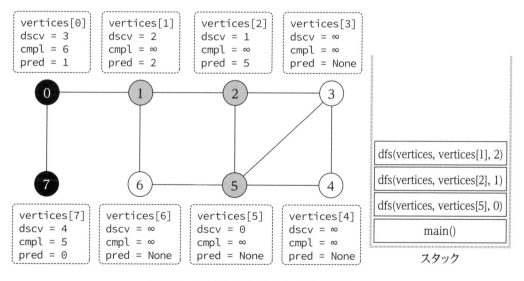

図7.30 タイムスタンプが 6 のときのグラフの状態

処理が dfs(vertices, vertices[1], 2) の 35 行目に戻ります。36 行目で time = v.cmpl+1 を実行

すると、変数 time の値が 7 になります。for ループを繰り返し、次は頂点 6 を指す vertices[6] が変数 v に格納されます。再度、再帰的に dfs(vertices, vertices[6], 7) を呼び出します。そのときの状態を**図 7.31** に示します。vertices[6] の color が GLAY、dscv の値が 7、pred の値が 1 になります。また、dfs(vertices, vertices[1], 2) 内で dfs(vertices, vertices[6], 7) を呼び出すので、スタックの中身が変化しています。

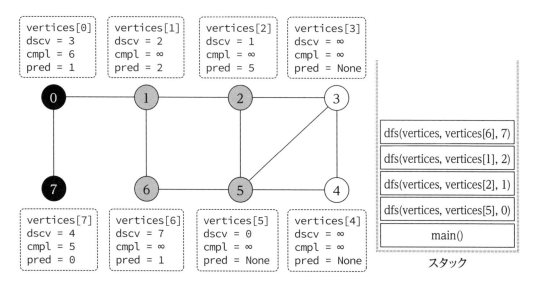

図 7.31　タイムスタンプが 7 のときのグラフの状態

　この時点では、頂点 6 は color が WHITE の隣接頂点をもたないので、for ループを抜けて関数を終了します。視覚化すると**図 7.32** に示します。

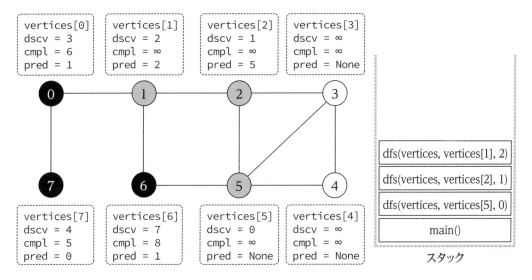

図7.32 タイムスタンプが8のときのグラフの状態

　以降も同様の処理を繰り返します。各頂点の変数である color、dscv、cmpl、pred とスタックの中身を確認しながら、どのようにグラフが変化するかを**図7.33 ～ 7.39** を見て確認してください。

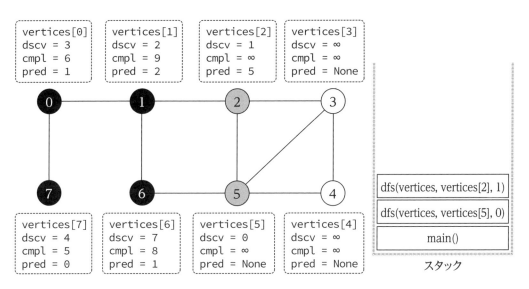

図7.33 タイムスタンプが9のときのグラフの状態

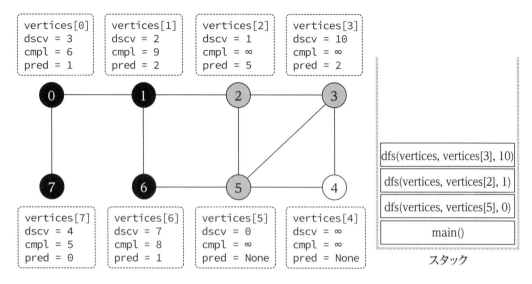

図 7.34 タイムスタンプが 10 のときのグラフの状態

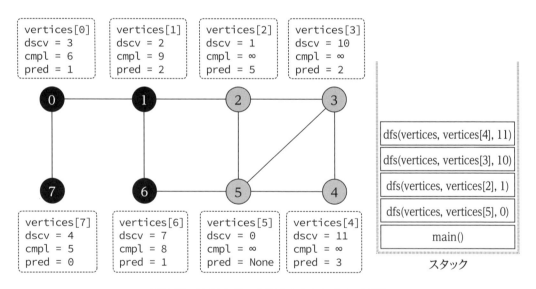

図 7.35 タイムスタンプが 11 のときのグラフの状態

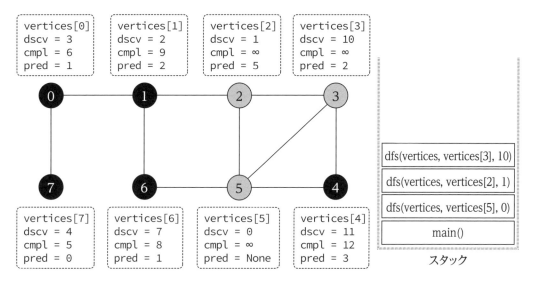

図 7.36 タイムスタンプが 12 のときのグラフの状態

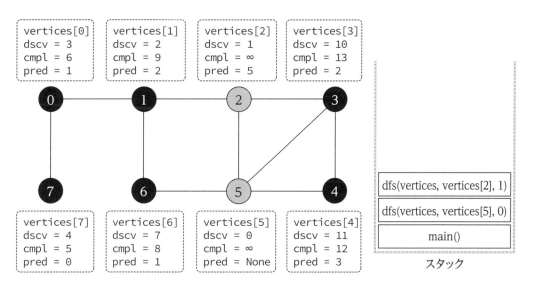

図 7.37 タイムスタンプが 13 のときのグラフの状態

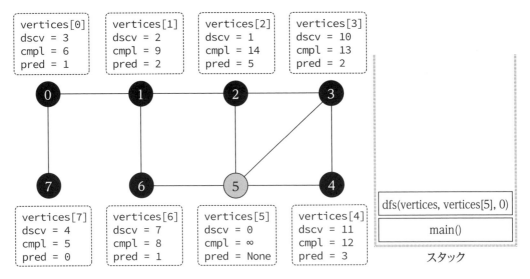

図 7.38　タイムスタンプが 14 のときのグラフの状態

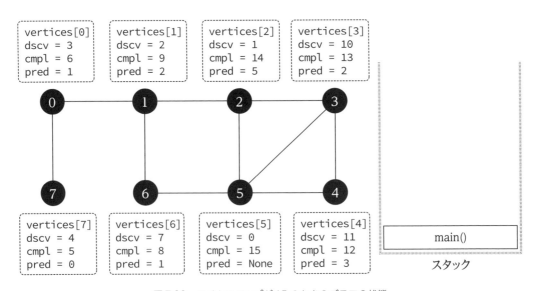

図 7.39　タイムスタンプが 15 のときのグラフの状態

到達可能なすべての頂点を探索し、color が BLACK になれば探索は終了です。始点である頂点 5 から到達可能なすべての頂点の dscv と cmpl と pred の値が設定されます。

■ 深さ優先探索の実装プログラムの実行

ソースコード 7.9（my_dfs.py）を実行した結果を**ログ 7.10** に示します。2 行目に頂点 5 から頂点 7 までの経路が表示されています。**図 7.39** のグラフと見比べると、正しく経路が探索できてい

ることが確認できます。3 行目以降は各頂点の情報が表示されています。**図 7.39** 内で示した変数の
値と同じです。

ログ 7.10　my_dfs.py プログラムの実行

```
01 $ python3 my_dfs.py
02 頂点5から頂点7への経路: 5 2 1 0 7
03 0, adj = {1, 7}, 2, 3, 6, 1
04 1, adj = {0, 2, 6}, 2, 2, 9, 2
05 2, adj = {1, 3, 5}, 2, 1, 14, 5
06 3, adj = {2, 4, 5}, 2, 10, 13, 2
07 4, adj = {3, 5}, 2, 11, 12, 3
08 5, adj = {2, 3, 4, 6}, 2, 0, 15, None
09 6, adj = {1, 5}, 2, 7, 8, 1
10 7, adj = {0}, 2, 4, 5, 0
```

　幅優先探索と同様に、深さ優先探索の探索結果を視覚化すると**図 7.40** に示す木構造になります。
これを**深さ優先木**（depth first tree）と呼びます。深さ優先木で確認すると、始点である頂点 5 から
各頂点への経路が視覚的にも明確になります。

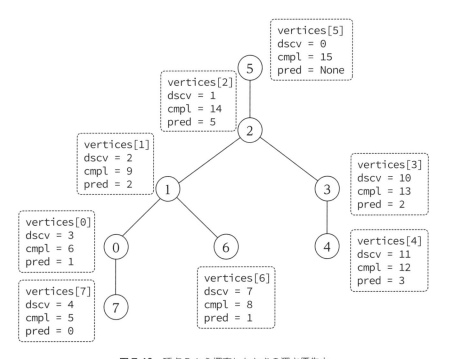

図 7.40　頂点 5 から探索したときの深さ優先木

　深さ優先探索の計算量は $O(V+E)$ です。理由は幅優先探索とほとんど同じなので割愛します。

7.7　ダイクストラ法

　ダイクストラ法（**dijkstra**）は、グラフ内のある頂点から到達可能なすべての頂点への最短経路（shortest path）を探索するアルゴリズムです。これまでの例では、すべての辺は同じ**重み**をもつ、と仮定していました。このようなグラフを**重みなしグラフ**（**unweighted_graph**）と呼びます。実際には辺に重みはありますが、すべての辺が同じ重みなので、「**重みを考慮する必要はないグラフ**」という意味です。

　重みなしグラフでは、すべての辺が同じ重みをもつため、ある頂点から他の頂点へたどり着くまでに経由する辺の数が一番少ない経路が最短経路となります。幅優先探索を適応すれば最短経路を探索できます。

　しかし、多くのグラフ構造では、各辺はそれぞれの重みをもちます。これを辺の重み（edge weight）と呼びます。このように辺に重みがあるグラフを**重み付きグラフ**（**weighted graph**）と呼びます。重み付きグラフでは、ある頂点から他の頂点へ経路のうち、重みが一番小さい経路が最短経路となります。ダイクストラ法は重み付きグラフにおいて、最短経路を求めるアルゴリズムなのです。もちろん、重みなしグラフにダイクストラ法を適応することも可能です。

7.7.1　距離の定義

　ダイクストラ法が適応できる条件として、負の値をもつ辺がグラフに存在しないことです。その前にアルゴリズムで重要な概念である**距離**（**distance**）について説明します。

　頂点 u と頂点 v を接続する辺の重みを $w(u, v)$ と表記します。1 つ以上の辺を経由して到達可能な 2 つの頂点の距離をどのように定義するか考えてみましょう。

　たとえば、コンピュータネットワークをグラフ化した例を**図 7.41** に示します。**図 7.41**(a) には、3 つの端末があり、それぞれ**送信端末 s**（source の略）、**目的端末 d**（destination の略）、**中継端末 r**（relay の略）とします。端末 s と端末 d を結ぶ回線の転送速度を 50Mbps、端末 s と端末 r を結ぶ回線の転送速度を 100Mbps、端末 r と端末 d を結ぶ回線の転送速度を 500Mbps とします。すなわち、$w(s, d) = 10$、$w(s, r) = 100$、$w(r, d) = 500$ です。辺の重みが転送速度なので、当然ながら大きい値をもつ辺のほうが良いです。では、2 点間の距離はどうなるでしょうか？　s → r → d という経路でデータを転送する場合は $w(s, r)$ がボトルネックとなるため、実際のパフォーマンスは経路中でボトルネックとなる辺の値が一番大きい経路が一番良い経路（最短経路）と定義できます。**図 7.41**(a) では、中継端末 r を経由する経路である s → r → d が最短経路となります。

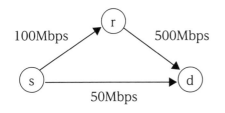
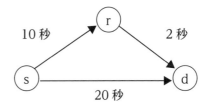

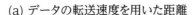

図 7.41 距離の定義

　この方法は、コンピュータネットワークにおいて最適な経路を決めるための最も直感的な方法です。しかし、これではダイクストラ法は適応できません。ダイクストラ法を適応するには、各辺の重みをコストとしてみなし、距離が**単調増加**（減らないという意味で、英語では **non-decreasing** と呼ぶこともある）するようにしなければなりません。

　次は違う方法で距離を定義して、**図 7.41**(b) に示すようにコンピュータネットワークをグラフ化します。今回は辺の重みを 1,000Mbits のデータを転送するために必要な時間と定義しました。具体的には $w(s, d) = 20$、$w(s, r) = 10$、$w(r, d) = 2$ となります。時間なので、小さい値をもつ辺が良いと判断できます。そして、2 点間の距離を経由する辺の重みの合計値とします。この場合、s → d という経路よりも、s → r → d という経路のほうがデータ転送に要する時間の合計値が小さくなります。

　このように辺の重みと距離を定義すれば、負の値を含む辺は存在しなくなり、2 つの頂点間の距離が辺を経由する毎に単調増加するため、ダイクストラ法が適応可能となります。実際のアプリケーションやコンピュータシステムを抽象化して、グラフ構造を生成するときは、注意して距離を定義しなければいけません。

　本書では、辺の重みを正の整数値として定義し、2 つの頂点間の距離は経由する辺の重みの合計値とします。

7.7.2　ダイクストラ法の概要

　ダイクストラ法を適応するために頂点を表す MyVertex クラスを以下のように定義します。識別子 self.id と始点からの距離 self.dist、先行頂点 self.pred は幅優先探索と同様です。ただし、dist は経路内の辺の重みの合計です。隣接頂点を表す self.adj の初期化方法が波括弧（brace）に変わっていることに気づくと思います。あとで簡単に解説しますが、これは辞書型という型です。

```python
class MyVertex:
    def __init__(self, id):
        self.id = id
        self.adj = {} # dic型
        self.dist = INFTY
        self.pred = None
```

　ダイクストラ法の骨格は以下の擬似コードのとおりです。引数として、頂点を表す MyVertex オブジェクトの集合を変数 vertices、始点となる頂点の MyVertex オブジェクトを変数 src で受け取ります。

```
def dijkstra(vertices, src):
    # 初期化
    src.dist = 0
    q = [] # 優先度付きキュー
    for u in vertices:
        u を q にエンキューしヒープ化

    # 探索
    while len(q) > 0:
        q をデキューして u に格納
        for i in u.adj.keys():
            リラックス処理と必要に応じて q をヒープ化
```

　幅優先探索と似ているようで似ていません。3 行目で src.dist を 0 で初期化します。始点なので距離が 0 となります。4 行目の変数 q を空のリストで初期化し、5 行目～6 行目で vertices 内のすべての要素を変数 q にエンキューします。ここで変数 q は優先度付きキューとして用いますので、ヒープの性質を維持するようにエンキューします。具体的には heapq モジュールを使用しますが、別途解説します。

　9 行目の while ループで、優先度付きキューから頂点を 1 つずつ取り出して、隣接頂点を走査します。隣接頂点の走査対象が u.adj.keys() となっていたり、リラックス処理という言葉が出てきますが、これらも後ほど解説します。ここでは要素を距離 dist の値をもとに優先度付きキューに格納された頂点を 1 つずつ取り出し、取り出した頂点の隣接頂点を走査し、距離が短い経路が見つかったら隣接端末の dist を更新する、と理解してください。

　上記の骨格から、ダイクストラ法では、各頂点と各辺を 1 度ずつ処理することがわかると思います。それでは辞書型とリラックス処理、優先度付きキュー、heapq モジュールの使い方について、それぞれ解説します。

■ 辞書型を用いた隣接頂点の管理

　第 7.5 節と第 7.6 節では、クラスメンバ adj を **set 型の変数**として、隣接する頂点の識別子を記録していました。しかし、この方法では重みを保存できません。

　隣接行列を用いれば、隣接する頂点とその辺の重みを簡単に管理できます。多くのアルゴリズムの図書では隣接行列を用いています。しかし、隣接行列を用いた場合、隣接頂点の探索で時間がかかるのでお勧めしません。

　そこで、本書では**辞書型**（**dictionary type**）と呼ばれる型を用います。略して dict 型と呼ぶこと

もあります。辞書型は、キーとそれに対応する値のペアを格納するためのデータ構造です。学問的には**連想配列**（**associative array**）と呼びます。また、Java や C++ では Map という名前で、同じような機能をもつコレクションクラスが提供されています。

辞書型変数の宣言はリストに似ています。初期化時に角括弧（bracket）の代わりに波括弧（brace）を用います。たとえば、以下のソースコードを見てください。

```
v = MyVertex(0)
v.adj = {"1": "10", "2": 5}
```

MyVertex のインスタンスを生成し、変数 v を初期化します。v.id は 0 です。2 行目では、dict 型の変数 adj に隣接頂点の識別子をキー、距離を値として初期化します。書式は、" キー ": " 距離 " です。キーと値をそれぞれダブルクォートで囲み、コロンで分離します。これをペアとして dict 型に格納します。各ペアは、リストの要素と同様にカンマで区切ります。

v.adj が含む要素から、$w(0, 1) = 10$、$w(0, 2) = 5$ ということがわかります。このように dict 型を用いることによって、各頂点の隣接頂点と辺の重みを管理できます。

また、空の辞書を生成する場合は、波括弧だけを記述します。要素を挿入する場合は、v.adj[キー] = 値、という書式です。以下のように記述すると、変数 v.adj の中身が上記のソースコードの抜粋と同じになります。

```
v = MyVertex(0)
v.adj = {}
v.adj[1] = 10
v.adj[2] = 5
```

■ リラックス処理

リラックス処理（relaxation process）とは、始点である頂点 s から頂点 v までの経路について、すでに発見された経路よりも良い経路が見つかったときに頂点 v への距離 dist と先行頂点 pred を更新する処理です。

たとえば、**図 7.42**(a) に示すグラフを見てください。3 つの頂点 s と u と v がグラフに含まれており、頂点 s から v、頂点 s から u、頂点 u から v の辺が存在します。辺の重みは、それぞれ $w(s, u) = 5$、$w(s, v) = 10$、$w(u, v) = 3$ とします。説明の簡略化のために、ここでは有向グラフを用いて説明します。すでに頂点 s の隣接頂点が走査された状態であり、頂点 v の dist が 10、頂点 u の dist が 5 です。

次に頂点 u の隣接頂点を走査します。$w(u, v) = 3$ なので、s → u → v という経路を通った場合、dist が 8 になります。すでに発見されている s → v という経路よりも良い経路が見つかったので、頂点 v の dist と pred を更新する必要があります。更新後の状態を**図 7.42**(b) に示すように、頂点 v の dist と pred の値はそれぞれ 8 と u になります。

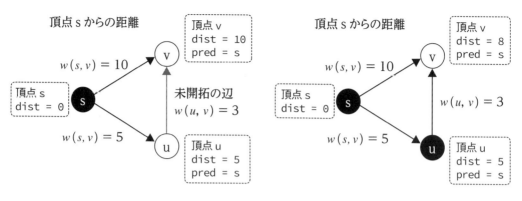

(a) 頂点 s の隣接頂点を走査　　　　　　(b) 頂点 u の隣接頂点を走査

図 7.42　リラックス処理の例

　リラックス処理の擬似コードは以下のとおりです。関数名を relax とします。引数として 2 つの MyVetex オブジェクトを変数 u と v で受け取ります。頂点 u は、現在隣接する頂点を走査中の頂点です。頂点 s は登場しませんが、頂点 u と v は**図 7.42**(b) と同じ状況です。すでに u.dist と v.dist の値はなんらかの値が設定されています。もし、頂点 v への経路が 1 つも発見されていなければ、v.dist は初期値として ∞ が設定されています。

```
def relax(u, v):
    if v.dist > u.dist + w(u, v):
        v.dist = u.dist + w(u, v)
        v.pred = u.id
```

　擬似コードを見てのとおり、頂点 u を経由して頂点 v に到達する経路のほうが、すでに発見された経路よりも良い経路 (dist の値が小さい) であれば、v.dist と v.pred を更新します。

> **▎Column**
>
> ## リラックス (relax) という単語について
>
> 　良い経路に更新する処理を「リラックス (relax)」と呼ぶことについて疑問に思うかもしれませんが、歴史的な背景があります。数学において relax という単語は、制限を緩和するときに使用します。頂点 v へ繋がる辺の集合 (**図 7.42** では 2 つ) があり、この中の 1 つが頂点 v への最短経路に含まれます。1 回の relax 関数の処理で、最短経路に含まれる辺となる要素の候補を 1 つ減らすことができます。この処理を「制限を取り除く」と解釈できるため、ダイクストラ法では relax いう単語が使用されます。

■ 優先度付きキューの使用

　ダイクストラ法では、各頂点の隣接頂点を1度ずつ走査します。始点から近い順番に頂点を探索しますが、具体的にどういう基準で頂点を選ぶかが重要となります。ダイクストラ法では、各頂点の探索状態を管理するため**優先度付きキュー**を用います。優先度付きキューなので、第6.4節で解説したヒープを使用します。

　まず、**図7.43**に示すグラフを見てください。有向グラフは4つの頂点 s、u、v、w で構成されます。矢印で示した4つの辺があり、辺の重みはそれぞれ $w(s, u) = 5$、$w(s, v) = 10$、$w(u, v) = 3$、$w(v, w) = 2$ です。図は頂点 s の隣接端末の走査を終えた時点の状態です。そのため、頂点 u.dist と v.dist の値はそれぞれ5と10です。一方、w.dist は初期値から変更されていないので、∞のままです。また、ここではひとまず先行頂点 pred は無視してください。

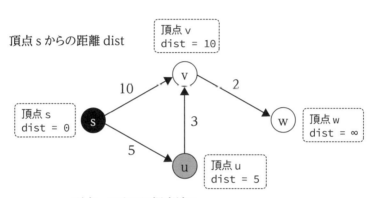

図7.43　有向グラフの頂点 s の隣接頂点を走査

　頂点 s の隣接頂点を走査し終えた状態なので、頂点 s を指す円形を黒色で塗りつぶしています。頂点 u の円形を灰色で塗りつぶしていますが、未探索の頂点の中で一番 dist の値が小さいのが頂点 u、という意味です。

　ダイクストラ法では、dist の値をもとに優先度を決めます。優先度の必要性を説明するために、優先度を付けなければどういった問題が発生するかを見てみます。**図7.44**に示すように、頂点 u より先に頂点 v の隣接頂点を走査したとしましょう。頂点 w の dist が更新されて値が12になります。また、頂点 v の円形を黒色で塗りつぶします。

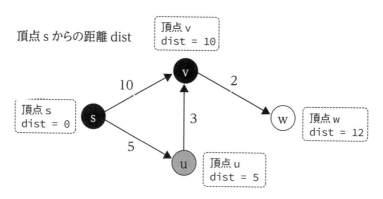

図7.44　頂点 u より先に頂点 v の隣接頂点を走査したときに起こる不具合 1

　次に頂点 u の隣接頂点を走査します。そのときの状態を**図 7.45** に示します。ここでリラックス処理によって、頂点 v の dist の値が 10 から 8 に更新されます。頂点 s → v という経路より、s → u → v という経路のほうが距離が短いからです。

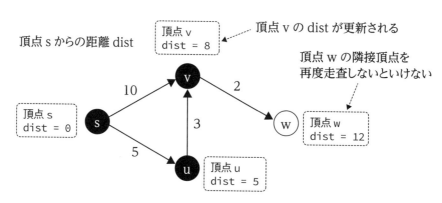

図7.45　頂点 u より先に頂点 v の隣接頂点を走査したときに起こる不具合 2

　当然、v.dist の値が更新されると、w.dist も更新しなければなりません。頂点 w への最短経路は、s → u → v → w なので、w.dist は 10 となるはずです。しかし、頂点 v はすでに走査済みです。正しい距離を設定しようとするならば、走査済みの頂点を再度走査しなければなりません。このような問題を回避するために優先度付きのキューを使用します。

　各頂点の dist の小さい順から隣接頂点を走査した場合は上手く処理できます。**図 7.46** に、dist の値が一番小さい頂点 u を先に走査したときの状態を示します。v.dist の値が 8 に更新されます。そして v.dist と w.dist の値を比べると、頂点 v の優先度のほうが高いので、頂点 v を表す円形を灰色に塗りつぶしています。

　次に頂点 v の隣接頂点を走査したときの状態を**図 7.47** に示します。w.dist の値が 10 に更新されます。各頂点を操作する回数が 1 回で、かつすべての頂点の dist が正しく設定されています。

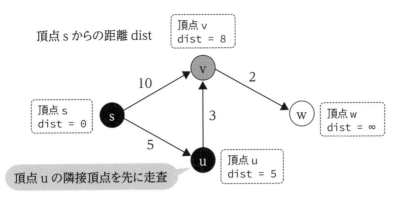

図7.46 各頂点の dist を基にして優先度を用いたときの処理 1

次に頂点 v の隣接頂点を走査したときの状態を**図7.47** に示します。w.dist の値が 10 に更新されます。各頂点を操作する回数が 1 回で、かつすべての頂点の dist が正しく設定されています。

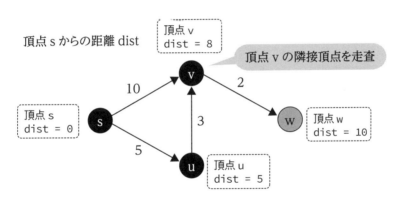

図7.47 各頂点の dist を基にして優先度を用いたときの処理 2

■ Python が提供するヒープ

本書の例では、優先度付きキューとして**ヒープ**を用います。第 6.4 節で解説した**ソースコード 6.3**（my_heap.py）では、大きな値をもつ要素の優先度を高くしましたが、ダイクストラ法では dist の値が小さい要素の優先度を高くします。そのため、max_heapify 関数や create_max_heap 関数を変更して、min_heapify 関数や create_min_heap 関数を定義する必要があります。これらを修正して適応しても良いですが、ソースコードが長くなるので、ここでは Python が提供するライブラリを使用します。

まず、ヒープが定義されているモジュール名と関数の概要を以下に示します。「変数名」は、ヒープ化したいリスト（配列）の変数の名前です。

インポート ：import heapq

エンキュー関数：heapq.heappush（変数名 , 新しい要素）

デキュー関数：heapq.heappop（変数名）

ヒープ化関数：heapq.heapify（変数名）

ヒープモジュールの使い方は簡単なので，具体例はダイクストラ法の実装例を見ながら解説します。

■ クラスの比較演算

　ヒープを適応するためには，要素が比較可能でなければなりません。そうでなければ優先度が定義できないからです。キューの中には MyVertex オブジェクトの集合が格納されていて、それらの優先度は各オブジェクトがもつ dist の値を基準に優先度を決定します。すなわち、クラスのオブジェクト同士の比較演算を定義しないといけないのです。

　以下の MyVertex の定義の抜粋を見てください。4 行目で eq メソッドを実装しています。なお、eq は equal（等しい）の略です。

　これは Python の拡張比較（rich comparison）と呼ばれるもので、Python 言語そのものの解説は本筋から逸れるので、各自で公式 API ドキュメントを参照してください。このように記述すれば、あるクラスのオブジェクト同士の比較演算ができると考えてください。

　引数の v は比較対象となる MyVertex オブジェクトです。2 つの頂点を表す MyVertex オブジェクト self と v がもつ self.dist と v.dist を同値であるかどうか、といった判定式を返します。

```
class MyVertex:
    def __eq__(self, v):
        return self.dist == v.dist
    # 以下、同様の処理を!=、<、<=、>、>=についても記述
```

　同様に ne(not equal)、lt(less than)、le(less equal)、gt(greater than)、ge(greater equal) についても定義しますが、似たような処理になります。これらのメソッドは、ダイクストラ法の実装ソースコードで列挙します。本当は、例外処理（引数 v が MyVertex オブジェクトかどうかなど）をしたほうが良いのですが、簡略化のために省いています。

■ 7.7.3　ダイクストラ法の実装例

　ソースコード 7.11（my_dijkstra.py）にダイクストラ法の実装例を示します。無向グラフで例を示すとステップ数が多くなるため、今回は有向グラフを用いています。

ソースコード7.11　ダイクストラ法の実装

ソースコードの概要

6行目～43行目	頂点を表す MyVertex クラスの定義
46行目～52行目	リラックス処理を行う relax 関数の定義
55行目～68行目	ダイクストラ法を実行する dijkstra 関数の定義
71行目～78行目	始点から他の頂点への経路を表示する print_path 関数の定義
81行目～82行目	2つの頂点を方向性をもつ辺で接続する connect 関数の定義
85行目～89行目	ヒープの中身を表示する print_heap 関数の定義
91行目～122行目	main 関数の定義

1行目で heapq モジュールをインポートします。4行目は無限大の定義です。71行目～78行目の print_path 関数はこれまでと同じ内容なので説明は省きます。85行目～89行目の print_heap 関数は、優先度付きキューとして使用しているリストの中身を表示する処理です。アルゴリズムに直接関係ないので解説は省きます。

```python
01  import heapq
02
03  # 無限大の定義
04  INFTY = 2**31 - 1
05
06  class MyVertex:
07      def __init__(self, id):
08          self.id = id
09          self.adj = {} # dict型
10          self.dist = INFTY
11          self.pred = None
12
13      # = の定義
14      def __eq__(self, v):
15          return self.dist == v.dist
16
17      # != の定義
18      def __ne__(self, v):
19          return self.dist != v.dist
20
21      # < の定義
22      def __lt__(self, v):
23          return self.dist < v.dist
```

```
24
25        # <= の定義
26        def __le__(self, v):
27            return self.dist <= v.dist
28
29        # > の定義
30        def __gt__(self, v):
31            return self.dist > v.dist
32
33        # >= の定義
34        def __ge__(self, v):
35            return self.dist >= v.dist
36
37        # 頂点の情報を表示
38        def to_string(self):
39            str_pred = "None"
40            if self.pred != None:
41                str_pred = str(self.pred)
42
43            return str(self.id) + ", adj = " + str(self.adj) + ", " + str(self.dist) + ", " + str_pred
44
45  # 最短経路となる先行頂点の変更
46  def relax(u, v):
47      if v.dist > u.dist + u.adj[v.id]:
48          v.dist = u.dist + u.adj[v.id]
49          v.pred = u.id
50          return True
51      else:
52          return False
53
54  # ダイクストラ法
55  def dijkstra(vertices, src):
56      # 初期化
57      src.dist = 0
58      q = [] # 優先度付きキュー
59      for u in vertices:
60          heapq.heappush(q, u)
61
62      # 探索開始
63      while len(q) > 0:
64          # print_heap(q) # ヒープの中身を表示
65          u = heapq.heappop(q)
```

```
66          for i in u.adj.keys():
67              if relax(u, vertices[i]):
68                  heapq.heapify(q)
69
70  # 経路を表示
71  def print_path(vertices, src, v):
72      if src.id == v.id:
73          print(src.id, end = " ")
74      elif v.pred == None:
75          print("\n 経路が存在しません。")
76      else:
77          print_path(vertices, src, vertices[v.pred])
78          print(v.id, end = " ")
79
80  # 頂点を接続
81  def connect(vertices, i, j, weight):
82      vertices[i].adj[j] = weight
83
84  # ヒープの中身を表示
85  def print_heap(q):
86      print("[", end="")
87      for i in q:
88          print(i.id, end=" ")
89      print("]")
90
91  if __name__ == "__main__":
92      # 頂点の数
93      N = 5
94
95      # 頂点の生成
96      vertices = []
97      for i in range(0, N):
98          vertices.append(MyVertex(i))
99
100     # 辺の設定
101     connect(vertices, 0, 1, 15)
102     connect(vertices, 0, 4, 7)
103     connect(vertices, 1, 2, 1)
104     connect(vertices, 1, 4, 3)
105     connect(vertices, 2, 3, 5)
106     connect(vertices, 3, 2, 6)
107     connect(vertices, 3, 0, 9)
```

```
108    connect(vertices, 4, 1, 4)
109    connect(vertices, 4, 2, 11)
110    connect(vertices, 4, 3, 2)
111
112    # 頂点0を始点として探索
113    dijkstra(vertices, vertices[0])
114
115    # 頂点0から頂点2の経路を表示
116    print("頂点0から頂点2への経路: ", end = "")
117    print_path(vertices, vertices[0], vertices[2])
118    print("")
119
120    # 各頂点の表示
121    for i in range(0, N):
122        print(vertices[i].to_string())
```

■ MyVertex クラス（頂点を表す）の説明

　6 行目〜 43 行目で頂点を表す MyVertex クラスを定義しています。クラスメンバに関しては、解説したとおりです。14 行目〜 35 行目で 6 種類（ = 、! = 、< 、< = 、> 、> = ）の比較演算を定義しています。すべて距離 dist をもとに同値、または大小を比較します。

　また、隣接する頂点の識別子と辺の重みを表す変数 self.adj は dict 型なので、81 行目〜 82 行目の connect 関数で辺を追加するときの処理がこれまでとは若干異なります。connect 関数は、vertices[i] から vertices[j] へ向かう辺を追加し、その辺の重みである weight を設定します。vertices[i].adj[j] = weight と記述して、辺を追加します。

■ main 関数の説明

　91 行目〜 122 行目で main 関数を定義しています。行っていることは幅優先探索や深さ優先探索とほぼ同じです。今回は 5 つの頂点から構成される有向グラフを用います。93 行目で変数 N を整数値の 5 で初期化し、96 行目〜 98 行目で MyVertex オブジェクトを生成します。101 行目〜 110 行目でグラフに辺を追加しています。それぞれの辺は重みがあるので、第 2 と第 3 引数が頂点の識別子、第 4 引数が辺の重みです。

　図 7.48 にソースコード 7.11 で生成するグラフを示します。

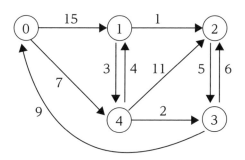

図 7.48 ソースコード 7.11 で用いる有向グラフ

113 行目で dijkstra 関数を呼び出し、頂点 0 から到達可能なすべての頂点への最短経路を求めます。116 行目〜 118 行目で、頂点 0 から頂点 2 への経路を表示します。117 行目の print_path 関数の第 2 引数は始点である vertices[0] を指定する必要があります。第 3 引数の頂点は vertices[1] 〜 vertices[4] のいずれでも構いません。

最後に、121 行目〜 122 行目で各頂点の情報として、識別子 id、隣接頂点と辺の重み adj、始点からの距離 dist、先行頂点 pred を表示します。

■ relax 関数（リラックス処理）の説明

46 行目〜 52 行目でリラックス処理を行う relax 関数を定義しています。前項で解説した擬似コードとほぼ同じです。2 つの頂点の MyVertex オブジェクトを変数 u と変数 v で受け取ります。47 行目の if 文では、すでに発見された頂点 v へ到達する経路より、頂点 u を経由したほうが距離が短くなるかどうかを判定します。なお、頂点 u から v への辺の重みである $w(u, v)$ ですが、変数 adj は dict 型なのでソースコード内では u.adj[v.id] となります。

True であれば、48 行目と 49 行目で v.dist と v.pred の値を更新します。値を更新した場合は、戻り値として True を返します。条件判定の結果が False であれば、なにもせずに、戻り値として False を返します。戻り値を返す理由は、v.dict の値が変更されると、優先度付きキュー内での頂点 v の優先度も変化するからです。そのため、呼び出し元の dijkstra 関数内で、優先度付きキューを再度ヒープ化する必要があるかどうかを判断するために、v.dist の値を変更したかどうかを True、または False で返します。

■ dijkstra 関数（ダイクストラ法の実行）の説明

55 行目〜 68 行目でダイクストラ法を実行する dijkstra 関数を定義しています。引数として、頂点を表す MyVertex の集合を変数 vertices、始点となる頂点の MyVertex オブジェクトを変数 src で受け取ります。

57 行目〜 60 行目は初期化処理です。57 行目で始点となる頂点の src.dist の値を 0 にします。その他の頂点の dist は初期値の∞のままです。58 行目で変数 q を宣言し、空のリストで初期化します。

このリストを優先度付きキューとして使用します。59 行目と 60 行目で変数 q に vertices のすべての要素をエンキューします。エンキューは、heapq モジュールの heappush 関数を使用します。関数名に push という単語が含まれていますが、キューなのでエンキューと呼びます。この関数を用いてエンキューするとヒープの性質を維持することができます。heapq.heappush(q, i) の第 1 引数はキュー、第 2 引数はエンキューする要素です。

　変数 q の要素は MyVertex オブジェクトです。MyVertex クラスの定義で、比較演算子を定義したので、距離 dist をもとに優先度が決まります。heapq モジュールのヒープでは、小さい値が優先されます。すなわち、デキュー操作をすると、dist の値が一番小さい値が取り出されます。ちなみに heapq モジュールは大きい値の優先度を高くするといった機能は提供されていません。幸い本書の例では、dist の値が小さい頂点の優先度を高くするので、heapq モジュールをそのまま使用することができます。

　63 行目 ～ 68 行目で探索を行います。63 行目の while ループの開始時点で、変数 q にはすべての頂点の MyVertex オブジェクトが格納されています。各イテレーションで 1 つずつ取り出し、len(q) ＞ 0 という判定式のとおり、キューが空になるまで繰り返します。

　64 行目で優先度付きキューである変数 q の中身を表示するために print_heap 関数を呼び出します。アルゴリズムに関係ないのでコメントアウトしていますが、どのようにアルゴリズムが動作するかを確認したい読者はこの箇所をコメントインしてください。

　65 行目の u = heapq.heappop(q) という命令は、変数 q から一番 dist の値が小さい頂点をデキューし、変数 u に格納します。66 行目の for ループで、頂点 u の隣接頂点を走査します。u.adj の要素はキーが頂点の識別子、値が辺の重みです。そのため、for i in u.adj.keys():、と記述するとループカウンタ i にキーの値である隣接頂点の識別子が格納されます。

　67 行目で、頂点 u と隣接頂点の vertices[i] を指定して、relax 関数を呼び出します。もし、relax 関数内で、vertices[i].dist の値が更新されれば、優先度付きキューである変数 q 内での vertices[i] の優先度が変わります。relax 関数の戻り値が True であれば、vertices[i].dist の値が更新されたことを意味するので、68 行目で変数 q を再度ヒープ化します。

　具体例として、図 7.49 に、63 行目の while ループ開始前の状態を示します。vertices[0].dist の値は 0 ですが、その他の頂点の dist と pred の値は初期値のままです。図の右側に優先度付きキューである変数 q の中身を示します。左側がキューの先頭を表し、一番優先度が高い (dist の値が一番小さい) 要素が格納されています。

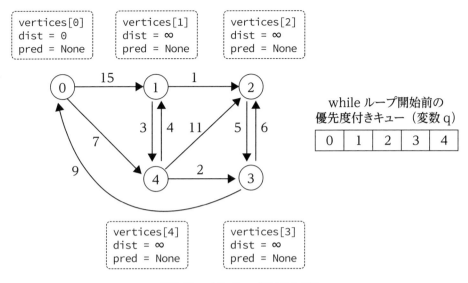

図 7.49　while ループ開始前の状態

　while ループのイテレーションを進めて、頂点 0 を変数 q からデキューし、隣接頂点を走査します。**図 7.50** に 1 回目のイテレーションが終了した時点でのグラフの状態を示します。頂点 1 の dist と pred、頂点 4 の dist と pred が更新されていることが確認できます。また、頂点 0 を指す円形は走査が終了したので、黒色で塗りつぶしています。一方、頂点 4 を指す円形は、変数 q に含まれる頂点の中で一番 dist の値が小さいので、灰色で塗りつぶしています。リラックス処理で、頂点 1 と 4 の値を更新したので、変数 q の中身も変わります。そのため、頂点 4 がキューの先頭に移動します。

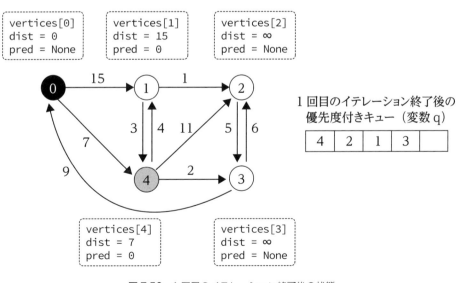

図 7.50　1 回目のイテレーション終了後の状態

　2 回目のイテレーション終了後の状態を**図 7.51** に示します。頂点 4 をキューからデキューして隣接頂点を走査するので、頂点 1 と 2 と 3 の情報が更新されます。頂点 0 → 1 という経路より、頂点 0 → 4 → 1 という経路のほうが距離が短くなるので、vertices[1].dist と vertices[1].pred が更新されています。頂点 2 と 3 は、初めて訪れる頂点なので、当然ながら変数が更新されます。キューに含まれる頂点の dist の値を見ると、頂点 3 が一番小さい dist の値をもつことがわかります。

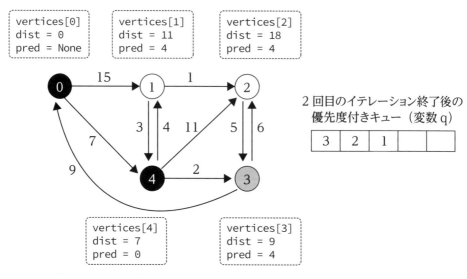

図 7.51　2 回目のイテレーション終了後の状態

　3 回目のイテレーションでは、頂点 3 を変数 q からデキューし、隣接頂点を走査します。頂点 3 は頂点 0 と 2 に接続されていますが、リラックス処理で変数を更新するのは頂点 2 だけです。イテレーション終了後の状態を**図 7.52** に示します。

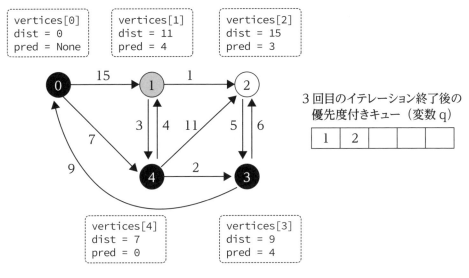

図 7.52 3 回目のイテレーション終了後の状態

4 回目のイテレーションでは、頂点 1 を変数 q からデキューし、隣接頂点を走査します。これまでに発見された頂点 2 への最短経路は、頂点 0 → 4 → 3 → 2 ですが、頂点 0 → 4 → 1 → 2 の経路のほうが距離が短くなるので、vertices[2].dist と vertices[2].pred の値を更新します。4 回目のイテレーション終了後の状態を**図 7.53** に示します。

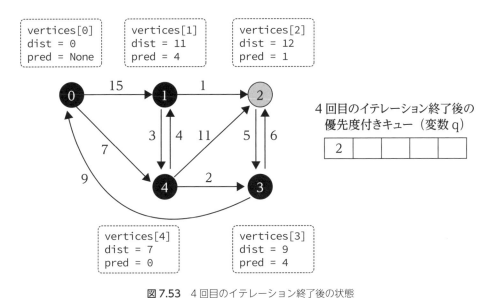

図 7.53 4 回目のイテレーション終了後の状態

最後に頂点 2 を変数 q から取り出し、隣接頂点の走査をします。すべての隣接頂点は探索が完了している状態なので、リラックス処理で変数を更新する頂点はありません。5 回目のイテレーション終

了後の状態を**図 7.54** に示します。ここで変数 q が空になるので、while ループを抜けて処理を終了します。

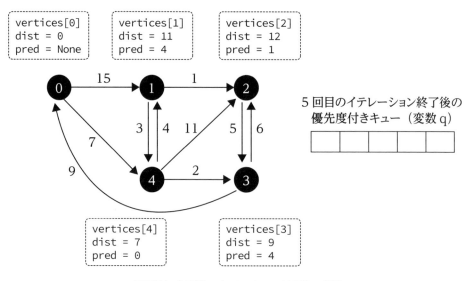

図 7.54 5 回目のイテレーション終了後の状態

以上で最短経路の探索は終了です。頂点 0 から到達可能なすべての頂点の dist の値が設定されます。頂点の数が少ないので、最短経路を目で確認できると思いますが、すべての頂点の dist の値が最短経路の辺の重みの合計値になっています。また、pred の値も設定されているので、これをもとに経路を調べることができます。

■ ダイクストラ法の実装プログラムの実行

ソースコード 7.11（my_dijkstra.py）を実行した結果を**ログ 7.12** に示します。2 行目に頂点 0 から頂点 2 への最短経路が表示されています。**図 7.54** からも確認できますが、経由する辺の重みの合計が最小の経路になっています。3 行目以降は、各頂点の変数の値を表示しています。**図 7.54** で示したものと同じ値になっています。

ログ 7.12 my_dijkstra.py プログラムの実行

```
01  $ python3 my_dijkstra.py
02  頂点0から頂点2への経路: 0 4 1 2
03  0, adj = {1: 15, 4: 7}, 0, None
04  1, adj = {2: 1, 4: 3}, 11, 4
05  2, adj = {3: 5}, 12, 1
06  3, adj = {2: 6, 0: 9}, 9, 4
07  4, adj = {1: 4, 2: 11, 3: 2}, 7, 0
```

7.7.4 ダイクストラ法の計算量

ダイクストラ法の計算量は、ヒープの実装方法によって異なります。63 行目の while ループと 66 行目の for ループで、各頂点と各辺を 1 度ずつ走査します。合計で $V+E$ 回となります。さらに for ループの中で、リラックス処理をしたときにヒープ化を行っています。公式 API ドキュメント によれば、heapq モジュールの heapify 関数は**線形時間**の計算量がかかるため $O(V)$ です。そのた め、本書の例では計算量が $O((V+E)V)$ です。

これは Python が提供している heapq モジュールの機能が悪いだけです。第 6.4 節で解説したヒー プ実装の**ソースコード 6.3**（my_heap.py）で実装した max_heapify メソッドは $O(\log V)$ で動作 します。最小ヒープをサポートする min_heapify メソッドを定義すれば、ダイクストラ法の計算量 は $O((V+E)\log V)$ となります。

また、**フィボナッチヒープ**（Fibonacci heap）と呼ばれる高性能なヒープを使用すれば、$O(E+V\log V)$ の計算量でダイクストラ法を実装できます。

第 **8** 章

その他の有用な
アルゴリズム

これまでの章では、データ構造に関連したアルゴリズ
ムを中心に解説してきました。実際のアルゴリズムは
さまざまな分野でも有用です。本章では数値計算や文
字列探索、最適化問題、幾何学的な問題を効率的に解
くための有用なアルゴリズムを学習します。

8.1　ユークリッドの互除法

多くの読者は高校を卒業するまでに素因数分解や微分積分、整数論など数学を学習されたと思います。これらの計算は鉛筆と紙を用いてこなしてきましたが、数学的な計算をアルゴリズム化してコンピュータに計算させることも可能です。また、整数論と呼ばれる数学の分野は、純粋数学であるにも関わらず暗号技術や情報セキュリティの分野に応用されています。そのため、数学的な計算アルゴリズムも重要なトピックと言えます。

数学的な計算を行うアルゴリズムの代表例として、**ユークリッドの互除法**（Euclidean Algorithm）を解説します。

ユークリッド互除法とは、**最大公約数**（greatest common divisor）を求めるアルゴリズムです。

ユークリッドの互除法は、紀元前 300 年ごろに**ユークリッドの原論**に記述されたと言われるアルゴリズムであり、記述された**アルゴリズムの中では最古のもの**であると知られています。

8.1.1　最大公約数

自然数 a（正の整数）があるとします。自然数 a に対して割り切れる整数を約数（divisor）と呼びます。たとえば、整数 105 の場合、1 と 3、5、7、15、21、35 は、すべて整数 105 を割り切ることができるので、これらの自然数はすべて 105 の約数です。

次に 2 つの自然数 a と b があったとします。整数 a と b に共通する約数を**公約数**（common divisor）と呼びます。たとえば、整数 105 と 70 の公約数を調べてみましょう。整数 105 の約数は 1 と 3、5、7、15、21、35 です。一方、整数 70 の約数は 1 と 2、5、7、10、14、35 です。2 つの整数に共通の約数である 1 と 5、7、35 が公約数になります。

最大公約数は、2 つの整数の公約数のなかで大きさが最大の約数のことです。前述の例である整数 105 と 70 であれば、35 という整数が最大公約数になります。なお、英語圏では最大公約数（greatest common divisor）のことを略して **gcd** と表記します。

8.1.2　最大公約数を求めるアルゴリズム

手で計算できる程度の整数であれば、直感的に最大公約数を求めることができますが、大きな整数になると機械的な手法が必要となります。**素因数分解**によって 2 つの整数の約数を求めて、約数のなかで最大の値を計算することもできますが、アルゴリズム的にはもっと効率的な手法が理想です。そこで登場するのがユークリッドの互除法です。

2 つの自然数 a と b（ただし $a \geq b$）について、a を b で割った余りを r とすると、a と b の最大公約数は b と r の最大公約数に等しい、といった数学的な性質が証明されています。ユークリッドの互除法は、この性質に基づき、余りが 0 になるまで同様の処理を繰り返します。

　それでは、自然数 $a = 105$、$b = 70$ について、ユークリッドの互除法の計算過程を視覚化したものを**図 8.1** に示します。a を b で割った余りを r とします。105 は $1 \times 70 + 35$ という数式で表現できるので、105 を 70 で割ると余りは 35 になります。すなわち、105 と 70 の最大公約数は、70 と 35 の最大公約数と同じ値です。そのため、b の値をいったん a に代入し、r の値を b に代入します。すると $a = 70$ と $b = 35$ になりますので、同様の処理を繰り返します。

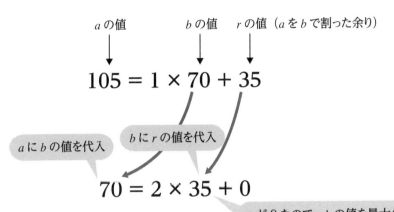

図 8.1　ユークリッドの互除法の計算過程

　次は、**図 8.1** の下側に示す計算式のように、70 を 35 で割った余りを調べます。$70 = 2 \times 35 + 0$ となります。ここで商の 2 は無視します。余りである r が 0 となることがわかります。$r = 0$ のときの b の値である 35 が、2 つの自然数 70 と 35 の最大公約数になります。a を b で割って余りが 0 になるので、b が最大公約数となることが直感的にわかると思います。

　なお、b の値が 1 となる場合、**互いに素**（**co-prime**）となります。

8.1.3　ユークリッドの互除法の実装例

　ユークリッドの互除法を実装したプログラムを**ソースコード 8.1**(gcd.py) に示します。gcd をユークリッドの互除法の関数、2 つの入力値を変数 a と b とします。なお、a と b は自然数かつ a の値は b 以上であると仮定します。

ソースコード 8.1　ユークリッドの互除法（最大公約数の計算）　　`~/ohm/ch8/gcd.py`

ソースコードの概要	
2 行目〜 8 行目	ユークリッドの互除法を実行する gcd 関数
10 行目〜 16 行目	main 関数の定義

```
01   # ユークリッドの互除法
02   def gcd(a, b):
03       while True:
04           r = a % b
05           if r == 0:
06               return b
07           a = b
08           b = r
09
10   if __name__ == "__main__":
11       # 整数値128と88の最大公約数を求める
12       x = gcd(128, 80)
13       if x > 1:
14           print("最大公約数 =", x)
15       else:
16           print("互いに素")
```

■ main 関数の説明

10行目～16行目でmain関数を定義しています。12行目で2つの自然数128と80を入力値として gcd 関数を呼び出し、その結果を変数 x に代入します。13行目の if 文で変数 x の値を確認し、1より大きい数値であれば、14行目で最大公約数である変数 x の値を表示します。そうでなければ、x の値は1であるため、互いに素という情報を16行目で表示します。

■ gcd 関数（最大公約数の計算）の説明

2行目～8行目で最大公約数を計算する gcd 関数を定義しています。引数として2つの自然数をそれぞれ変数 a と b で受け取ります。なお、a の値は b 以上であると仮定します。エラー処理などは行わないので、プログラムの実行時には注意してください。while ループを用いて、3行目～8行目の処理を繰り返します。

4行目で変数 a の値を変数 b の値で割った余りを変数 r に代入します。もし、r が0であれば、b の値が2つの値 a と b の最大公約数です。そのため、5行目の if 文で変数 r の値を確認し、値が0であれば、6行目で変数 b の値を戻り値として出力します。変数 r の値が0でなければ、7行目で変数 a に b の値を代入し、8行目で変数 b に r の値を代入します。この処理を r の値が0になるまで繰り返します。

■ gcd(128, 80) の具体例

gcd(128, 80) を計算するときの各イテレーション実行時の変数 a と b、r の値を**図8.2**に示します。1回目のイテレーションでは、a の値が128、b の値が80なので、r の値が48となります。r の値が0で

はないので、変数 a と b にそれぞれ 80 と 48 を代入し、2 回目のイテレーションに進みます。

変数 a の値を b の値で割った余りが 0 になるまで繰り返します。**図 8.2** に示すとおり、4 回目の
イテレーションで変数 a と b の値がそれぞれ 32 と 16 になり、余りが 0 になります。このときの変
数 b の値である 16 が 2 つの自然数の最大公約数になります。

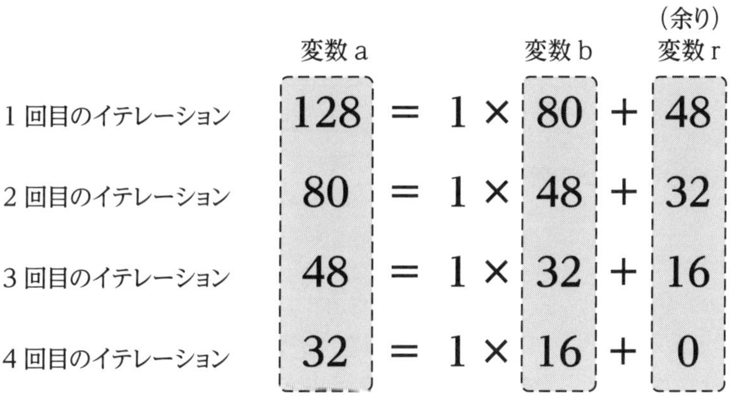

$$
\begin{array}{lccccccc}
 & \text{変数 a} & & & \text{変数 b} & & \text{(余り)}\\
 & & & & & & \text{変数 r}\\
\text{1 回目のイテレーション} & 128 & = & 1 \times & 80 & + & 48\\
\text{2 回目のイテレーション} & 80 & = & 1 \times & 48 & + & 32\\
\text{3 回目のイテレーション} & 48 & = & 1 \times & 32 & + & 16\\
\text{4 回目のイテレーション} & 32 & = & 1 \times & 16 & + & 0\\
\end{array}
$$

図 8.2 自然数 128 と 80 の最大公約数の計算

■ ユークリッドの互除法プログラムの実行

ソースコード **8.1**(gcd.py) を実行した結果を**ログ 8.2** に示します。2 行目に自然数 128 と 80 の
最大公約数である 16 が表示されていることが確認できます。

ログ 8.2 gcd.py プログラムの実行

```
01  $ python3 gcd.py
02  最大公約数 = 16
```

8.2 文字列探索

文字列探索（**string search**）は、ある文字列を他の文字列の中から**探索**することです。簡単な例
では、ワードファイルの文章中やウェブページの文章中から指定したキーワードを探し出す処理が
文字列探索に当たります。また、ゲノム情報の解析でも重要な役割を果たします。

8.2.1 力まかせ法

力まかせ法（brute force）とは、すべての組み合わせを総当たりする手法であり、名前のとおり力技です。**図 8.3** に示すとおり、検索対象となる文字列を AGGTCTGCAC とします。文字列の長さは 10 文字です。なお、ゲノム情報は A と T と G と C の並びなので、4 つの文字を無造作に並べています。そして、探索したい文字列であるキーワードを TGC といった 3 文字の文字列とします。

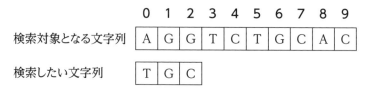

図 8.3　検索対象の文字列とキーワード

　力まかせ法では、検索対象の文字列の先頭文字から 1 つずつ調べていきます。キーワードの 1 文字目が T なので、検索対象の文字列の先頭から T の文字を探します。**図 8.4** に示すとおり、4 文字目で T という文字が登場します。キーワードの 1 文字目と一致するため、検索対象の 5 文字目とキーワードの 2 文字目を比較します。5 文字目の文字が C、キーワードの 2 文字目が G なので異なります。

　探索をいったん中断し、検索対象の 5 文字目からキーワードの 1 文字目である T と一致する文字を再度調べていきます。

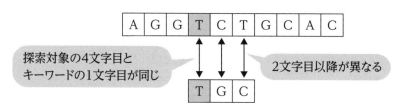

図 8.4　力まかせ法の例その 1

　図 8.5 に示すとおり、検索対象の 6 文字目に T という文字が現れます。次の文字とキーワードの 2 文字目を比較します。両方とも G という文字で一致するため、その次の文字とキーワードの 3 文字目を比較します。最後の文字も一致するため、ここでキーワードとなる TGC という文字列が検索対象の文字列内から見つかりました。

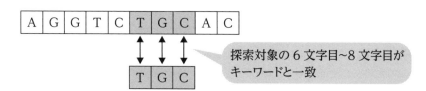

図 8.5　力まかせ法の例その 2

　このように力まかせ法では、各文字を総当たりしてキーワードを探索します。

◼ 力まかせ法による文字列探索の実装例

力まかせ法による文字列探索プログラムを**ソースコード 8.3**(bf_search.py) に示します。

ソースコード 8.3 力まかせ法（文字列探索） `~/ohm/ch8/bf_search.py`

ソースコードの概要

1 行目〜 15 行目	力まかせ法を実行する bf_search 関数の定義
17 行目〜 30 行目	main 関数の定義

```python
01  def bf_search(text, key):
02      n = len(text) - 1 # 検索対象の文字列の長さ
03      m = len(key)   # キーワードの長さ
04
05      i = 0 # 変数textのインデックス
06      while i <= n - m:
07          j = 0 # 変数keyのインデックス
08          while j < m:
09              if text[i + j] != key[j]:
10                  break
11              j += 1
12          if j == m:
13              return i
14          else:
15              i += 1
16
17  if __name__ == "__main__":
18      # 検索対象となる文字列
19      text = "ATCTGAATGCGTAAGC"
20      # キーワードとなる文字列
21      key = "TGCG"
22
23      # 力まかせ法による探索
24      index = bf_search(text, key)
25
26      # 探索結果の表示
27      if index >= 0 and index <= len(text) - len(key):
28          print("インデックス:", index)
29      else:
30          print("キーワードは見つかりませんでした。")
```

◾ main 関数の説明

17 行目〜 30 行目で main 関数を定義しています。19 行目で検索対象である文字列を変数 text として宣言し、「ATCTGAATGCGTAAGC」といった文字列で初期化します。21 行目で変数 key を宣言し、キーワードとして「TGCG」という文字列を設定します。

24 行目の bf_search 関数の呼び出しで、力まかせ法を実行します。実行結果として、変数 key で指定した文字列の 1 文字目が格納されている変数 text のインデックスが戻り値として返され、変数 index に返されます。なお、複数のキーワードが検索対象となる text に含まれている場合は、一番最初に見つかった部分文字列の 1 文字目のインデックスが変数 index に格納されます。

27 行目〜 30 行目の処理で文字列の探索結果を表示します。もし、変数 text 内に変数 key で指定した文字列が見つかった場合、index の値は 0 以上かつ検索対象の文字列の大きさからキーワードの長さを引いた値以下になります。変数 key が見つかった場合は、28 行目で変数 index の値を表示します。見つからなかった場合は、その旨を 30 行目で表示します。

◾ bf_search 関数（力まかせ法の実行）の説明

1 行目〜 15 行目では、力まかせ法を実行する bf_search 関数を定義します。引数として、検索対象の文字列を変数 text、探索したいキーワードを変数 key で受け取ります。2 行目と 3 行目では、変数 text と変数 key の文字列の長さを調べて、それぞれ変数 n と変数 m に格納します。以後、検索対象の文字列長が n、キーワードの文字列長が m となります。

5 行目からネストループを用いたキーワードの探索が始まります。変数 i を宣言し、整数の 0 で初期化します。変数 i は、外側のループである while 構造のループカウンタとして使用します。すなわち、検索対象である変数 text のインデックスになります。6 行目〜 15 行目の while ループは、変数 i の値が 0 〜 (n-m) のときに実行します。変数 text の先頭から調べていくので、変数 i の値は 0 から始まります。変数 i の値が n-m までの理由は、キーワードの文字列長が m なので、text[n-m] と key[0] が一致しなければ、それ以降は調べる必要がないからです。

7 行目の変数 j は 8 行目〜 11 行目の while ループのループカウンタとして使用します。外側ループで text[i] と key[0] を比較し、一致すれば内側ループでキーワードの 2 文字目以降を比較します。すなわち、変数 j の値を 0 から m-1 に変化させて、text[i+j] と key[j] が同じかどうかを調べます。9 行目の if 文で text[i+j] と key[j] を比較し、違う文字であれば break 命令で内側ループを抜けます。同じ文字であれば、変数 j の値を 1 増加させます。

内側ループを抜けたあと、12 行目の if 文で変数 j の値を確認します。もし、変数 j と変数 m が同じ値であれば、キーワードが検索対象の文字列内から見つかったことを意味します。すなわち、text[i] 〜 text[i+j] と key[0] 〜 key[j] が同じ文字列になります。この場合、変数 i の値を戻り値として返します。

変数 j と m の値が異なれば、変数 i の値を 1 増加し、外側の while ループを続けます。もし、変数 text 内に変数 key が見つからなかった場合、変数 i の値が n-m+1 となるはずです。また、見つかった場合、変数 i の値は 0 〜 (n-m) の間の整数となります。

■ 力まかせ法の具体例

変数 text が「ATCTGAATGCGTAAGC」、変数 key が「TGCG」のときの具体例を示します。変数 i と j の値がそれぞれ 0 のときの状態を**図 8.6** に示します。text[i+j] と key[j] の文字が異なるので、内側の while ループを抜けた時点での変数 j の値が 0 となります。そのため、i の値を 1 増加させて、外側の while ループを続けます。

図 8.6 i=0, j=0 のときの状態

変数 i の値が 1 のときですが、text[1] と key[0] の値が同じです。そのため、内側の while ループで変数 key の 2 文字目以降の文字と比較していきます。変数 i と j の値がそれぞれ 1 と 0 のときの状態を**図 8.7** に示します。text[i+j] と key[j] の値が異なるので、内側の while ループを抜けた時点での変数 j の値は 1 となります。再度、変数 i を 1 増加させて、外側の while ループを続けます。

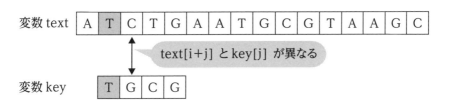

図 8.7 i = 1, j = 1 のときの状態

同様の処理を繰り返し、変数 i の値が 7 となる場合を考えてみます。text[7] と key[7] が一致するので、内側の while ループに入り、変数 j の値を変化させて文字を比較します。変数 i と j の値がそれぞれ 7 と 4 のときの状態を**図 8.8** に示します。text[i] ～ text[i+j] と key[0] ～ key[j] の値がすべて一致します。**1**ここで j の値が 4 となるので、内側の while ループの条件判定である j < m を満たさなくなるため、ループを抜けます。ここで変数 j の値は変数 m と同じ 4 であるため、12 行目の if 文の判定が True となり、変数 i の値である 7 を戻り値として返します。

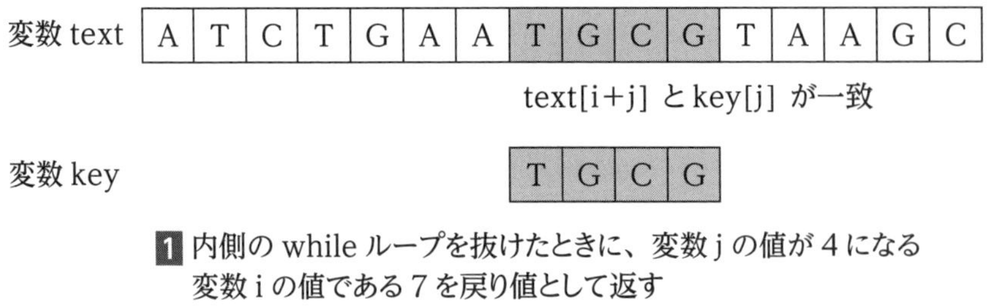

| 変数 text | A | T | C | T | G | A | A | T | G | C | G | T | A | A | G | C |

text[i+j] と key[j] が一致

| 変数 key | | | | | | | | T | G | C | G |

1 内側の while ループを抜けたときに、変数 j の値が 4 になる
変数 i の値である 7 を戻り値として返す

図 8.8　i = 7, j = 4 のときの状態

■ 力まかせ法プログラムの実行

　ソースコード 8.3(bf_search.py) を実行した結果を**ログ 8.4** に示します。変数 text のインデックス 7 (8 文字目) から探索したいキーワードである文字列が格納されているので、ログの 2 行目にインデックス：7 と表示されます。正しくキーワードを探索できることが確認できます。

ログ 8.4 bf_search.py プログラムの実行

```
01  $ python bf_search.py
02  インデックス: 7
```

8.2.2　BM 法 - 効率的な探索

　力まかせ法は、その名称のとおり、総当たりによる探索なので、非効率なアルゴリズムです。そこで効率的な文字列探索アルゴリズムの例として、**BM 法**（**Boyer and moore algorithm**）を解説します。なお、BM 法の名称は、提案者であるボイヤーとムーアの 2 人の名前に由来します。

　BM 法の特徴は、(1) 検索したいキーワードの後ろの文字から比較する、(2) ずらし表を使用することです。力まかせ法では、検索対象となる文字列の先頭の文字から 1 つずつ比較しました。BM 法でも検索対象となる文字列の先頭からキーワードと比較しますが、ずらし表を用いることによって、比較する箇所を一気に飛ばすことができます。

　では早速、例を見てみます。**図 8.9** に示すとおり、検索対象となる文字列を「AGGTCGGCAC」とし、検索したい文字列であるキーワードを「GGCA」とします。キーワード長は 4 文字なので、検索対象の先頭である 1 文字目～ 4 文字目 (インデックスでいうと 0 ～ 3) から探索していきます。ただし比較する順番はキーワードの最後の文字からです。図を見てのとおり、検索対象の 4 文字目とキーワードの 4 文字目は異なります。

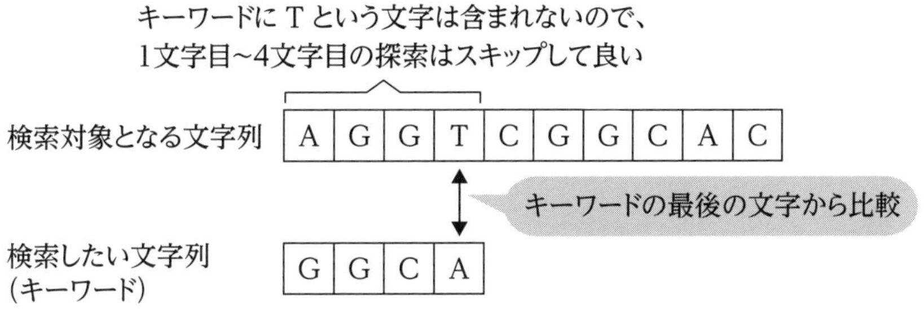

キーワードに T という文字は含まれないので、
1文字目～4文字目の探索はスキップして良い

検索対象となる文字列　A G G T C G G C A C

キーワードの最後の文字から比較

検索したい文字列
（キーワード）　G G C A

図 8.9　BM 法の例その 1

　ここで T という文字はキーワードの中に含まれていないことに注目してください。この場合、検索対象の 1 文字目～ 4 文字目にキーワードの一部が含まれる可能性はゼロです。そのため、検索対象の文字列の探索範囲を一気に 4 文字分ずらすことができます。力まかせ法と異なり、一気に探索範囲を進めることができるので、効率的な探索が可能になります。

　探索範囲を 4 文字分進めると**図 8.10** に示すとおりになります。探索範囲が検索対象の 5 文字目～ 8 文字目となり、8 文字目とキーワードの最後の文字から比較していきます。検索対象の 8 文字目は C という文字になっています。今度はキーワードに C という文字が含まれるので、探索対象をずらす大きさは 1 文字分になります。**図 8.10** の斜線で塗りつぶした箇所に示すとおり、検索対象の 6 文字目～ 9 文字目がキーワードと一致します。

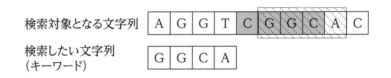

検索対象となる文字列　A G G T C G G C A C

検索したい文字列
（キーワード）　G G C A

図 8.10　BM 法の例その 2

ずらし表

　前述の例のとおり、比較対象の文字が一致しなかった場合に探索範囲をいくらずらしてよいか、といったルールが必要です。これをルール化した表を**ずらし表**と呼びます。

　ずらし表のルールは簡単です。比較中の検索対象の文字がキーワードに含まれない文字であれば、キーワード長と同じ文字数分だけずらします。それ以外の場合は、当該文字がキーワード内に含まれることになります。この場合は、キーワードの最後尾からの文字数分ずらします。キーワードに同じ文字が 2 回以上現れる場合は、最後尾から調べて最初に出てくるインデックスを優先します。

　たとえば、前述の例で用いた「GGCA」というキーワードのずらし表を作成すると、**表 8.1** となります。

表 8.1　GGCA のずらし表

比較対象の文字	G	C	A	その他の文字
ずらす文字数	2	1	0	4

> キーワードに
> 含まれない文字

　表に示す「その他の文字」とは、キーワードに含まれない文字のことです。T という文字は文字列 GGCA 内に現れないので、探索範囲を 4 文字分一気にずらすことができます。

　A の場合は、キーワードの最後の文字と一致するため、ずらす文字数は 0 です。そのかわり、キーワードの最後から 2 番目の文字を検索対象と比較していき、キーワード内のすべての文字が一致するかを確認します。C の場合は、キーワードの最後から 2 番目に現れる文字なので、1 文字分だけずらします。図 8.10 で示したとおりです。

　G の場合は、2 文字分だけずらします。G という文字は、キーワードの 1 文字目と 2 文字目に現れます。そのため、2 文字目の位置が優先され、ずらす文字数が 2 となります。

■ BM 法による文字列探索の実装例

　BM 法による文字列探索プログラムを**ソースコード 8.5**(bm_search.py) に示します。

ソースコード 8.5　BM 法（文字列探索）　　　　　`~/ohm/ch8/bm_search.py`

ソースコードの概要

1 行目〜 20 行目	BM 法によって文字列探索を実行する bm_search 関数の定義
6 行目と 7 行目	ずらし表の定義
10 行目〜 18 行目	文字列の探索
22 行目〜 35 行目	main 関数の定義

```
01  def bm_search(text, key):
02      m = len(key)  # キーワードの長さ
03      skip = [m for _ in range(256)]
04
05      # ずらし表の生成
06      for i in range(m):
07          skip[ord(key[i])] = m - i - 1
08
09      # 文字列探索
10      i = m - 1 # 変数textのインデックス
11      while i < len(text):
12          j = m - 1 # 変数keyのインデックス
13          while text[i] == key[j]:
14              if j == 0:
```

```
15              return i
16          i -= 1
17          j -= 1
18      i = i + max(skip[ord(text[i])], m - j)
19
20    return i
21
22  if __name__ == "__main__":
23      # 検索対象の文字列
24      text = "ATCTGAATGCGTAAGC"
25      # キーワードとなる文字列
26      key = "TGCG"
27
28      # BM法での探索
29      index = bm_search(text, key)
30
31      # 探索結果の表示
32      if index >= 0 and index <= len(text) - len(key):
33          print("インデックス:", index)
34      else:
35          print("キーワードは見つかりませんでした。")
```

■ main 関数の説明

22行目～35行目のmain関数に関しては、力まかせ法のmain関数とほぼ同じです。違いは29行目で呼び出すbm_search関数の関数名だけです。26行目のmain関数内で変数keyを定義していますが、キーワードはTGCGという文字列です。そのため、ずらし表は、表8.2のようになります。

表8.2　TGCG のずらし表

比較対象の文字	T	C	G	その他の文字
ずらす文字数	3	1	0	4

■ bm_search 関数（BM 法による文字列探索の実行）の説明

1行目～20行目では、BM法によって文字列探索を実行するbm_search関数を定義しています。引数として、検索対象の文字列を変数textで受け取り、検索したいキーワードを変数keyで受け取ります。2行目で変数mを定義し、キーワード長であるlen(key)で初期化します。

■ずらし表の設定

3行目では、大きさが256のリスト変数skipを宣言し、すべての要素をmで初期化します。このリスト変数mをずらし表として使用します。なぜ大きさが256にするかというと、**unicode** と

呼ばれる文字コードのうち英数字を扱うためです。前述の DNA 配列の例では、4 つの塩基を表す大文字のアルファベットしか使用しませんでしたが、一般的な文章では、いろいろな文字が現れます。unicode については、付録 A を参照してください。なお、簡略化のため検索対象の文字列は英語とします。

6 行目の for ループで変数 skip の各値に整数値を代入します。7 行目の skip [ord(kcy [i])] = m- i -1 という命令で実際に代入する整数値を計算します。ここで ord という関数は標準ライブラリとして提供されている関数で、これを用いて文字列を unicode に変換します。たとえば、key[0] は T という文字なので、アルファベットの大文字の T を unicode に変換します。同様にキーワードに含まれる文字に対応する箇所の値を設定します。キーワードに含まれない文字は、変数 skip の初期化時に設定したとおり、キーワード長である m の値のままです。

A という大文字のアルファベットを unicode で表すと、65 です。そのため、ずらし表の skip [65] にずらす文字数を整数値として代入します。26 行目で定義したとおり、キーワードは TGCG という文字列です。表 8.2 で示したとおり、A はその他の文字に分類されます。そのため、skip [65] には整数値の 4 で初期化されます。同様に C と G, T を unicode で表すとそれぞれ 67 と、71、84 なので、skip [67] の値が 1、skip [71] の値が 0、skip [84] の値が 3 となります。なお、G は key [1] と key [3] で 2 回出てきます。while ループのループカウンタの値は 0 から始まるため、最後に出てきた key [3] のときに skip [71] の値が上書きされます。前述の説明のとおり、キーワードに同じ文字が 2 回以上現れる場合は、最後尾から調べて最初に出てくるインデックスが優先されます。それ以外の箇所の値はすべて 4 となります。変数 skip の値は**図 8.11** に示すとおりです。

	0	1	…	65	66	67	68	69	70	71	…	84	…	…	255
unicode	NUL	SOH	…	A	B	C	D	E	F	G	…	T	…	…	…
変数 key	4	4	4	4	4	1	4	4	4	0	4	3	4	4	4

図 8.11　キーワードが TGCG のときのずらし表

■文字列の探索

文字列の探索は 11 行目〜 18 行目の while ループで行います。10 行目で宣言する変数 i は変数 text のループカウンタとして使用します。BM 法ではキーワードの最後の文字か比較するため、初期値は m-1 です。12 行目の変数 j は変数 key のループカウンタとして使用します。同様にキーワードの最後の文字か比較するため、初期値は m-1 です。11 行目の外側の while で変数 text を走査し、部分的にキーワードと一致すれば、13 行目の内側の while ループで変数 text と key の比較を続けます。

13 行目の内側ループの条件判定式が text [i] == key [j] となっています。最後の文字が一致すれば、内側ループに入り、最後から 2 番目の文字を比較していきます。14 行目の if 文ですが、キーワードが見つかれば、変数 j の値が 0 となっているはずなので、変数 text [i] からキーワードが格納されていることになります。そのため、15 行目の return 命令でインデックス i の値を戻り値として返します。if 文の判定が False であれば、変数 i と変数 j の値をそれぞれ 1 減らし、text [i] と key [j] の

比較処理を続けます。

　内側ループの後ろにある 18 行目では、スキップする文字数を計算しています。新しい変数 i の値は、現在の i の値にずらし表で計算した値または m-j の値のうち大きい方を設定します。キーワードの一番最後の文字が一致した場合、ずらし表の値は 0 となっているはずです。キーワードが TGCG の場合、**図 8.11** のように text[i] が G であれば、skip[ord(text[i])] の値は 0 です。0 だとループが終わらないので、キーワードの最後の文字が一致したが、結局すべての文字が一致しなかった場合は、m-j の値を用います。

　20 行目の return 命令で変数 i の値を戻り値として返します。もし、キーワードが探索対象となる変数 text 内で見つかれば、すでに当該インデックスを返しているはずです。そのため、プログラムがこの箇所に来るということは、キーワードが変数 text 内で見つからなかったことを意味します。変数 i の値は、len(text) − len(key) より大きい値になっているはずです。

◾ BM 法の具体例

　それでは、文字列探索の様子をステップごとに説明します。11 行目から始まるネストループのループカウンタ i と j の値はそれぞれ 3 から始まります。変数 i と j の値が 3 のときの状態を**図 8.12** に示します。text[3] と key[3] の文字が異なるので、ずらし表を用いてずらす文字数の数を計算します。text[3] が T なので、3 文字分ずらすことができます。そのため、**1** 18 行目で計算する変数 i の新しい値は 6 となります。

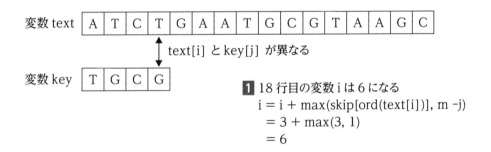

変数 text　A T C T G A A T G C G T A A G C

text[i] と key[j] が異なる

変数 key　T G C G

1 18 行目の変数 i は 6 になる
i = i + max(skip[ord(text[i])], m −j)
　= 3 + max(3, 1)
　= 6

図 8.12　i = 3, j = 3 のときの BM 法の状態

　変数 i と j の値が、それぞれ 6 と 3 のときの状態を**図 8.13** に示します。text[6] と key[3] の文字が異なるので、**1** 18 行目に進み変数 i の新しい値を計算します。今回は text[6] の文字が A なので、変数 i の値が 4 増えます。したがって変数 i の値が 10 になります。

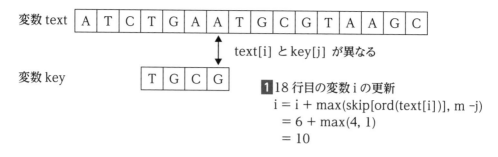

図8.13 i ＝ 6, j ＝ 3 のときの BM 法の状態

　変数 i と j の値が、それぞれ 10 と 3 のときの状態を**図 8.14** に示します。今回は text[10] と key[3] の文字が一致します。そのため、13 行目の内側 while ループに入り、キーワードと探索対象を比較していきます。ループ毎に変数 i と j の値を比較し、text[9] と key[2]、text[8] と key[1]、text[7] と key[0] を比較します。

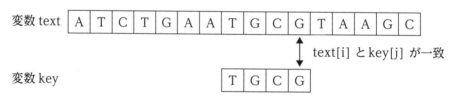

図8.14 i ＝ 10, j ＝ 3 のときの BM 法の状態

　すべて一致するので、**図 8.8** のとおり最終的に変数 i の値が 7、変数 j の値が 0 となります。変数 j の値が 0 となったので、14 行目の if 文の判定が True となり、15 行目の return 命令で変数 i の値を戻り値として返し、処理を終了します。**図 8.15** の灰色で塗りつぶした箇所のとおり、text[7] からキーワードとなる TGCG が含まれていることがわかります。

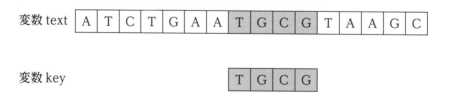

図8.15 i ＝ 7, j ＝ 0 のときの BM 法の状態

■ BM 法による文字列探索プログラムの実行

　ソースコード 8.5(bm_search.py) を実行した結果を**ログ 8.6** に示します。検索対象のインデック

ス 7（8 文字目）からキーワードと同じ文字列が格納されているので、正しくプログラムが動作していることが確認できます。

ログ 8.6 bm_search.py プログラムの実行

```
01  $ python bm_search.py
02  インデックス: 7
```

8.2.3 実測値の比較

　力まかせ法と BM 法を比較するためのプログラムを**ソースコード 8.7**(string_search.py) に示します。力まかせ法の**ソースコード 8.3** と BM 法の**ソースコード 8.5** を再使用します。

ソースコード 8.7 力まかせ法 vs. BM 法　　　`~/ohm/ch8/string_search.py`

ソースコードの概要

8 行目〜 11 行目	長さが 100 万文字の文字列をランダムに生成
14 行目	探索したい文字列を「AAACCCCCT」とする
17 行目〜 21 行目	力まかせ法で文字列を探索
24 行目〜 28 行目	BM 法を用いて文字列を探索

```
01  import bf_search
02  import bm_search
03  import time
04  import random
05
06  if __name__ == "__main__":
07      # 文字列をランダムに生成
08      charset = ["A", "T", "G", "C"]
09      text = []
10      for i in range(1000000):
11          text.append(random.choice(charset))
12
13       # 探索したい部分文字列
14      pattern = "AAACCCCCT"
15
16      # 力まかせ法での探索
17      start = time.time()
18      index = bf_search.bf_search(text, pattern)
19      end = time.time()
```

```
20    print("インデックス: ", index)
21    print("力まかせ法の探索時間 =", end - start)
22
23    # BM 法での探索
24    start = time.time()
25    index = bm_search.bm_search(text, pattern)
26    end = time.time()
27    print("インデックス: ", index)
28    print("BM法の探索時間 =", end - start)
```

■ main 関数の説明

6 行目～ 28 行目で main 関数を定義しています。8 行目～ 11 行目で長さが 100 万文字の文字列をランダムに生成し、検索対象の文字列となる変数 text を初期化します。文字の種類は A と C、G、T の 4 種類です。14 行目では、探索したい文字列を変数 key として、「AAACCCCCT」といった文字列で初期化します。

17 行目～ 21 行目で、力まかせ法による文字列探索を行い、キーワードが格納されいているインデックスと探索にかかった時間の結果を表示します。同様に 24 行目～ 28 行目では、BM 法による文字列探索を行い、結果を表示します。

■ 力まかせ法と BM 法の比較結果

ソースコード 8.7(string_search.py) を実行した結果を**ログ 8.8** に示します。3 行目に力まかせ法で文字列を探索したときの探索時間、5 行目に BM 法で文字列を探索したときの探索時間が表示されています。なお、単位は秒です。力まかせ法と比べて、BM 法のほうが 2 倍以上高速であることが確認できます。

なお、ランダムに検索対象の文字列を生成しているため、結果は毎回異なります。また、キーワードが検索対象の文字列内に存在しない場合もあります。

ログ 8.8　string_search.py プログラムの実行

```
01  $ python3 string_search.py
02  インデックス:  275829
03  力まかせ法の探索時間 = 0.0546112060546875
04  インデックス:  275829
05  BM法の探索時間 = 0.02179408073425293
```

8.3 A* アルゴリズム

A* アルゴリズム (A* algorithm) は、**グラフアルゴリズム**の一種であり、与えられたグラフ内の始点から終点までの最短経路を計算します。なお、A* は、エースターと読みます。最短経路を探索するといった点では、第 7.7 節で説明したダイクストラ法と同じですが、グラフ内の頂点を探索する順番が異なります。A* の特徴は、**ヒューリスティック** (heuristic) なアルゴリズムであり、効率性が良いです。

ヒューリスティックとは、経験則の「試行錯誤的な」という意味です。探索対象の頂点から終点となる頂点までの距離をヒューリスティックに予想し、目的地に近い頂点を優先的に探索します。これによって高速なグラフ探索が可能になります。

8.3.1 A* アルゴリズムの用途

A* アルゴリズムは**ゲームプログラミングの定番**となっています。ファミコンやスーパーファミコン時代の RPG を思い出してください。マップがマスに分割され、そのマスをキャラクターが移動します。**図 8.16** に 8 × 8 のマップ例を示します。全部で 64 マスあるので、左上から識別子を与えます。ゲームのキャラクターは、白いマスの上を移動できるものとし、黒いマスは壁を表し移動できないと仮定します。また、移動できる方向は、現在のマスから見て右と左と上と下のマスとします。簡略化のため斜めの移動はできないと仮定します。

0	1	2	3	4	5	6	7
8	9	10	11	12	13	14	15
16	17	18	19	20	21	22	23
24	25	26	27	28	29	30	31
32	33	34	35	36	37	38	39
40	41	42	43	44	45	46	47
48	49	50	51	52	53	54	55
56	57	58	59	60	61	62	63

始点：34
終点：54

黒のマスは移動不可

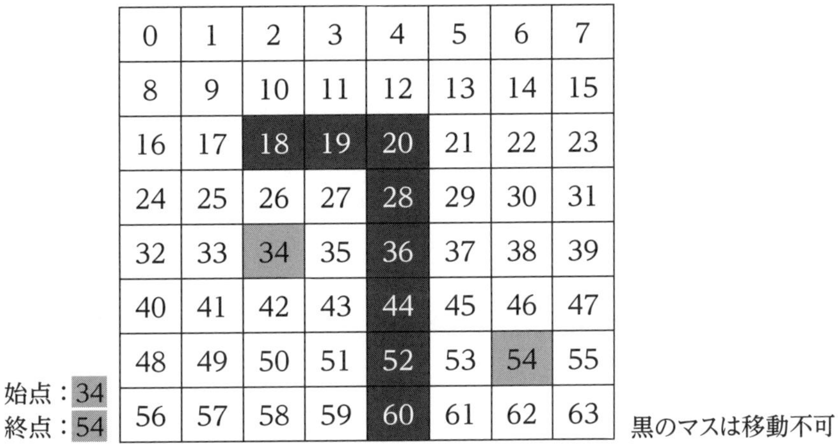

図 8.16 8 × 8 のマップ（黒いマスは移動不可、34 番のマスが始点、54 番のマスが終点）

　始点となる 34 番のマスから終点である 54 番のマスに、キャラクターを移動させるアルゴリズム
を考えてみましょう。ゲームプログラミングでよくあることです。グラフアルゴリズムを適応する
ことによって始点から終点となるマスへの経路を探索することが可能です。そのためにまず、マッ
プをグラフに変換します。マスを頂点にして、直接移動が可能な隣接するマス同士を辺で結びます。
マス間の移動に方向性はないので、無向グラフになります。**図 8.16** のマップを変換した無向グラフ
を**図 8.17** に示します。

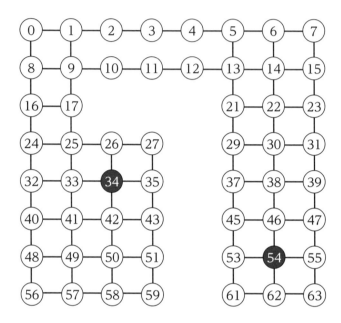

図 8.17　図 8.16 のマップに対応する無向グラフ

　無向グラフに変換することができたので、A* アルゴリズムまたはダイクストラ法などのグラフ探
索アルゴリズムを使用して、最短経路を探索することができます。この類のグラフでは、隣接する
マス間の距離が同じなので、すべての辺が同じ重みをもちます。この場合、ダイクストラ法では、
始点から近い頂点を順番に探索することとなるため、広大なマップであると時間がかかります。こ
れに対し、A* アルゴリズムは終点に近い頂点を優先的に探索するので、探索が高速になります。

8.3.2 A* アルゴリズムの原理

　A* アルゴリズムでは、始点から開始して隣接頂点を走査し、新しい頂点を優先度付きキューにエ
ンキューします。次に優先度付きキューから頂点を取り出して、同様の処理を繰り返します。優先
度として、終点までの最短距離の推定値を用います。

◾ 最短距離の推定

現在、探索中の頂点を v とします。始点となる頂点から終点となる頂点までの最短距離の推定値を $f(v)$ と定義し、以下の数式で表します。

$$f(v) = g(v) + h(v)$$

ここで $g(v)$ は、始点から頂点 v までの最短距離の推定値、$h(v)$ は頂点 v から終点となる頂点への最短距離の推定値です。あくまで推定値なので、実際の最短距離は最短経路を発見するまでわかりません。$g(v)$ に関しては、現時点でわかっている経路の最短距離となりますので、探索を続ける過程で、限りなく最短距離に近い値になります。第 7.7 節のダイクストラ法を思い出してください。探索中の頂点について、これまでの探索で判明している最短経路の距離を随時更新していきました。A*ルゴリズムでも同様に $g(v)$ の値を更新していきます。

一方、$h(v)$ は探索中の頂点 v から終点となる頂点への最短距離の推測値です。この $h(v)$ の値は実際に最短距離を見るけるまで分かりません。そこで、ある程度妥当性のある方法で、人間が $h(v)$ の値を推測します。そのため、$h(v)$ を**ヒューリスティック関数**（heuristic function）と呼びます。

図 8.18 に最短距離の推測値の例を示します。始点となる頂点を頂点 1、終点となる頂点を頂点 5 とします。黒色で塗りつぶした頂点 1 と 3 はすでに探索済み、**1**灰色で塗りつぶした頂点 2 は現在探索中の頂点とします。頂点 1 から頂点 2 までの現時点で判明している最短経路は、頂点 1 →頂点 3 →頂点 2 という経路なので、**2**最短距離 $g(2)$ は 8 となります。**3**頂点 2 から頂点 5 への最短距離である $h(2)$ は何らかの方法で推測する必要があります。この 2 つの合計値である $f(2) = g(2) + h(2)$ を基にして、探索する頂点の優先度を決めます。

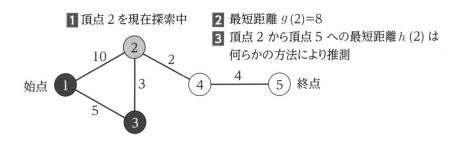

図 8.18　最短距離の推測値の例

すなわち、A*アルゴリズムは、ダイクストラ法にヒューリスティック関数となる $h(v)$ を加えたものになります。したがって、$h(v)$ を常に 0 と仮定すると、A*アルゴルズムはダイクストラ法と同じ振る舞いをします。

ヒューリスティック関数の定義

A*アルゴリズムを適応させるアプリケーションによって、適切なヒューリスティック関数の定義が異なります。カーナビなどのアプリケーションでは、**ユークリッド距離**を用います。ユークリッド距離とは、2 点間の座標を (x_1, y_1)、(x_2, y_2) としたとき、$\sqrt{(x_1 - x_2)^2 + (y_1 - y_2)^2}$ で計算したものです。もちろん現在地から目的地へ向かう道路が直線であることは非常にまれですが、推測値としては十分な精度になります。

一方、図 8.16 に示したマップでは**マンハッタン距離**（Manhattan distance）と呼ばれる距離概念が適しています。マンハッタン距離とは、各座標の差の総和です。たとえば、**図 8.19** のマップ内に示す始点から終点への移動を考えてください。移動方法は右左上下の 4 方向で、斜めには移動できないと仮定します。どのような経路を経由しようが、始点から右へ 8 マス、下へ 8 マス進む必要があります。この場合、マンハッタン距離は 16 です。斜めには移動できないので、図に示す経路 1 と経路 2 は同じマンハッタン距離になります。もし、ここでユークリッド距離を用いると経路 2 のほうが経路 1 より短い距離になるでしょう。このようにアプリケーションによって適切な距離を定義し、ヒューリスティック関数を適応させる必要があります。

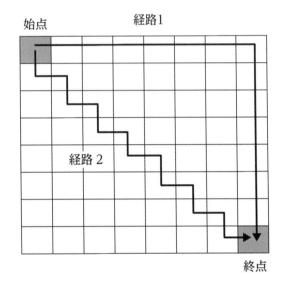

図 8.19　マンハッタン距離の例

A* アルゴリズムの概要

ソースコードを見る前に、A* アルゴリズムの処理の流れを解説します。MyVertex を以下のように定義します。

```python
class MyVertex:
    def __init__(self, id, x, y):
        self.id = id
        self.x = x
        self.y = y
        self.adj = {} # dict型
        self.pred = None
        self.g = 無限の値
        self.f = 無限の値
```

クラスメンバのうち、self.id と self.adj、self.pred は、ダイクストラ法と同様です。変数 self.id は頂点の識別子です。変数 self.adj は隣接する頂点です。隣接するマスに対応する頂点とだけ辺で結ぶので、辺の重みは 1 です。変数 self.pred は先行頂点です。

変数 self.x と self.y はマスの位置を指します。マップの左上を原点として、右側に x の値、下側に y の値が増えていきます。2 次元配列で考えると y の値が行、x の値が列になります。視覚化すると図 8.20 のようになります。数学の幾何学の 2 次元座標 (x, y) とは異なるので注意してください。そもそもプログラミングでは、左上を原点とします。また、配列のインデックスに合わせるため、各マスはインデックス [y][x] に対応します。

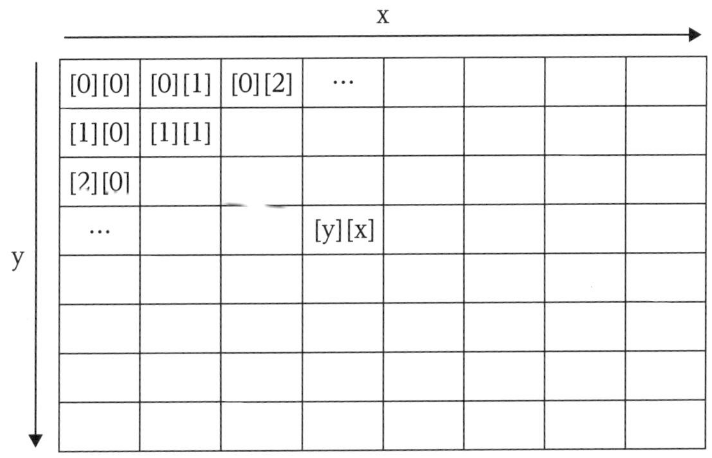

図 8.20　マップを表す 2 次元配列のインデックス

変数 self.g は始点から当該頂点までの距離の推定値、変数 self.f は当該頂点を経由した場合の始点から終点への距離の推定値です。距離はマンハッタン距離を使用しますので、非負の整数 (0 以上の整数) になります。初期値は無限の値とします。ソースコード内では、グローバル変数を定義し大きな整数で初期化します。

未探索の頂点と探索済みのリストを管理するために 2 つのリストを用意します。未探索の頂点を open_list、探索済みの頂点を closed_list とします。宣言時は双方とも空のリストです。open_list は優先度付きキューとして使用します。リストには MyVertex のインスタンスを入れますが、優先度として self.f の値を使用します。self.f の値が小さい頂点 (終点へ近いと予測される頂点) の優先度を高くします。

まず、始点となる頂点変数 src とします。変数 src.g の値は 0 です。始点なので始点からの距離は 0 なのです。変数 src.f は終点までのマンハッタン距離を代入します。そして open_list に入れます。空になるまで以下を繰り返します。

1) open_list から取り出した頂点を u とする。

2) 頂点 u が終点となる頂点であれば、探索成功。

3) 頂点 u の隣接頂点を走査し、以下を実行する。走査中の頂点を v とする。

3-1) 頂点 v を経由した場合の始点から終点までの距離の推定値 f を計算する。f の値は u.g+ u.adj [v.id]+ 頂点 v と終点とのマンハッタン距離、とする。なお、すべての辺の重みは 1 なので、u.adj [v.id] は 1 である。

3-2) 頂点 v が open_list に含まれている場合：新たに計算した f より v.f の値が小さい場合（すでに発見した経路より距離が短い経路が見つかった場合）、v.f と v.g の値を更新し、先行頂点 v.pred を頂点 u にする。

3-3) 頂点 v が closed_list に含まれている場合：新たに計算した f より v.f の値が小さい場合（すでに発見した経路より距離が短い経路が見つかった場合）、v.f と v.g の値を更新し、先行頂点 v.pred を頂点 u にする。頂点 v を close_dlist から削除し、open_list にエンキューする。

3-4) 頂点 v が open_list と closed_list のどちらにも含まれていない場合（初めて頂点 v を走査する場合）：変数 v.f に計算した f を代入し、変数 v.g の値を u.g+u.adj [v.id] とする。先行頂点 v.pred を頂点 u にして、頂点 v を open_list にエンキューする。

A* アルゴリズムの処理は以上です。始点から終点までの経路が存在する場合は、open_list が空になる前に探索が成功します。open_list が空になった場合は、経路が見つからなかったことを意味します。

簡単なマップでの例

図 8.21 に 8 × 8 のマップを示します。S と書かれたマスが始点で、D と書かれたマスが終点です。障害物はないので、すべてのマスに移動可能です。隣接するマス間の距離は 1 とします。マスに書かれた g の値は始点からの距離を表し、f の値は当該頂点を経由した場合の始点から終点までの距離を表します。灰色のマスが最短経路となる頂点です。

		g=2 f=9	g=3 f=9	g=4 f=9	g=5 f=9	g=6 f=9	g=7 f=9
	g=2 f=9	g=1 f=7	g=2 f=7	g=3 f=7	g=4 f=7	g=5 f=7	g=6 f=7
g=7 f=3	g=1 f=7	S	g=1 f=5	g=2 f=5	g=3 f=5	g=4 f=5	D
	g=2 f=9	g=1 f=7	g=2 f=7	g=3 f=7	g=4 f=7	g=5 f=7	g=6 f=7
		g=2 f=9	g=3 f=9	g=4 f=9	g=5 f=9	g=6 f=9	g=7 f=9

始点：S
終点：D

g は始点からの距離
f は当該頂点を経由した場合の始点から終点までの距離

図 8.21　A* アルゴリズムで探索した場合

灰色のマスに書かれた f の値を見てください。すべて 5 になっていると思います。そのため、始点から開始して右側のマスに対応する頂点が次の探索対象になります。その次は始点から見て 2 マス右側のマスに対応する頂点が探索対象となります。同様に D のマスまで進みます。その他のマスの f の値は 7 以上になっています。そのため、探索は後回しになります。この例では、灰色のマスとなる頂点 (f の値が 5) を探索するうちに終点が見つかるので、その他の頂点は探索しません。このように A* アルゴリズムでは、一直線に終点となる頂点に進みます。

■ ダイクストラ法との比較

同じマップにおいて、最短経路をダイクストラ法で探索するとどうなるでしょうか？ダイクストラ法では、始点からの最短距離をわかっている範囲で記録していきます。そのため、始点からの距離が近い頂点を順番に探索することとなります。

同じマップでダイクストラ法を実行すると、**図 8.22** のようになります。S と書かれたマスが始点となる頂点です。灰色のマスに始点からのマンハッタン距離を記載しています。この順番に隣接頂点を走査します。マスが同じ数字をもつ場合は、識別子などで順序を決定します。

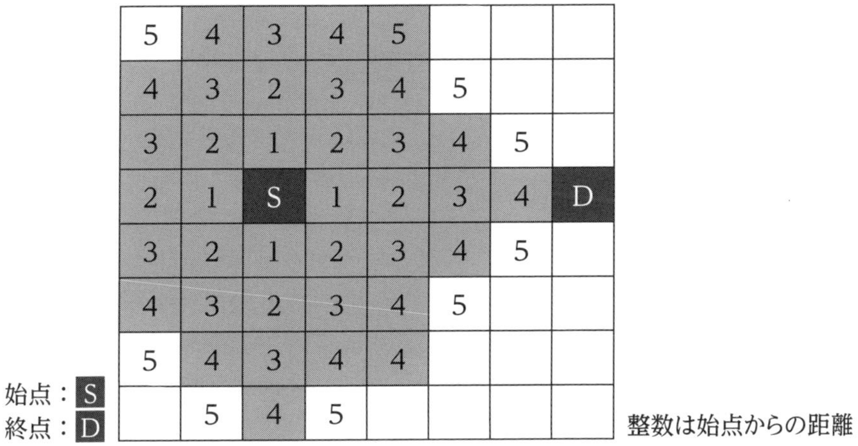

整数は始点からの距離

始点：S
終点：D

図 8.22 ダイクストラ法で探索した場合

D と書かれたマスが終点ですが、始点から終点への距離は 5 です。そのため、終点にたどり着くまでに、1 〜 4 と書かれたマスに対応する頂点をすべて探索する必要があります。A* アルゴリズムの探索結果を示した**図 8.21** と比べると、その差は一目瞭然です。A* アルゴリズムのほうが圧倒的に高速であることがわかります。

8.3.3 A* アルゴリズムの実装例

A* アルゴリズムの実装例を**ソースコード 8.9**(aster.py) に示します。

ソースコード 8.9　A*アルゴリズム

~/ohm/ch8/aster.py

ソースコードの概要

6 行目〜 47 行目	頂点を表す MyVertex クラスの定義
51 行目〜 54 行目	リスト内に頂点が含まれるかどうかを調べる is_contained 関数の定義
57 行目と 58 行目	2 つの頂点間のマンハッタン距離を計算する get_dist 関数
61 行目〜 108 行目	A*アルゴリズムを実行する aster 関数
121 行目〜 150 行目	マップから無向グラフを生成する to_graph 関数
152 行目〜 174 行目	main 関数の定義

```
01  import heapq
02
03  # 無限大の定義
04  INFTY = 2**31 - 1
05
06  class MyVertex:
07      def __init__(self, id, x, y):
08          self.id = id
09          self.x = x
10          self.y = y
11          self.adj = {} # dict型
12          self.pred = None
13          self.g = INFTY
14          self.f = INFTY
15
16      # = の定義
17      def __eq__(self, v):
18          return self.f == v.f
19
20      # != の定義
21      def __ne__(self, v):
22          return self.f != v.f
23
24      # < の定義
25      def __lt__(self, v):
26          return self.f < v.f
27
28      # <= の定義
29      def __le__(self, v):
30          return self.f <= v.f
```

```
31
32        # > の定義
33        def __gt__(self, v):
34            return self.f > v.f
35
36        # >= の定義
37        def __ge__(self, v):
38            return self.f >= v.f
39
40        # 頂点の情報を表示
41        def to_string(self):
42            str_pred = "None"
43          if self.pred != None:
44                str_pred = str(self.pred)
45
46            return str(self.id) + ", x = " + str(self.x) + ", y = " +
      str(self.y) + ", adj = " + str(self.adj)\
47                + ", pred = " + str_pred + ", f = " + str(self.f) + ", g = " + str(self.g)
48
49  # リストに頂点uのインスタンスが含まれるかどうかを確認
50  # MyVertexクラスで__eq__を定義したため、標準ライブラリのcountメソッドは使えないので注意
51  def is_contained(u, l):
52      for v in l:
53          if u.id == v.id:
54              return True
55
56  # マンハッタン距離の計算
57  def get_dist(u, v):
58      return abs(u.x - v.x) + abs(u.y - v.y)
59
60  # A★アルゴリズム
61  def aster(vertices, src, dest):
62      # 初期化
63      src.g = 0
64      src.f = get_dist(src, dest)
65      open_list = []
66      closed_list = []
67
68      # 探索開始
69      open_list.append(src)
70      while len(open_list) > 0:
71          u = heapq.heappop(open_list)
```

```
 72
 73            # 頂点uが終点と同じである場合
 74            if u.id == dest.id:
 75                break;
 76
 77            # 隣接頂点を走査
 78            for i in u.adj.keys():
 79                v = vertices[i]
 80                # 頂点vを経由した場合のsrcからdestへのfを計算
 81                f = u.g + u.adj[v.id] + get_dist(v, dest)
 82
 83             if is_contained(v, open_list):
 84                    # 頂点vが未探索リストに含まれている場合
 85                    if f < v.f:
 86                        v.f = f
 87                        v.g = u.g + u.adj[v.id]
 88                        v.pred = u.id
 89                        heapq.heapify(open_list)
 90                elif is_contained(v, closed_list):
 91                    # 頂点vが探索済みに含まれている場合
 92                    if f < v.f:
 93                        v.f = f
 94                        v.g = u.g + u.adj[v.id]
 95                        v.pred = u.id
 96                        closed_list.remove(v)
 97                        open_list.append(v)
 98                        heapq.heapify(open_list)
 99                else:
100                    # 頂点vがいずれのリストにも含まれていない場合
101                    v.f = f
102                    v.g = u.g + u.adj[v.id]
103                    v.pred = u.id
104                    open_list.append(v)
105                    heapq.heapify(open_list)
106
107            # 探索中の頂点を探索済みリストに追加
108            closed_list.append(u)
109
110 # 経路を表示
111 def print_path(vertices, src, v):
112     if src.id == v.id:
113         print(src.id, end = " ")
```

```
114        elif v.pred == None:
115            print("\n経路が存在しません。")
116        else:
117            print_path(vertices, src, vertices[v.pred])
118            print(v.id, end = " ")
119
120  # マップからグラフを作成
121  def to_graph(map, xmax, ymax):
122      # 頂点のリスト
123      vertices = []
124
125      # 頂点の生成
126      id = 0
127      for i in range(0, ymax):
128          for j in range(0, xmax):
129              vertices.append(MyVertex(id, j, i))
130              id += 1
131
132      # 辺の生成
133      for v in vertices:
134          # map[v.y][v.x]が1の場合だけ他の頂点と接続
135          if map[v.y][v.x] == 1:
136              # map[v.y][v.x]とmap[v.y + 1][v.x]を表す頂点と接続
137              if v.y + 1 < ymax and map[v.y + 1][v.x] == 1:
138                  v.adj[(v.y + 1) * ymax + v.x] = 1
139              # map[v.y][v.x]とmap[v.y - 1][v.x]を表す頂点と接続
140              if v.y - 1 >= 0 and map[v.y - 1][v.x] == 1:
141                  v.adj[(v.y - 1) * ymax + v.x] = 1
142              # map[v.y][v.x]とmap[v.y][v.x + 1]を表す頂点と接続
143              if v.x + 1 < xmax and map[v.y][v.x + 1] == 1:
144                  v.adj[v.y * ymax + v.x + 1] = 1
145              # map[v.y][v.x]とmap[v.y][v.x - 1]を表す頂点と接続
146              if v.x - 1 >= 0 and map[v.y][v.x - 1] == 1:
147                  v.adj[v.y * ymax + v.x - 1] = 1
148
149      # 生成した頂点のリストを返す
150      return vertices
151
152  if __name__ == "__main__":
153      # マップの宣言
154      map = [[1,1,1,1,1,1,1,1],\
155             [1,1,1,1,1,1,1,1],\
```

```
156            [1,1,0,0,0,1,1,1],\
157            [1,1,1,1,0,1,1,1],\
158            [1,1,1,1,0,1,1,1],\
159            [1,1,1,1,0,1,1,1],\
160            [1,1,1,1,0,1,1,1],\
161            [1,1,1,1,0,1,1,1]])
162
163    # 頂点の生成
164    vertices = to_graph(map, 8, 8)
165
166    # 頂点34を始点として探索
167    src = vertices[34]
168    dest = vertices[54]
169    aster(vertices, src, dest)
170
171    # 始点頂点34から頂点54の経路を表示
172    print("頂点34から頂点54への経路: ", end = "")
173    print_path(vertices, src, dest)
174    print("")
```

MyVertex クラス（頂点を表す）の説明

　6 行目～47 行目で頂点を表す MyVertex クラスを定義しています。クラスメンバに関しては、すでに説明したとおりです。優先度付きキューとしてヒープを使用します。そのため、1 行目で heapq モジュールをインポートし、17 行目～38 行目で演算子を定義します。優先度として、当該頂点を経由した場合の始点から終点までの推定距離を用いるので、演算対象は MyVertex オブジェクトの self.f の値です。

is_contained クラス（頂点がリスト内に含まれているかどうかを判断）の説明

　51 行目～54 行目でリスト内に頂点が含まれるかどうかを調べる is_contained 関数を定義します。頂点の識別子として、self.id を用います。引数として MyVertex のオブジェクトを変数 u とリストのオブジェクトを変数 l で受け取ります。変数 l 内の要素を 1 つずつ調べて、u.id と同じ識別子をもつ頂点が含まれていれば、True を戻り値として返します。含まれていなければ、False を返します。

　一般的には要素が含まれているかどうかの処理は、標準ライブラリの count メソッドを用います。たとえば、リストを表す変数 l に頂点を表す変数 u が含まれているかどうかを調べる場合、l.count(u) の値が 1 以上であれば、頂点 u がリスト l に含まれることが確認できます。しかし、今回はこの方法が使えません。count メソッドは要素の比較時に eq を使用しますが、MyVertex 内で比較演算を独自に再定義しましたので、このように別途 is_contained 関数を定義します。

get_dist 関数（2 つの頂点間のマンハッタン距離の計算）の説明

57 行目と 58 行目では、2 つの頂点間のマンハッタン距離を計算する get_dist 関数を定義しています。引数として、2 つの頂点を表す変数 u と v を受け取ります。絶対値を求める方法は標準ライブラリで提供されており、abs（数値）といった書式になります。そのため、abs(u.x−v.x)+abs(u.y−v.y) の計算結果が頂点 u と v のマンハッタン距離になります。

to_graph 関数（マップからの無向グラフの作成）の説明

121 行目～ 150 行目でマップから無向グラフを生成する to_graph 関数を定義します。マップの宣言は main 関数内で行いますが、2 次元配列としてマップを宣言します。そのため、引数である変数 map は 2 次元配列です。また、第 2 引数と第 3 引数は、マップの幅と高さを表す変数 xmax と変数 ymax とします。

2 次元配列の各要素の値は 0 または 1 とします。1 であればそのマスに移動可能、0 であればそのマスは移動不可能を意味します。各マスの識別子は、左上から順番に数値を与えます。**図 8.23** に 4 × 4 のマップ例を示します。マス内の数値が識別子です。マップを表す変数名を map とします。**図 8.23** のマップは、map = [[1, 1, 1, 1], [1, 0, 1, 1], [1, 0, 1, 1], [1, 0, 1, 1]] という 2 次元配列で表すことができます。変数 map を視覚化すると、**図 8.24** のようになります。

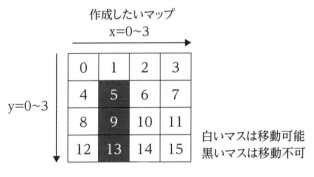

図 8.23 生成したいマップ

1	1	1	1
1	0	1	1
1	0	1	1
1	0	1	1

2次元配列 map の各要素の値

図 8.24 ソースコード内でのマップの表現

このようなマップから無向グラフを生成します。頂点の数は xmax × ymax です。簡略化のため移動できないマスに対応する頂点も生成します。ただし、移動できないマスを表す頂点はどの頂点とも接続されていません。**図 8.23** のマップを無向グラフに表すと**図 8.25** のようになります。白色の頂点を辺で接続し、黒色の頂点は移動できないマスを表すので接続しません。なお、辺の重さはすべて 1 です。

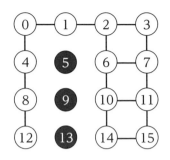

図 8.25　図 8.23 から変換した無向グラフ

　それではソースコードの説明に戻ります。126 行目〜 130 行目では、頂点を表す MyVertex オブジェクトを生成し、頂点のリストである変数 vertices に追加します。頂点の数は xmax × ymax なので、for ループをネストして MyVertex オブジェクトを生成します。識別子は、**図 8.23** のとおり、マップの左上から順番に与えます。なお、map[y][x] に位置するマスの頂点は、vertices[y * ymax + x] に格納されています。たとえば、**図 8.23** のマップの識別子が 6 のマスですが、2 次元配列でのインデックスは map[1][2] です。この場合、vertices 内のインデックスは 1 × 4+2 ＝ 6 となります。すなわち、7 番目の要素である vertices[6] です。すなわち、**図 8.23** で左上から順番に与えた識別子が、そのまま verteices のインデックスになります。

　133 行目〜 147 行目では、各頂点と隣接する頂点を辺で接続します。for ループを用いて、各頂点を走査します。135 行目の if 文では、頂点 v に対応するマスの値が 1（移動可能）かを判定します。移動不可能なマスであれば、どの頂点とも接続しないので処理を飛ばします。map[v.y][v.x] == 1 が True である場合、if ブロックの中に入り、隣接する 4 つのマスが移動可能なマスかどうかを判定します。そのため、137 行目と 140 行目、143 行目、146 行目に、if 文が 4 つ出てきます。それぞれ下と上、右、左に位置するマスを調べています。

　また、頂点 v がマップの端にある場合、隣接するマスが少なくなります。たとえば、頂点 v を **図 8.23** の頂点 1 とすると、(v.y, v.x) の値は (0, 1) です。一番上端の行にあるマスなので、上にマスが存在しません。頂点 1 を例にして各 if 文の条件判定を見てみましょう。137 行目では、v.y + 1 < ymax と map[v.y + 1][v.x] == 1 という 2 つの判定式があります。頂点 1 の下にマスが存在するので、v.y + 1 < ymax は True です。しかし 2 つ目の条件は False です。**図 8.23** の頂点 1 の下にあるマス（頂点 5）を見てください。黒色になっているため、map[v.y + 1][v.x] の値が 0 です。そのため、頂点 1 と頂点 5 は辺で接続しません。140 行目の条件判定は False です。v.y の値が 0 なので、v.y-1 >＝ 0 が False になるからです。頂点 1 の上側にはマスが存在しないので、False になります。143 行目の条件判定は True です。**図 8.23** の頂点 1 の右側（頂点 2）を見てのとおり、右側にマスが存在し、移動可能であるからです。判定が True なので、if ブロックの中に入り、頂点 1 の隣接頂点を表す変数 adj に頂点 2 の情報を加えます。144 行目が v.adj[v.y * ymax + v.x +1] ＝ 1 となっていますが、v.y * ymax + v.x + 1 が頂点 2 のインデックスです。(v.y, v.x) が (0,1) なので、計算してみると 0 × 4+1+1 ＝ 2 となります。すなわち、v.adj[2] の値に 1 を設定します。

この 1 は辺の重さです。隣接するマス同士を繋げるので、辺の重さはすべて 1 です。146 行目の if 文も True になるので、頂点 1 と頂点 0 を辺で接続します。**図 8.25** からも頂点 1 が頂点 0 と 2 とだけ辺で接続されていることが確認できます。

150 行目で生成した頂点のリストである変数 vertices を戻り値として返します。

◼ main 関数の説明

152 〜 174 行目で main 関数を定義します。154 行目〜 161 行目で変数 map を宣言し、2 次元配列で初期化しています。8 × 8 のマップですが、**図 8.16** のマップを 2 次元配列で表現したものです。164 行目で to_graph 関数を呼び出して、変数 vertices に頂点のリストを代入します。引数として先程宣言した map とその大きさである 8 × 8 を与えます。

167 行目と 168 行目で、変数 src と dest を宣言し、始点と終点となる頂点をそれぞれ決めます。ここでは頂点 34 を始点、頂点 54 を終点としました。**図 8.16** の例と同じです。169 行目で、aster 関数を呼び出して最短経路を探索します。引数は vertices と src、dest です。

172 行目〜 174 行目では、探索した経路を表示します。この箇所はダイクストラ法と同じです。

◼ aster 関数 (A* アルゴリズムの実行) の説明

61 行目〜 108 行目で A* アルゴリズムを実行する aster 関数を定義します。引数は頂点の集合と始点、終点なので、それぞれ変数 vertices と src、dest で受け取ります。63 行目〜 66 行目は初期化です。始点から頂点 src への距離は 0 なので、63 行目で src.g の値を 0 にします。64 行目では、src.f の値を get_dist 関数を用いて、始点と終点間のマンハッタン距離を計算して、結果を代入します。65 行目と 66 行目では、変数 open_list と closed_list を宣言し、それぞれ空のリストで初期化します。

69 行目で open_list に変数 src を入れます。70 行目からは while ループを用いて、open_list が空でない限り処理を繰り返します。71 行目で open_list から頂点を取り出し、変数 u に格納します。open_list は優先度付きキューとして使用します。heapq.heappop(open_list) と記述して、観測値 f の値 (頂点 u を経由したとき始点から終点への距離の推定値) が一番小さい頂点をデキューします。74 行目の if 文で頂点 u が終点であれば、探索成功です。この場合はループを抜けます。そうでなければ、78 行目から始まる for ループで頂点 u の隣接頂点を走査します。

79 行目で変数 v を宣言し、vertieces[i] で初期化します。以後は隣接頂点を変数 v で参照します。81 行目で頂点 u と頂点 v を経由した場合の終点への距離を推測します。変数 f を宣言し、値を u.g + u.adj[v.id] + get_dist(v, dest) で初期化します。視覚化すると**図 8.26** のようになります。

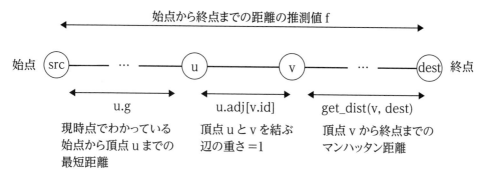

図 8.26　変数 f の計算

　83 行目から処理が 3 つに分岐されます。アルゴリズムの概要で説明したときに説明した 3 つの分岐に対応します。83 行目の if 文では、頂点 v が open_list に含まれているかどうかを確認します。True であれば、頂点 u 以外の頂点からすでに頂点 v への経路が見つかっていることを意味します。この場合、頂点 u から頂点 v を経由したほうが距離が短い場合にだけ、v.f の値を更新します。85 行目の if 文で、f の値が v.f より小さいかを確認します。True であれば、if ブロックの中に入り、86 行目で v.f の値を f に更新し、87 行目で v.g の値を u.g + u.adj[v.id] に更新します。また、88 行目では、先行者を表す v.pred を頂点 u にします。v.f の値を変更したため、open_list に含まれる頂点の優先度が変更される可能性があります。そのため、89 行目の heapq.heapify(open_list) という命令で、open_list をヒープ化します。

　90 行目の elif 文の判定式では、頂点 v が closed_list に含まれるかどうかを確認します。もし、True であれば、頂点 v はすでに探索済みです。この場合、すでに見つかっている経路より距離が短い経路が見つかった場合にだけ、処理を行います。そのために 92 行目の f < v.f を確認し、True の場合にだけ 93 行目～ 98 行目の処理を行います。同様に v.f と v.g、v.pred を更新します。距離の推測値を更新したため頂点 v を再び探索しなければいけません。そのため、96 行目で頂点 v を closed_list から削除し、97 行目で open_list へ入れ直します。また、98 行目で open_list をヒープ化します。

　頂点 v が open_list と closed_list のいずれにも含まれていない場合は、処理が 99 行目からはじまる else ブロックに移動します。頂点 v が初めて見つかったことを意味します。この場合は v.f と v.g、v.pred の値を設定し、頂点 v を open_list に入れます。また、105 行目で open_list をヒープ化します。

　頂点 u の隣接頂点をすべて走査すると、ループを抜けて 108 行目に処理が移動します。この時点で、頂点 u は探索済みになるので、closed_list に入れます。

8.3.4　A* プログラムの実行

　ソースコード **8.9**(aster.py) を実行した結果を**ログ 8.10** に示します。2 行目に示す頂点のリストが頂点 34 から 54 への最短経路です。

ログ 8.10 aster.py プログラムの実行

```
01  $ python3 aster.py
02  頂点34から頂点54への経路: 34 26 25 17 9 10 11 12 13 21 29 37 45 53 54
```

最短経路を視覚化すると**図 8.27** に示すとおりです。マス間の移動回数を数えるとわかりますが、最短経路を探索できていることが確認できます。

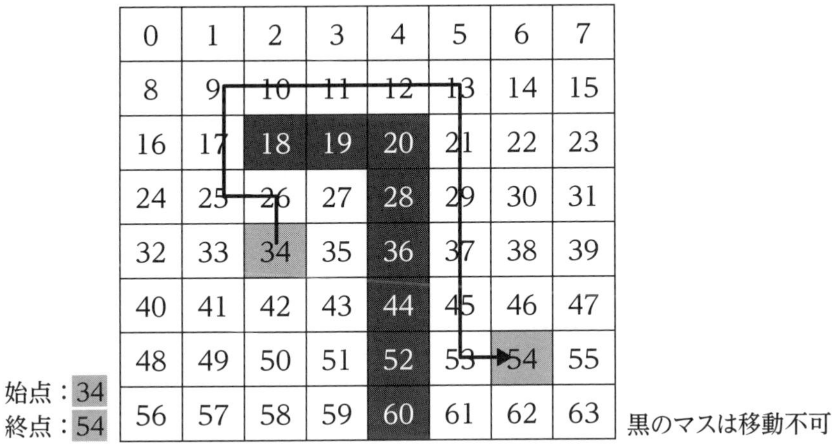

図 8.27 頂点 34 から 54 への最短経路

8.4 動的計画法

動的計画法（dynamic programming）とは、解きたい問題を部分的な問題に分割し、部分問題の最適解となる計算結果を記録しながら当初の問題を解く手法です。

本書では、動的計画法の代表的な例である**ナップサック問題**を解決するアルゴリズムを解説します。

8.4.1 ナップサック問題

ナップサック問題とは、容量が限られたナップサックに品物を詰め込み、ナップサック内に入れた品物の価値を最大化する問題です。

たとえば、ある家に泥棒が侵入したと仮定します。家にあるすべての品物をもち運ぶことは物理的に不可能であるため、泥棒は金目の品物を盗るでしょう。泥棒は、盗った品物の価値が最大化す

るように、金銭的な価値がある宝石などをナップサックに詰め込みます。すなわち、盗る品物の重量がナップサックに入るという制約のもと、盗んだ品物の価値の総和を最大化する、といった数学的な問題になります。

ナップサック問題のように、条件を満たす解のなかで一番良い解を求める類の問題を**最適化問題**（optimization problem）と呼びます。特にナップサック問題のように、品物の組み合わせが解となる最適化問題を、**組み合わせ最適化**（combinatorial optimization）と呼びます。

■ ナップサック問題の一般化

ナップサック問題を数学的に一般化します。**対象集合**（universe set）をＳとします。集合Ｓに含まれる要素 v_i の価値と重量をそれぞれ v_i と w_i と表記します。ナップサック問題は以下の式で定式化できます。

$$Maximize: \quad \sum_{i=1}^{n} x_i v_i$$

$$\text{ただし} \sum_{i=1}^{n} x_i w_i \leq m$$

$$x_i \in \{0, 1\}$$

$x_i \in \{0, 1\}$ という宣言文は、x_i の値は０または１をとる、という意味です。x_i の値は品物 i を選択するかしないかを表し、v_i を選択すれば $x_i = 1$、そうでなければ $x_i = 0$ となります。そのため、$\sum_{i=1}^{n} x_i v_i$ の式で、選ばれた品物の価値の合計が計算されます。また、制約条件として、$\sum_{i=1}^{n} x_i w_i$ の値が m 以下である必要があります。

たとえば、以下のように５つの品物があったとしましょう。それぞれの価値と重量を（価値，重量）で表します。

品物 1 = (2, 3)，品物 2 = (3, 3)，品物 3 = (6, 5)，品物 4 = (1, 3)，品物 5 = (5, 4)
重量の上限 = 10

品物 1 と品物 4 を選んだとします。この場合、$x_1 = 1$、$x_2 = 0$、$x_3 = 0$、$x_4 = 1$、$x_5 = 0$ となります。品物の価値の総和は、以下の式で計算できます。

$1 \times 2 + 0 \times 3 + 0 \times 6 + 1 \times 1 + 0 \times 5 = 3$

制約条件に関しては、以下のように重量の総和が６となるので、重量の上限内に収まっています。

$$1 \times 3 + 0 \times 3 + 0 \times 5 + 1 \times 3 + 0 \times 5 = 6 < 10$$

ナップサック問題の最適解は、選んだ品物の価値の総和が最大となる組み合わせです。上記の例での最適解は品物3と5の組み合わせです。この場合、価値の総和が11、重量の総和が9となります。

■ ナイーブなアルゴリズム

ナップサック問題の最適解は総当りで計算することができます。集合S内の各要素に対して、選ぶか選ばないかという2つの選択肢があります。集合Sの大きさをnとすると、その組み合わせの数は2^nとなります。たとえば、3つの要素からなる集合$\{1, 2, 3\}$内の要素の組み合わせをすべて列挙すると以下のとおりになります。

$$\{\emptyset\}、\{1\}、\{2\}、\{3\}、\{1,2\}、\{1,3\}、\{2,3\}、\{1, 2, 3\}$$

なお、$\emptyset$は空集合を意味し、何も含まない集合です。したがって、集合内の要素の組み合わせの総数は**べき集合**（power set）なのです。前項の例のように対象集合の大きさが5の場合、要素の組み合わせ総数は$2^5 = 64$になります。要素数が増加すると指数関数的に組み合わせ数も増加します。

すべての組み合わせを並べて、制約条件を満たす組み合わせのなかで価値の総和が最大である組み合わせが最適解になります。対象集合の大きさをnとすると、最適解を得るために必要な計算量は$O(2^n)$となります。

計算量が指数となるので、総当たりは極めて非効率なアルゴリズムです。そこで動的計画法と呼ばれる手法が提案されました。動的計画法を用いると、効率的にナップサック問題を解くことができます。

8.4.2 動的計画法の原理

前述のとおり、動的計画法は元の問題を部分的な問題に分割し、部分問題の最適解を記録しながら解く手法です。対象集合の大きさをn、ナップサックの大きさ（重量の最大値）をmとします。ここでmは整数と仮定します。また、各品物の重量も整数とします。なお、整数でなければ、動的計画法を適応できません。

考慮する品物の数変数iを0からnに増やし、また、ナップサックの重さ変数jを0からmまで増やし、その時点での最適解を考えてみます。すなわち、ナップサック問題の部分問題は、i個の品物の中から、重量の総和がj以下という制約条件内で価値の総和が最大となる品物の組み合わせを選ぶこと、と定義できます。2次元配列を用いて部分問題の最適解を記録していきます。この2次元配列を**DP表**（dynamic programming table）と呼びます。

品物の価値と重量を変数itemとします。変数itemは大きさが$n \times 2$の2次元配列です。インデックスは0から始まるので、品物iの価値はitem[i-1][0]、重量はitem[i-1][1]に格納します。また、DP表は2次元配列を変数cで表します。DP表の大きさは$(n+1) \times (m+1)$なので、要素を指

す変数は c[0][n+1] ～ c[0][m+1] となります。*n* と *m* より 1 つ大きめに要素を確保するのは、品物を 1 つも選ばない（i = 0）と重量の上限がゼロ（j = 0）の場合を含むからです。

　簡略化のため品物数を 3 つにして、動的計画法がどのように動作するか説明します。品物のリストと重量の上限は以下のとおりです。

　品物 1 = (2, 1), 品物 2 = (3, 2), 品物 3 = (5, 3)
　重量の上限 = 5

　変数 item の中身を視覚化すると**図 8.28** のようになります。

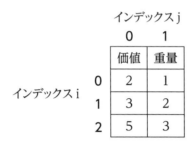

図 8.28　変数 item の状態

　一方、DP 表の変数 c の初期状態は、**図 8.29** のようにします。考慮する品物の数がゼロのとき（i = 0）と、重量の上限がゼロのとき（j = 0）は 0 で初期化します。それ以外の箇所は空にしておきます。なお、プログラミング内では、未初期化は望ましくないので、適当な数値で初期化します。

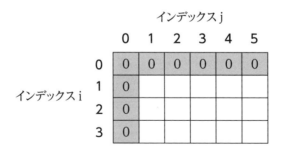

図 8.29　変数 c の初期状態

　DP 表となる変数 c の各要素をネストループを用いて埋めていきます。c[i][j] の値は、1 ～ i+1 の i 個の品物だけを考慮し、総重量が j 以下となる、選択した品物の価値の総和です。ネストループは以下のようになります。

```
for i in range(1, n + 1):
    for j in range(1, m + 1):
        c[i][j] の値を計算
```

動的計画法では、DP 表の計算と DP 表から最適な組み合わせを見つける、といった 2 つの処理が必要です。

■ DP 表の計算

図 8.29 の灰色の部分（i = 0 または j = 0 の箇所）は確定済みです。インデックス i と j の値を変化させ、空白の箇所を埋めていきます。c[i][j] の値を計算するルールは以下のとおりです。

---
c[i][j] を計算するときのルール

ケース 1 : c[i-1][j − item[i-1][1]] + item[i − 1][0]

ケース 2 : c[i-1][j]

のうち大きい方を c[i][j] に代入する。ただしケース 1 の場合は、品物 i の重量が j を超えない場合に限る。

ケース 1 をもう少しわかりやすく表現すると、c[i-1][j− 品物 i の重量] ＋ 品物 i の価値、です。ケース 1 の計算結果を c[i][j] に代入する場合は、品物 i を選択することを意味します。ケース 2 の場合は、c[i-1][j] の値をそのまま c[i][j] に代入するため、品物 i を選択しないことを意味します。

では、具体的にどのように DP 表を計算するか見ていきます。変数 i の値が 1 のときは、品物 1 だけを考慮します。まず、i = 1 かつ j = 1 のとき、重量の上限が 1 のとき品物 1 をナップサックに入れることができるかどうかを考えます。品物 1 の重量である item[1][1] の値は 1 です。変数 j の値（現時点での重量の上限）が 1 なので、品物 1 をナップサックに入れることができます。品物 1 を選択したときに最適解となるかどうかを判断するには、上記のケース 1 とケース 2 を確認します。

i = 1、j = 1 のとき、

ケース 1 : c[0][0 − item[0][1]] + item[0][0] = c[0][0] + item[0][0] = 2

ケース 2 : c[0][1] = 0

となるので、ケース 1 のほうが大きくなります。したがって c[1][1] には、ケース 1 で得られた数値である 2 を代入します。

同様に i が 1 のとき、j の値を 2 ～ 5 に変化させて調べていきます。1 つひとつ調べていくと、c[1][2] ～ c[1][5] の値はすべて 2 となります。変数 i の値が 1 のときの最適解を計算したあとの DP 表の状態は図 8.30 のようになります。

インデックス j

	0	1	2	3	4	5
0	0	0	0	0	0	0
1	0	2	2	2	2	2
2	0					
3	0					

インデックス i

図 8.30　変数 i = 1 のときに変数 j を走査したあとの変数 c の状態

　次は、変数 i の値が 2 のときを調べます。品物 1 と 2 だけを考慮して、最適解を求めます。品物 2 の重量が 2 なので、変数 j の値が 1 のときは c[1][j] の値をそのまま c[2][j] に代入します。

　i = 2、j = 2 の場合に注目してください。item[i-1][1] の値が 2（品物 i の重量が j 以下）なので、ケース 1 と 2 を確認します。計算すると以下のとおりになります。

ケース 1：c[1][2 - item[1][1]] + item[1][0] = c[1][0] + item[1][0] = 3
ケース 2：c[1][2] = 2

　ケース 1 のほうが数値が大きくなります。ケース 1 の計算過程で、c[1][0] + item[1][0] という式が出てきますが、何も選んでいない状態（価値の総和が 0）に品物 2 を加えると価値の総和が 3 になると解釈できます。したがって c[2][2] の値は 3 になります。

　同様に i = 2、j = 3 の場合も調べてみます。再度、ケース 1 と 2 を以下のように計算します。

ケース 1：c[1][3 - item[1][1]] + item[1][0] = c[1][1] + item[1][0] = 5
ケース 2：c[1][3] = 2

　ケース 1 のほうが数値が大きくなるため、c[2][3] の値は 5 となります。品物 1 と 2 を選んだ状態で価値の合計が 5 となり、重量の合計が 3 となります。重量の総和は、j の値以下となっていることが確認できます。変数 j を 5 まで操作すると、DP 表の状態は**図 8.31** のようになります。

インデックス j

	0	1	2	3	4	5
0	0	0	0	0	0	0
1	0	2	2	2	2	2
2	0	2	3	5	5	5
3	0					

インデックス i

図 8.31　変数 i = 2 のときに変数 j を走査したあとの変数 c の状態

最後に変数 i の値が 3 のときを調べます。j の値が 3 以下のときは、c[2][j] の値が c[3][j] に代入されます。では、i = 3、j = 4 の場合を見てみましょう。ケース 1 とケース 2 は以下のように計算できます。

ケース 1：c[2][4 - item[2][1]] + item[2][0] = c[2][1] + item[2][0] = 7
ケース 2：c[2][3] = 5

ケース 1 のほうが大きいため、c[3][4] に 7 を代入します。品物 1 と 3 を選んだ状態となります。

i = 3、j = 5 の場合を調べます。これが最終的に解きたい問題です。同様にケース 1 とケース 2 を次のように計算します。

ケース 1：c[2][5 - item[2][1]] + item[2][0] = c[2][2] + item[2][0] = 8
ケース 2：c[2][4] = 5

ケース 1 のほうが大きいことが確認できます。したがって、c[3][5] には 8 を代入します。品物 2 と品物 3 が選択された状態であり、価値の総和が 8、重量の合計が 5 となります。最終的な DP 表の状態を**図 8.32** に示します。

インデックス j

	0	1	2	3	4	5
0	0	0	0	0	0	0
1	0	2	2	2	2	2
2	0	2	3	5	5	5
3	0	2	3	5	7	8

インデックス i

図 8.32 変数 i = 3 のときに変数 j を走査したあとの変数 c の状態

◼ DP 表から最適な組み合わせを調べる

ナップサック問題の解は、要素の組み合わせです。そのため、DP 表から最適な要素の組み合わせを機械的に調べるステップが必要です。

最適解の価値の総和は c[n][m] に格納されています。そのため、変数 i を n から 0 に変化させ、変数 i の値を m から調べていきます。まず、i = n、j = m のときですが、c[i][j] と c[i-1][j] の値が同じであるかどうかを調べます。同じであれば、品物 i は最適解に含まれません。なぜなら、考慮する品物の数が 0 ～ i と 0 ～ i-1 の場合で最適解の総重量が同じであれば、品物 i は最適解とは関係

ないこと判断できます。異なる場合は、品物 i が最適解に含まれるため、品物 i の重さ分だけ j の値を減らします。c[i][j] と c[i-1][j] の値が同じであれば、何もしません。次に i の値を 1 減らし、同様の処理をします。変数 i または j の値が 0 が 0 になれば、そこで処理を終了します。

図 8.32 から最適解を計算してみましょう。まず、i = 3、j = 5 から始めます。図 8.33 に状態を示します。c[3][5] と c[2][5] の値がそれぞれ 5 と 8 なので、異なります。言い換えると、DP 表の計算時に、ケース 1（品物 i を解として選択）によって c[3][5] の値を求めたと言えます。そのため、品物 3 は最適解に含まれます。この場合、j の値を更新します。j から品物 3 の重量を差し引くため、j = j - item[2][1] = 2 となります。また、変数 i の値を 1 減らします

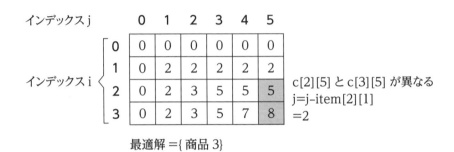

図 8.33　DP 表から最適解を計算　i = 3, j = 5 のとき

品物 3 を最適解として選択後の状態（i = 2、j = 2 のとき）を図 8.34 に示します。品物 3 が最適解に含まれることがわかっているため、対象集合を品物 1 と 2、重量の上限を 2 とした部分問題に帰着できます。再度、c[2][2] と c[1][2] を比較すると、値が異なることがわかります。そのため、品物 2 も最適解に含まれます。品物 2 の重量を変数 j から差し引くと、j の値が 0 になります。これで処理が終了です。

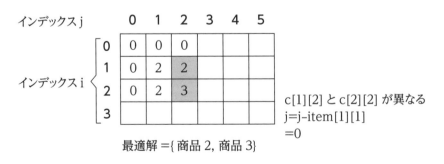

図 8.34　品物 3 を DP 表から除いた後の状態　i = 2, j = 2 のとき

この計算過程で、品物 2 と 3 の組み合わせが最適解であることがわかります。価値の総和が 8、重量の合計が 5 となります。

　動的計画法を用いたナップサック問題の計算量は、DP 表の大きさである $(n+1)(m+1)$ となります。漸近式で表すと $O(nm)$ となります。

8.4.3　動的計画法を用いたナップサック問題の実装例

　動的計画法を用いてナップサック問題を解くアルゴリズムを**ソースコード 8.11**(knapsack.py) に示します。

ソースコード 8.11　ナップサック問題　　　　　　　　　　　　`~/ohm/ch8/knapsack.py`

ソースコードの概要

1 行目～ 27 行目	動的計画法を用いて最適解を求める my_knapsack 関数の定義
8 行目～ 13 行目	DP 表の計算
16 行目～ 25 行目	DP 表から最適解を計算
29 行目～ 39 行目	main 関数の定義

```python
01  def my_knapsack(item, m):
02      # 品物の個数
03      n = len(item)
04      # DP表（部分問題の最適解を保存）
05      c = [[0] * (m + 1) for i in range(n + 1)]
06
07      # DP表の作成
08      for i in range(1, n + 1):
09          for j in range(1, m + 1):
10              if item[i - 1][1] <= j:
11                  c[i][j] = max(c[i - 1][j - item[i - 1][1]] + item[i - 1]
    [0], c[i - 1][j])
12              else:
13                  c[i][j] = c[i - 1][j]
14
15      # DP表から選んだ品物を探索
16      selected = []    # 解に含まれる品物リスト
17      j = m            # DP表の列を示すインデックス
18      for i in range(n, 0, -1):
19          if j <= 0:
20              break
21          elif c[i - 1][j] == c[i][j]:
22              continue
23          else:
```

```
24            selected.append(item[i - 1])
25            j = j - item[i - 1][1]
26
27    return selected
28
29 if __name__ == "__main__":
30    # 品物リスト（価値，重量）
31    item = [(2, 3), (3, 3), (6, 5), (1, 3), (5, 4)]
32    print("品物リスト:", item)
33
34    # 最適解を探索
35    m = 10 # 重量の上限
36    selected = my_knapsack(item, m)
37
38    # 最適解を表示
39    print("最適解:", selected)
```

■ main 関数の説明

29 行目〜 39 行目で main 関数を定義しています。31 行目で変数 item を宣言し、品物リストとします。各品物の情報はタプル型の値として、（価値，重さ）といった書式で初期化します。本書の例では、以下の 5 つの品物を定義しました。

品物 $1 = (2, 3)$、品物 $2 = (3, 3)$、品物 $3 = (6, 5)$、品物 $4 = (1, 3)$、品物 $= (5, 4)$

32 行目で、変数 item の中身である品物の一覧を表示します。

35 行目では、変数 m を宣言して整数の 10 で初期化します。この変数を重量の上限として用います。36 行目で、my_knapsack 関数を呼び出し、引数として変数 item と m を渡します。my_knapsack 関数の戻り値は最適解に含まれる品物のリストです。これを変数 selected に代入します。39 行目の print 関数で変数 selected の中身を表示します。

■ my_knapsack 関数の説明

1 行目〜 27 行目で動的計画法を用いて最適解を求める my_knapsack 関数を定義します。引数は品物のリストと重量の上限です。それぞれ変数 item と m で引き受けます。3 行目で、変数 n を宣言し、変数 item の大きさで初期化します。以降は変数 n を品物の数として使用します。5 行目では、2 次元配列として変数 c を宣言し、すべての要素を整数値の 0 で初期化します。大きさは、(n+1) × (m+1) です。この変数 c を DP 表として用います。my_knapsack 関数の処理を大まかに見ると、DP 表の計算と DP 表から最適解を求める処理で構成されます。

■ DP 表の計算の説明

DP 表の計算は 8 行目～ 13 行目で行います。第 8.4.2 項で解説したとおり、ネストループを用いて DP 表の各要素を計算します。外側ループでは変数 i の値を 1 から n+1 に変化させ、内側ループでは変数 j の値を 1 から m+1 に変化させて、c[i][j] の値を計算します。なお、i＝0 または j＝0 のときは、初期化値である 0 のままです。外側ループの変数 i は考慮する品物の数を表します。すなわち、品物 1 ～品物 i の i 個の品物だけを考慮します。内側ループの変数 j の値は、選んだ品物の総重量の上限を表します。c[i][j] を計算するときのルールを再度示します。

> **c[i][j] を計算するときのルール**
>
> ケース 1 : c[i-1][j - item[i-1][1]] + item[i-1][0]
> ケース 2 : c[i-1][j]
> 2 つのケースのうち大きい方を c[i][j] に代入する。ただし、ケース 1 の場合は、品物 i の重量が j を超えない場合に限る。

品物 i の重量が j を超える場合は、ケース 1 を考慮しません。そのため、10 行目の if 文で、item[i-1][1] ＜＝ j、が True であるかを判定します。品物 i の情報は item[i-1] に格納されているのでインデックスに注意してください。True であれば、ケース 1 と 2 の双方を比べる必要があります。11 行目で max 関数を使用しています。この関数は、max(A, B) という書式で呼び出し、A と B のうち大きい方を戻り値として返します。ソースコードを見てのとおり、max 関数の第 1 引数がケース 1 の式、第 2 引数がケース 2 の式になっていることが確認できます。このように記述し、ケース 1 とケース 2 の大きい値を c[i][j] に代入します。

10 行目の if 文での判定が False であれば、13 行目に進みます。ケース 2 のとおり、c[i][j] に c[i-1][j] の値を代入します。同様の処理を変数 i と j の値がそれぞれ n と m になるまで繰り返します。

■ DP 表から最適解の求め方の説明

16 行目～ 25 行目で DP 表から最適解を計算します。16 行目で変数 selected を宣言し、空のリストで初期化します。この変数に最適解に含まれる品物の情報を追加していきます。17 行目で変数 j に m を代入します。DP 表の c[n][m] の値から c[0][0] に向かって、最適解を求めるためです。18 行目～ 25 行目の for ループでは、変数 i の値を n から 0 に –1 ずつ変化させて、処理を行います。ループ構造は 1 つだけです。変数 i は –1 ずつ変化させますが、変数 j の値は最適解に含まれる品物がわかれば、その重量分だけ j の値を減算するからです。

19 行目の if 文では、変数 j の値が 0 以下であるかどうかを判定します。True であれば、ループを抜けて処理を終了します。そうでなければ、21 行目の elif 文の条件判定式である c[i-1][j] ＝＝ c[i][j] を調べます。第 8.4.2 項で解説したとおり、c[i-1][j] と c[i][j] の値が同じ（判定結果が True）であれば、品物 i は最適解に含まれません。そのため、continue 命令でループを進めます。c[i-1][j] と c[i][j] の値が異なる（判定結果が False）場合は、else ブロックの 24 行目と 25 行目

の命令を実行します。False の場合は、品物 i が最適解に含まれることを意味するので、24 行目で品物 i の情報である item[i-1] を最適解を表す変数 selected に append メソッドで追加します。そして、25 行目で変数 j の値を品物 i の重量である item[i-1][1] の大きさだけ減算します。

なお、最適化問題の制約条件は重量の合計が j 以下なので、変数 j の値が 0 にならないこともあります。この場合、ループカウンタである変数 i の値が 0 になったときにループを抜けます。

DP 表の計算と最適解の求め方の具体例

本書の例で作成される DP 表を**図 8.35** に示します。**最適解の価値の総和**は c[5][10] のマスが示すとおり、11 になります。

インデックス i ＼ インデックス j	0	1	2	3	4	5	6	7	8	9	10
0	0	0	0	0	0	0	0	0	0	0	0
1	0	0	0	2	2	2	2	2	2	2	2
2	0	0	0	3	3	3	5	5	5	5	5
3	0	0	0	3	3	6	6	6	9	9	9
4	0	0	0	3	3	6	6	6	9	9	9
5	0	0	0	3	5	6	6	8	9	11	11

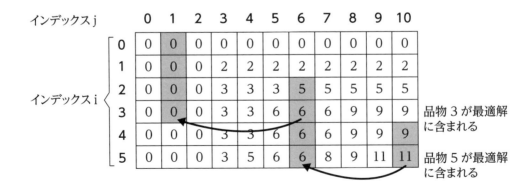

図 8.35　DP 表の状態

次に DP 表から最適解に含まれる品物を**図 8.35** から求めます。概要を**図 8.36** に示します。灰色のマスが c[i-1][j] と c[i][j] を比較する要素です。矢印は、最適解に含まれる品物が見つかったときに、変数 j の値を品物の重量の分だけ減らす様子を視覚化しています。

図 8.36　DP 表から最適解を求める

まず、c[4][10] と c[5][10] を比較し、品物 5 が最適解に含まれることがわかるので、変数 j の値を 4 減らし、j ＝ 6 にします。ループを進め変数 i の値を −1 ずつ減らします。i ＝ 3 のときに、品物 3 が最適解に含まれることがわかります。ここで変数 j の値を 5（商品 3 の重量）減らし、j の値が 1 になります。再度、ループを進めると変数 i の値が 0 になります。ここでループを抜けて、処理を終了します。

最終的に品物 3 と品物 5 の組み合わせが最適解となります。価値の総和が 11、重量の合計が 9 となります。

8.4.4 ナップサック問題プログラムの実行

ソースコード 8.11(knapsack.py) を実行した結果を**ログ 8.12** に示します。最適解に含まれる品物の価値の総和が 11、重量の合計が 9 となります。最適解である品物 3 ＝ (6, 5) と品物 5 ＝ (5, 4) が探索できていることが確認できます。なお、変数 selected に含まれる要素の順番は、変数 i の値が大きい方から要素を追加しているので、品物 5、品物 3 の順番になります。

ログ 8.12 knapsack.py プログラムの実行

```
01  $ python knapsack.py
02  品物リスト: [(2, 3), (3, 3), (6, 5), (1, 3), (5, 4)]
03  最適解: [(5, 4), (6, 5)]
```

8.5 計算幾何学に関するアルゴリズム

最後に**計算幾何学**（computational geometry）に関するアルゴリズムの代表例として、**凸包**（とつほう /convex hull）を解説します。凸包の計算に関するアルゴリズムは、これまでに学習したものに比べてかなり難解です。しかし、計算幾何学の分野では凸包の話題が一番最初に登場することが多いので、凸包アルゴリズムを計算幾何学に関するアルゴリズムの代表例として解説します。

幾何学（geometry）とは、図形や空間に関する数学の分野です。小中高で学んだ三角形や円形に関する理論などが幾何学です。計算幾何学とは、これらの幾何学に関する問題をアルゴリズムで解く分野です。ずばりコンピュータグラフィックスの技術が計算幾何学の応用例にあたります。

8.5.1 凸包とは

凸包とは、複数の点が与えられ、与えられた点をすべて包含する面積が最小の凸多角形のことです。図解すれば、簡単にご理解頂けると思いますので、例を示します。

　図 8.37 を見てください。灰色の円形を壁にランダムに釘を打ち込んだ釘とします。また、その周りを囲んでいるのが輪ゴムと考えてください。この輪ゴムは外側に引っ張っているとします。輪ゴムから手を離すとどうなるでしょうか？

　輪ゴムから手を離すと、輪ゴムが縮まり、**図 8.38** に示すとおり、一番外側の釘の集合に絡み凸多角形を構成します。これが凸包です。図のとおり、すべての点を含みかつ最小の面積をもちます。

　図 8.38 の例は 2 次元空間での凸包の例ですが、3 次元や多次元でも同様に定義されます。

　なお、凸包の定義には、すべての点を含むことと、最小の面積をもつことが条件になっています。**図 8.39** に示す凸多角形（台形）は、すべての点を含みますが、面積が最小ではありません。そのため、凸包ではありません。

　凸包は凸多角形を意味しますが、アルゴリズム的には、与えられた点の集合から凸包の境界に含まれる点の部分集合を計算することになります。

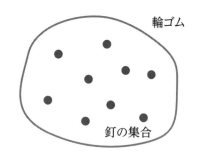

図 8.37　壁にランダムに打ち込んだ釘と輪ゴム

図 8.38　凸包の例

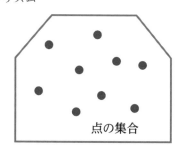

凸多角形は、
すべての点を含むが
面積が最小ではない

図 8.39　凸包の例

8.5.2　計算幾何学の基本プログラミング

　本項では、プログラム内で幾何学を扱うために必要な基本事項を説明します。本書では 2 次元平面の幾何学だけに限定します。

　まず、2 次元平面における**点**（point）は、x 軸と y 軸の 2 つの値をもつためタプル型で表すことができます。書式は (x, y) です。**ベクトル**（vector）とは、方向性と大きさをもつ量のことです。2 つの点を a と b とします。点 a から点 b へのベクトルは、上に矢印をつけて $\overrightarrow{ab}$ と表します。また、ベクトル全体を $\overrightarrow{c}$ のように 1 つの文字で表すこともあります。たとえば、2 つの点を a = (1, 3) と b = (5, 4) と定義します。ベクトルの成分は、$\overrightarrow{ab}$ = (5-1, 4-3) = (4, 1) となります。点 a から b へ向かうには x 軸を 4、y 軸を 1 移動する必要があるため (4, 1) なのです。**図 8.40** に視覚化したベクトルを示します。

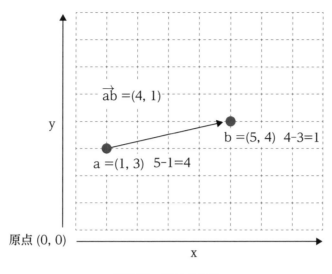

図 8.40 ベクトルの例

　ベクトルの大きさは、専門用語で**ノルム（norm）**と呼びます。ノルムは絶対値の記号をつけて $|\vec{a}|$ で表します。ベクトルを $\vec{a} = (a_x, a_y)$ とすると、ノルムは以下の式で計算できます。

$$|\vec{a}| = \sqrt{a_x^2 + a_y^2}$$

　ベクトルの掛け算には、内積（dot product）と外積（cross product）があります。2 つのベクトルを $\vec{a} = (a_x, a_y)$ と $\vec{b} = (b_x, b_y)$ とします。内積の演算子はドット（·）で表します。ベクトル間の角度を θ とすると、2 次元平面における内積は以下の式で定義されます。

$$\vec{a} \cdot \vec{b} = |\vec{a}||\vec{b}|\cos\theta = a_x b_x + a_y b_y$$

　たとえば、2 つのベクトルを $\vec{a} = (3, 5)$ と $\vec{b} = (4, 9)$ とします。内積は $\vec{b} = 3 \times 4 + 5 \times 9 = 57$ となります。ベクトルの成分に負の値が含まれていれば、内積が負の値になることもあります。なお、内積は基本概念なので説明しましたが、ギフト包装法では使用しません。

　外積は 2 つのベクトルによって作られる平行四辺形の面積です。2 つのベクトルを $\vec{a} = (a_x, a_y)$ と $\vec{b} = (b_x, b_y)$ とします。外積の演算子はで表します。ベクトル間の角度を θ とすると、2 次元平面における外積は、以下の式で計算できます。

$$\vec{a} \times \vec{b} = |\vec{a}||\vec{b}|\sin\theta = a_x b_y - a_y b_x$$

8.5.3 ギフト包装法による凸包アルゴリズム

ギフト包装法は、与えられた点の集合から凸包の境界に含まれる点リストを出力します。前提条件として、与えられる点の集合は重複を認めません。また、点の集合の大きさは 3 以上とします。点の数が 3 未満だと多角形が構成できません。

■ ギフト包装法の流れ

ギフト包装法の概要は以下のとおりです。

ギフト包装法の概要	
ステップ 1	凸包の境界に含まれる点 A を見つける。
ステップ 2	点 A から他の点に直線を結び、他のすべての点がその直線の片側に来るような点 B を見つける。A に B を代入する。
ステップ 3	ステップ 1 で選んだ点が再び選ばれるまで、ステップ 2 を繰り返す。

ステップ 1 の点 A の見つけ方は簡単です。すべての点のなかから y 軸の値が最小の点を選びます。もちろん複数の点が同じ y 軸の値をもつこともあります。この場合は、その中で x 軸の値が最小の点を選びます。たとえば、**図 8.41** に示すとおり、8 つの点があったとします。それぞれの点の座標を a = (1, 1) と b = (3, 1)、c = (2, 3)、d = (6, 4)、e = (4, 3)、f = (4, 6)、g = (1, 5)、h = (4, 5) とします。最小の y 軸の値をもつ点は、(1, 1) と (3, 1) です。このうち、x 軸の値が小さいのは (1, 1) です。そのため、点 a は、確実に凸包の境界に含まれます。

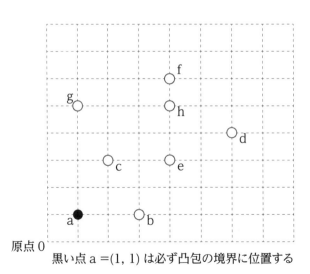

原点 0
黒い点 a =(1, 1) は必ず凸包の境界に位置する

図 8.41 ステップ 1 の例

　ステップ 2 では、点 A から他の点 B に直線を結び、他のすべての点 C がその直線の片側に来るような点を見つけます。ここで点 A は**図 8.41** における点 *a* です。**図 8.42** に示すとおり、選んだ点 a から他の点に線を引いてみます。点 b と g を見ると、その他のすべての点が線の片側に位置します。プログラム的には、その他のすべての点が右側（または左側）に位置するような点を探すので、仮に g を要件を満たす点であることがわかったとしましょう。この点 g も凸包の境界に含まれます。次のステップに進む前に、A に B を代入するので、点 g が着目する点 A になります。

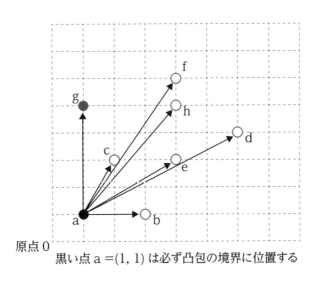

原点 O

黒い点 a =(1, 1) は必ず凸包の境界に位置する

図 8.42　ステップ 2 の例

　ステップ 3 では最初に選んだ点 a がステップ 2 の点 B として選ばれるまで、ステップ 2 を繰り返します。今、点 g を指しているため、g から他の点に線を引き、その他のすべての点が線の片側に位置するような点を見つけます。その様子を**図 8.43** に示します。

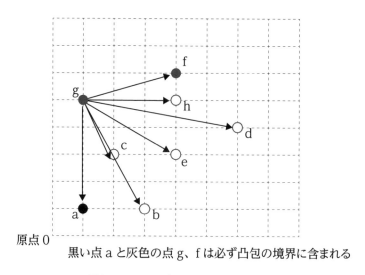

黒い点 a と灰色の点 g、f は必ず凸包の境界に含まれる

図 8.43　ステップ 2 を繰り返したときの例

　点 a と f が要件を満たします。g から線を引いて他の点が右側（または左側）に来るような点を探すので、ここでは f が選ばれます。この時点で点 a と g、f が凸包の境界に含まれます。

　同様の処理を繰り返すと、ステップ 2 のイテレーションで点 d と b が選ばれます。点 b を探索中にステップ 2 の要件を満たす点 B として、a が選ばれます。**図 8.44** の点 b から a に引かれた線を見ると、確かにその他の点が線の片側に位置しています。

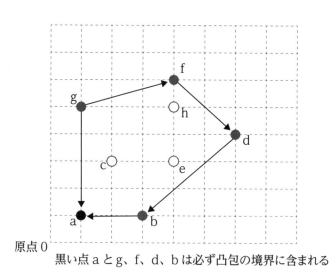

黒い点 a と g、f、d、b は必ず凸包の境界に含まれる

図 8.44　ステップ 3 の例

　この時点で、ステップ 1 で選んだ a が再び選ばれたので、凸包の計算は終了です。点の集合 {a, g, f, d, b} が凸包の境界に含まれます。この点を順番に線で結ぶと、凸包となる凸多角形が構成

されます。

■ 幾何学的な計算方法

　アルゴリズムの流れは直感的にご理解頂けると思いますが、問題はステップ 2 で点 B を探すときの幾何学的な計算方法です。

　まず、3 つの点 (a と b と c) と 2 つのベクトル ($\overrightarrow{ab}$ と $\overrightarrow{ac}$) を考えてみます。幾何学的に $\overrightarrow{ab}$ と $\overrightarrow{ac}$ の外積が正ならば、点 c は a と b に引いた直線の左に位置します。

　図 8.45 に例を示します。4 つの点 a = (1, 5) と b = (6, 4)、c = (3, 1)、d = (5, 6) があるとき、ベクトル $\overrightarrow{ab}$ に対して、点 c と d が右左のどちらに位置するかを調べて見ましょう。

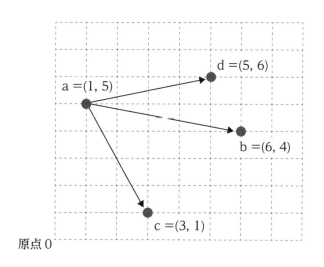

図 8.45　凸包の境界に含まれる点を探すときの計算

ベクトル $\overrightarrow{ab}$ と $\overrightarrow{ac}$ の外積は、以下のとおりです。

$$\overrightarrow{ab} \times \overrightarrow{ac} = (5, -1) \times (2, -3) = 5 \times (-4) - (-1) \times 2 = -18$$

　外積が負の値になります。この場合は点 c はベクトル $\overrightarrow{ab}$ の右側に位置します。**図 8.45** からも確認できますが、確かに右側に位置しています。

　一方、ベクトル $\overrightarrow{ab}$ と $\overrightarrow{ad}$ の外積は、以下のとおりです。

$$\overrightarrow{ab} \times \overrightarrow{ad} = (5, -1) \times (4, 1) = 5 \times 1 - (-1) \times 4 = 9$$

　図 8.45 から確認できるとおり、外積が正の値なので、点 d はベクトル $\overrightarrow{ab}$ の左側に位置することが確認できます。

　この性質を用いて、たとえば点 A から点 B に線を引いたときに、その他のすべての点が線の右に位置するような点 B を探します。ループ構造によって、点 C を調べて、もし点 C が $\overrightarrow{AB}$ の左に来るなら、点 B を点 C に入れ替えます。

　また、3 つの点 A と B と C が直線状（外積が 0）にあれば、A から見て C のほうが B より遠い場所にあるときにだけ B に C を代入します。では、**図 8.46** を見てください。点 a から見て、点 c は点 b より遠くにあります。これは各ベクトルのノルム $|\overrightarrow{ab}|$ と $|\overrightarrow{ac}|$ を比較することで判定できます。図に示す凸包のとおり、点 b は境界に含まれますが、含めなくても点 a と c と d で凸包が構成できます。

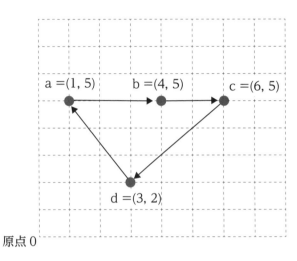

図 8.46　3 つの点が直線状にある場合の例

8.5.4　ギフト包装法の実装例

　ギフト包装法による凸包計算プログラムを**ソースコード 8.13**(convex.py) に示します。

ソースコード 8.13　ギフト包装法　　　　　　　　　`~/ohm/ch8/convex.py`

ソースコードの概要

4 行目と 5 行目	ある点から他の点へのベクトルを生成する get_vector 関数の定義
8 行目と 9 行目	ベクトルのノルムを計算する get_norm 関数の定義
12 行目と 13 行目	2 つのベクトルの外積を計算する cross_prod 関数の定義
16 行目〜 31 行目	点の集合から y 軸の値が最小の点のなかで、x 軸の値が最小の点を探索する get_start_point 関数の定義
34 行目〜 65 行目	ギフト包装法を実行する gift_wrapping 関数の定義
67 行目〜 76 行目	main 関数の定義

```
01  import math
02
03  # p1からp2へのベクトルを計算
04  def get_vector(a, b):
05      return (b[0] - a[0], b[1] - a[1])
06
07  # ベクトルの大きさ（ノルム）
08  def get_norm(a):
09      return math.sqrt(a[0] * a[0] + a[1] * a[1])
10
11  # 外積の計算
12  def cross_prod(a, b):
13      return a[0] * b[1] - a[1] * b[0]
14
15  # yの値が最小の点のなかから、xの値が最小の点を選ぶ関数
16  def get_start_point(points):
17      # pointsのなかで、最小のy軸の値を調べる
18      min_y = 2**31
19      for i in points:
20          if i[1] <= min_y:
21              min_y = i[1]
22
23      # y軸の値がmin_yである点のなかで、xの値が最小の点を調べる
24      min_x = 2**31
25      min_point = None
26      for i in points:
27          if i[1] == min_y and i[0] < min_x:
28              min_x = i[0]
29              min_point = i
30
31      return min_point
32
33  # ギフト包装法
34  def gift_wrapping(points):
35      # 凸包に含まれる点のリスト
36      ch = []
37
38      # yの値が最小の点のうち、xの値が最小の点を選ぶ
39      a = get_start_point(points)
40
41      # 点pから探索開始
42      while True:
```

```
43            ch.append(a)
44            b = points[0]
45            for i in range(1, len(points)):
46                c = points[i]
47                if b == a:
48                    b = c
49                else:
50                    # v1とv2の外積が正の値ならば、点cはv1の左側に位置する
51                    # 外積が0ならば、点aとb、cは直線状に位置する
52                    v1 = get_vector(a, b)
53                    v2 = get_vector(a, c)
54                    prod = cross_prod(v1, v2)
55                    if prod > 0 or (prod == 0 and get_norm(v2) > get_norm(v1)):
56                        b = c
57
58            # 走査中の点を移動
59            a = b
60
61            # whileループを抜ける
62            if a == ch[0]:
63                break
64
65        return ch
66
67    if __name__ == "__main__":
68        # 点の集合 (※ 要素数は3つ以上にすること)
69        points = [(1, 1), (3, 1), (2, 3), (6, 4), (4, 3), (4, 6), (1, 5), (4, 5)]
70        print("点の集合:", str(points))
71
72        # ギフト包装法の実行
73        ch = gift_wrapping(points)
74
75        # 凸包の表示
76        print("凸包:", str(ch))
```

■ main 関数の説明

67 行目〜76 行目で main 関数を定義します。69 行目で変数 points を宣言し、8 つの点 (1, 1) と (3, 1)、(2, 3)、(6, 4)、(4, 3)、(4, 6)、(1, 5)、(4, 5) で初期化します。**図 8.41** の例と同じ点の集合です。70 行目で points の中身を表示します。

73 行目では、変数 ch を宣言し、gift_wrapping 関数を呼び出します。引数で指定した points に

含まれる点の集合から、凸包を構成する点が戻り値として返されますので、これを変数 ch に格納します。76 行目で、凸包を構成する点のリストを表示します。

■ get_vector 関数（点から点へのベクトルの生成）の説明

4 行目と 5 行目では、ある点から他の点へのベクトルを生成する get_vector 関数を定義します。引数は 2 つです。始点を変数 a、終点を変数 b で引き受け、a から b へのベクトルを計算して、タプル型の値を戻り値として返します。変数 a と b はタプル型なので、a[0] と a[1] が点 a の x 軸と y 軸の値に相当します。変数 b も同様です。

■ get_norm 関数（ベクトルのノルムの計算）の説明

8 行目と 9 行目では、ベクトルのノルムを計算する get_norm 関数を定義します。引数のベクトルを変数 a で受け取ります。9 行目の式のとおり、ベクトルの大きさを計算して、計算結果を戻り値として出力します。

■ cross_prod 関数（2 つのベクトルの体積の計算）の説明

12 行目と 13 行目では、2 つのベクトルの外積を計算する cross_prod 関数を定義しています。引数として 2 つのベクトルをそれぞれ変数 a と b で引き受けます。2 次元平面の外積なので、$a_x \times b_y - a_y \times b_x$ という数式は、a[0] × b[1] - a[1] × b[0] となります。

■ get_start_point 関数（点の探索）の説明

16 行目〜 31 行目は、点の集合から y 軸の値が最小の点のなかで、x 軸の値が最小の点を探索する get_start_point 関数を定義しています。アルゴリズムのステップ 1 に相当する箇所です。引数として、点の集合を変数 points で受け取ります。各要素はタプル型で表した点です。

18 行目〜 21 行目で、points に含まれる点のなかで最小の y 軸の値を探します。18 行目で宣言した変数 min_y は、これまでに見つけた最小の y 軸の値を格納するための変数です。初期化時は、大きな数値を設定しておきます。20 行目から for ループで変数 points の要素を 1 つずつ走査し、より小さな y 軸の値を見つけたときに変数 min_y を更新します。

24 行目〜 31 行目では、y 軸の値として min_y をもつ点の集合のなかから、x 軸の値が最小の点を探索します。同じような処理になります。25 行目で宣言した min_point に y 軸の値が最小の点のなかで、x 軸の値が最小の点が格納されます。変数 points は重複を許可しない（同じ点が 2 つ以上含まれていない）ので、min_point は 1 つだけです。

見つかった点は必ず凸包の境界に含まれます。31 行目の return 命令で min_point が参照するタプル型の値を戻り値として返します。

■ gift_wrapping 関数（ギフト包装法の実行）の説明

　34 行目〜 65 行目でギフト包装法を実行する gift_wrapping 関数を定義しています。引数は点の集合です。変数 points で引き受けます。36 行目で変数 ch を宣言し、空のリストで初期化します。この変数に凸包の境界に含まれる点を追加していきます。39 行目では、get_start_point 関数を呼び出し、確実に凸包の境界に含まれる点を 1 つ取り出します。その点を変数 a に格納します。

　42 行目〜 63 行目は、while ループを用いて繰り返し処理を行います。while ループの中には、45 行目から始まる for ループがネストされています。ギフト包装法のアルゴリズムの概要で説明したステップ 2 を再確認してください。3 つの点 a と点 b と点 c があり、このうち点 a は凸包の境界に含まれている点です。ベクトル $\overrightarrow{ab}$ と $\overrightarrow{ac}$ の外積を計算して、すべての点 c が $\overrightarrow{ab}$ の右側に位置するような点 b を探す必要があります。そのため、変数 points の中から、点 b と点 c となる要素を走査するため、ループを 2 回適応します。

　外側の while ループを無限ループにして、62 行目の if 文の条件判定が True であれば、ループを抜けるようにしています。本来であれば、do-while 構造を使いたいところですが、Python では do-while 構造がサポートされていないため、無限ループと if 文による break を用いています。

　まず、while ループに入り、43 行目で変数 a を変数 ch に追加します。1 回目のループでは、変数 a が参照する点は確実に凸包の境界に含まれます。44 行目で変数 b を宣言し、変数 points の先頭の要素である point[0] で初期化します。45 行目の for ループで、変数 points の 2 つ目の要素から最後尾の要素を走査します。インデックスでいうと points[1] から points[len(points) – 1] です。46 行目のとおり、ループカウンタ i が指すインデックスに格納されている点を、変数 c に代入します。この時点で 3 つの変数 a と b と c があります。変数 a が指す点から変数 b が指す点へ引いた線の右側に変数 c が指す点が位置するかどうかを確認していきます。

　47 行目の if 文で変数 a と b が指す点が同じかどうかを確認します。そうであれば、b = c を実行して、次の for ループのイテレーションへ進みます。False であれば、49 行目から始まる else ブロックを実行します。52 行目で変数 v1 を宣言し、変数 a と b が参照する点のベクトルを生成します。ここで get_vector 関数を使用します。同様に 53 行目では、変数 v2 を宣言し、変数 a と c が参照する点のベクトルを生成します。54 行目で変数 prod を宣言し、cross_prod 関数を使用して、2 つのベクトル v1 と v2 の外積を計算し、計算結果で初期化します。

　55 行目の if 文では、2 つの条件のいずれかが True のとき、56 行目の b = c という命令を実行します。1 つ目の判定式は prod > 0 です。変数 prod の値が正であれば、変数 c が参照する点は、ベクトル v1（変数 a と b から生成したベクトル）の左側にあります。すべての点 c が線の右側に位置するような点 b を探しているので、True であれば、b = c を実行します。2 つ目の判定式は、prod == 0 and get_norm(v2) > get_norm(v1) となっています。prod が 0 のときは、3 つの点が直線状に位置すること意味します。この場合は、点 a から見て点 b より点 c のほうが遠い座標にあるかを確認します。すなわち、$|\overrightarrow{ac}| > |\overrightarrow{ab}|$ かどうかを確認します。このために get_norm 関数を用いて、ベクトル v1 と v2 のノルムを比較します。True であれば、b = c を実行します。

　45 行目の for ループを抜けたとき、変数 b には凸包の境界に含まれる点が格納されています。59 行

目の a ＝ b という命令で、変数 a に b が参照する点を代入します。次のイテレーションで変数 a が参照する点が変数 ch に追加されます。while ループで同様の処理を繰り返します。

while ループを抜ける条件は 62 行目の if 文で定義します。ここがアルゴリズムの流れで解説したステップ 3 に相当します。変数 ch[0] には、一番最初に見つけた凸包の境界に含まれる点が格納されています。while ループを繰り返すと、変数 a が指す点が、そのうち get_start_point 関数で探索した点と同じになります。そのため、if 文の判定式が True になると、break 命令で外側のループを抜けます。

最後に 65 行目で、凸包を構成する点のリストである変数 ch を戻り値として返します。

🔲 8.5.5 ギフト包装法プログラムの実行

ソースコード 8.13(convex.py) を実行した結果をログ 8.14 に示します。図 8.44 で示したとおり、5 つの点である (1, 1) と (1, 5)、(4, 6)、(6, 4)、(3, 1) が凸包の境界に位置し、これらを線で繋げた凸多角形が凸包を構成します。

ログ 8.14 convex.py プログラムの実行

```
01  $ python3 convex.py
02  点の集合: [(1, 1), (3, 1), (2, 3), (6, 4), (4, 3), (4, 6), (1, 5), (4, 5)]
03  凸包: [(1, 1), (1, 5), (4, 6), (6, 4), (3, 1)]
```

x 軸と y 軸の値から明らかですが、get_star_tpoint 関数が返す点は (1, 1) です。2 番目に変数 ch に格納される点は (1, 5) です。点 (1, 1) から点 (1, 5) に線を引くと、その他の点がすべて線の右側に位置することがわかります。変数 ch に含まれる点を順番に線を引くと凸包となる凸多角形が構成できます。文字だけではわかりにくいので、次項で GUI (graphical user interface) を用いて視覚化します。

🔲 8.5.6 凸包を GUI で表示するプログラム

計算した凸包をグラフィカルに表示するプログラムをソースコード 8.15(convex_gui.py) に示します。前項で作成したソースコード 8.13 をインポートして、GUI 処理を加筆します。

ソースコード 8.15 ギフト包装法　　　　　　　　　　　`~/ohm/ch8/convex_gui.py`

ソースコードの概要

5 行目～ 46 行目	main 関数の定義
23 行目～ 46 行目	GUI を表示するための処理

```
01  import convex
02  import random
03  import tkinter
04
05  if __name__ == "__main__":
06      # ランダムに100個の点を生成
07      points = []
08      for i in range(0, 100):
09          while True:
10              p = (random.randint(10, 590), random.randint(10, 590))
11              if points.count(p) == 0:
12                  points.append(p)
13                  break
14      print("点の集合:", str(points))
15
16      # ギフト包装法の実行
17      ch = convex.gift_wrapping(points)
18
19      # 凸包の表示
20      print("凸包:", str(ch))
21
22      # ウィンドウの作成
23      window = tkinter.Tk()
24      window.title(u"ギフト包装法による凸包計算プログラム")
25      window.geometry("600x600")
26
27      # キャンバスの作成
28      canvas = tkinter.Canvas(window, width = 600, height = 600)
29      canvas.create_rectangle(0, 0, 600, 600, fill = 'white')
30      canvas.place(x=0, y=0)
31
32      # すべての点を表示
33      for i in points:
34          canvas.create_oval(i[0], i[1], i[0] + 5, i[1] + 5, fill='black')
35
36      # 凸包に含まれる点に線を引く
37      for i in range(0, len(ch)):
38          # points[i]からpoints[j]に線を引くためにインデックスを計算
39          j = i + 1
40          if i == len(ch) - 1:
41              j = 0
42          # 線を引く
```

```
43          canvas.create_line(ch[i][0], ch[i][1], ch[j][0], ch[j][1])
44
45     # ウィンドウを起動
46     window.mainloop()
```

1 行目では、前項で実装したギフト包装法の**ソースコード 8.13** をインポートします。乱数を用いるので、random モジュールを 2 行目でインポートします。3 行目でインポートする **tkinter モジュール**は、**GUI プログラミング**を行うために必要なライブラリです。

■ main 関数の説明

5 行目～ 46 行目で main 関数を定義しています。7 行目で変数 points を宣言し、空のリストで初期化します。8 行目から 13 行目の for ループで、ランダムに点を 100 個生成します。for ループの中に while ループが入っていますが、これは同じ座標の点を 2 つ以上生成しないようにするためです。10 行目で新たな点を生成し、変数 p に格納します。11 行目で同じ座標をもつ点が points に含まれていないことを if 文で確認します。判定が True であれば、11 行目で points に変数 p を追加します。なお、点が取りえる値は、10 から 590 とします。のちほど説明しますが、GUI のウィンドウのサイズを 600 × 600 にしています。ウィンドウの端の方に点があると見にくいため、ウィンドウに収まる範囲の数字を指定しています。14 行目で生成した点の集合を表示します。

17 行目で変数 ch を宣言し、前項で記述した convex.py ファイルから gift_wrapping 関数を実行し、凸包の境界に含まれる点の集合を計算します。20 行目で、変数 ch の値を表示します。

23 行目から GUI 関連のソースコードになります。与えられた点のリストである変数 points と凸包に含まれる点のリストである変数 ch をグラフィカルに表示します。23 行目でウィンドを生成し、24 行目と 25 行目でタイトルとウィンドウのサイズを指定します。28 行目～ 30 行目でキャンバスというコンポーネントを生成し、このキャンバス上に点や線などを描いていきます。

33 行目と 34 行目で、変数 points に含まれるすべての点をキャンバスに描きます。変数 canvas から create_oval 関数を用います。oval とは楕円ですが、縦と横の長さを同じにすると円になるので、円を描くときは、create_oval 関数を用います。引数は楕円を描く始点の座標と x 軸と y 軸の長さです。円の縦と横の長さは 5 にしています。この関数によって変数 i が参照する点 (i[0], i[1]) をキャンバス内の (i[0], i[1]) から (i[0]+5, i[1]+5) の座標に円を描きます。

37 行目～ 43 行目では、変数 ch に含まれる点を順番に線で結びます。ループカウンタを i とすると、ch[i] と ch[i+1] が参照する点に線を引きます。変数 ch のインデックスは 0 から len(ch)-1 です。そのため、i の値が len(ch)-1 であれば、ch[len(ch)-1] と ch[0] が参照する点を線で繋げます。キャンバス内に線を描く場合は、43 行目に示すとおり、create_line 関数を使用します。引数が 4 つありますが、2 つの点の座標になっています。

46 行目の window.mainloop() は、実際にウィンドウを起動させる命令です。

■ 8.5.7　ギフト包装法プログラムの実行

　ソースコード 8.15(convex_gui.py) を実行したときの GUI を**図 8.47** に示します。視覚化すると一目瞭然ですが、凸包が正しく計算できていることが確認できます。なお、プログラミングにおける原点はウィンドウの左上です。

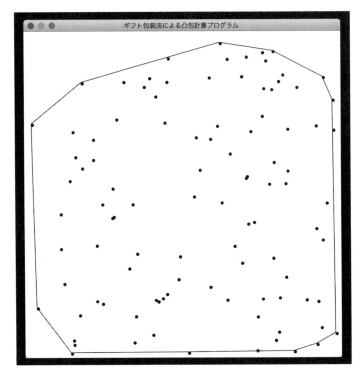

図 8.47　点の集合と凸包を表示する GUI

　プログラムを終了させる場合は、左上の閉じるボタンを押してください。

付録 A

表 A に unicode の一部を示します。

表 A　unicode の一部

U+	0	1	2	3	4	5	6	7	8	9	A	B	C	D	E	F
0000	NUL	SOH	STX	ETX	EOT	ENQ	ACK	BEL	BS	HT	LF	VT	FF	CR	SO	SI
0010	DLE	DC1	DC2	DC3	DC4	NAK	SYN	ETB	CAN	EM	SUB	ESC	FS	GS	RS	US
0020		!	"	#	$	%	&	'	(	)	*	+	,	-	.	/
0030	0	1	2	3	4	5	6	7	8	9	:	;	<	=	>	?
0040	@	A	B	C	D	E	F	G	H	I	J	K	L	M	N	O
0050	P	Q	R	S	T	U	V	W	X	Y	Z	[	\	]	^	_
0060	`	a	b	c	d	e	f	g	h	i	j	k	l	m	n	o
0070	p	q	r	s	t	u	v	w	x	y	z	{	¦	}	~	DEL
0080	PAD	HOP	BPH	NBH	IND	NEL	SSA	ESA	HTS	HTJ	VTS	PLD	PLU	RI	SS2	SS3
0090	DCS	PU1	PU2	STS	CCH	MW	SPA	EPA	SOS	SGCI	SCI	CSI	ST	OSC	PM	APC
00A0	NBSP	¡	¢	£	¤	¥	¦	§	¨	©	ª	«	¬	SHY	®	¯
00B0	°	±	²	³	´	µ	¶	·	¸	¹	º	»	¼	½	¾	¿
00C0	À	Á	Â	Ã	Ä	Å	Æ	Ç	È	É	Ê	Ë	Ì	Í	Î	Ï
00D0	Ð	Ñ	Ò	Ó	Ô	Õ	Ö	×	Ø	Ù	Ú	Û	Ü	Ý	Þ	ß
00E0	à	á	â	ã	ä	å	æ	ç	è	é	ê	ë	ì	í	î	ï
00F0	ð	ñ	ò	ó	ô	õ	ö	÷	ø	ù	ú	û	ü	ý	þ	ÿ

　第 8.2 節で説明した「A」というアルファベットは、行番号が 0040、列番号が 1 なので、文字コードは 16 進数で 0041 です。10 進数では 65 という数値になります。

最後に

　本書で解説したデータ構造とアルゴリズムは、ほんの基礎です。まだまだ学ぶことがあります。しかし、学んで喜んでいる場合ではありません。世界中のプログラマは、より速く動くように切磋琢磨しています。Python にはさまざまなライブラリがあり便利ですが、クラウドではさらにいろいろなサービスが提供されています。提供されたサービスに依存せずに、よりよいコードを書くプログラマも大勢います。読者諸兄の活躍をお祈り申し上げます。

■ 標準ライブラリの学習

　本書では、読者自身でソースコードを記述しデータ構造を定義しました。実際には、Python をはじめ C ＋＋や Java などでは、これらの機能が標準ライブラリとして提供されています。一般的にコレクションライブラリ（collection library）と呼びます。まずはコレクションライブラリの使い方を学ぶことがプログラミング上達につながります。

　本書でも一部使用しましたが、セット型やマップ型（Python では辞書型）などです。双方とも抽象型のデータ構造なので、複数の実装方法があります。マップ型でも、C++ や Java では、木を用いたマップ型やハッシュ表を用いたマップ型があります。

　またソートアルゴリズムもあらかじめ提供されています。本書の 7.7 節で解説したとおり、ユーザ定義のクラスに比較演算の定義さえすれば、既存のライブラリを用いて簡単にソートすることができます。

　標準ライブラリを使いこなせるようになるには、プログラミングを学習する過程で、公式 API ドキュメントを読めるようになることです。「こういうことがしたい」と思ったときに、公式 API ドキュメントを見て、必要な機能が提供されているかどうかを調べる能力が必要となります。

■ その他のデータ構造とアルゴリズム

　本書では説明しきれなかったデータ構造とアルゴリズムが多々あります。木構造では、バランスの取れた AVL 木（AVL tree）などがあります。グラフ構造に関しては、完全グラフ（complete graph）やスパニングツリー（spanning tree）などのグラフや部分グラフがあります。

　アルゴリズムに関しては、動的計画法（dynamic programming）や貪欲法（greedy method）などが重要なトピックです。動的計画法とは、対象となる問題を複数の部分問題に分割し、部分問題の計算結果を記録しながら解いていく手法です。動的計画法の例としてナップサック問題を解説しましたが、まだまだ応用例があります。

　一方、貪欲法は近似アルゴリズムの一種です。現実的な時間内（多項式時間）に最適解を求めることができない問題に対して、各時点で最適な行動をとって最適解に近い解を得る、といった手法です。

酒井　和哉

INDEX

〈著者略歴〉

酒井 和哉（さかい かずや）

東京都公立大学法人 東京都立大学・准教授。米国オハイオ州立大学から Ph.D. を取得。
2014 年より東京都立大学（当時の名称は首都大学東京）で教鞭を執る。現在の役職は
准教授。ネットワークセキュリティを専門とする。厳しさ 7 割、放置 3 割といった指導
方針で学生に接する。自分では自覚がないが、周りからは「ドライで見放すのが早い」
と注意されている。アメリカ滞在時のあだ名は "ブラック・サカイ"。IEEE Computer
Society Japan Chapter Young Author Award 2016 を受賞。
著書：『コンピュータハイジャッキング』、『Rust プログラミング入門』（以上オーム社）

- **本書の内容に関する質問**は、オーム社ホームページの「サポート」から、「お問合せ」
  の「書籍に関するお問合せ」をご参照いただくか、または書状にてオーム社編集局宛
  にお願いします。お受けできる質問は本書で紹介した内容に限らせていただきます。
  なお、電話での質問にはお答えできませんので、あらかじめご了承ください。
- 万一、落丁・乱丁の場合は、送料当社負担でお取替えいたします。当社販売課宛にお
  送りください。
- 本書の一部の複写複製を希望される場合は、本書扉裏を参照してください。

JCOPY ＜出版者著作権管理機構 委託出版物＞

Python によるアルゴリズム入門

2020 年 9 月 8 日　　第 1 版第 1 刷発行

著　　者　　酒井和哉
発 行 者　　村上和夫
発 行 所　　株式会社 オーム社
　　　　　　郵便番号　101-8460
　　　　　　東京都千代田区神田錦町 3-1
　　　　　　電話　03(3233)0641（代表）
　　　　　　URL　https://www.ohmsha.co.jp/

© 酒井和哉 2020

組版　トップスタジオ　　印刷・製本　三美印刷
ISBN978-4-274-22588-8　Printed in Japan

本書の感想募集　https://www.ohmsha.co.jp/kansou/
本書をお読みになった感想を上記サイトまでお寄せください。
お寄せいただいた方には、抽選でプレゼントを差し上げます。